Irmela Fromme, Uta Herz

Lehm- und Kalkputze

Mörtel herstellen · Wände verputzen · Oberflächen gestalten

ökobuch

Die Anwendungsempfehlungen und Konstruktionsbeispiele in diesem Buch wurden nach bestem Wissen zusammengestellt. Für die praktische Umsetzung lassen sich daraus jedoch keine Haftungsansprüche gegenüber Autorinnen oder Verlag ableiten.

Um langwierige Formulierungen wie „die Putzer und Putzerinnen" möglichst zu vermeiden, wird abwechselnd mal die männliche und ein anderes Mal die weibliche Form benutzt. So wird an einer Textstelle der Handwerker, an einer anderen die Handwerkerin genannt. Damit sind immer jeweils beide Geschlechter angesprochen.

Danksagung

Ohne die Hilfe der nachfolgend Genannten wäre dieses Buch nicht gelungen:
Eckhard Beuchel, Jörg Depta, Lydie Didier, Michael Figgemeier, Sandro Freund, Torsten Heer, Rudolf Höll, Tanja Hofmann, Barbara Jones, Piet Karlstedt, Carola König, Roland Meingast, Michael Meißner, Jörg Meyer, Stefan Mühr, Joseph Neundörfer, Achim Pilz, Margarete Ridder, Ulrich Roehlen, Reinhold Otto Rogge, Burkard Rüger, Dietmar Schäfer, Matthias Scharnagel, Kurt Schönburg, Aleida te Riet, Maria Teichmann, Andrea Theis, Franz Volhard, Vavara Valtchanova, Jörg Wappler, Konrad Wargowske, Gerhard Weisbach, Joachim Will, Gerd Ziesemann. Eingeschlossen in diesen Dank sind auch alle Zeichner und Zeichnerinnen, Fotografen und Fotografinnen, die ihre Bilder für dieses Buch zur Verfügung gestellt haben.

Irmela Fromme & Uta Herz

Ein besonderer Dank gilt zwei Lehmbauern, an die ich erinnern möchte: Rainer Kodalle, einem Lehmbauer der ersten Stunde in den 1980er Jahren, von dem ich viel gelernt habe, und Khuda Dad Khademi, der im Berliner Kollegenkreis viele Impulse im Lehmbau gesetzt hat.

Irmela Fromme

Bibliografische Information der Deutschen Nationalbibliothek

Die Deutsche Nationalbibliothek verzeichnet diese Publikation in der Deutschen Nationalbibliografie; detaillierte bibliografische Angaben sind im Internet unter http://dnb.d-nb.de abrufbar.

ISBN 978-3-936896-58-9

6. Auflage 2025

Königstr. 43, 26180 Rastede
www.oekobuch.de
Kontaktadresse nach EU-Produktsicherheitsverordnung:
verlag@oekobuch.de

Printed in the European Union

Umschlagfotos:
Oben links: Penny Rose
Oben rechts: Veronique Popinet
Mitte links: Andrea Theis
Mitte rechts: Mikael Raymond
Unten: Lydie Didier

FSC www.fsc.org MIX Papier | Fördert gute Waldnutzung FSC® C129413

Inhaltsverzeichnis

1 Warum mit Lehm und Kalk putzen

Der Putz ist das Kleid des Hauses. Er schmückt und schützt Wände und Decken vor Wind und Wetter, mechanischen Beschädigungen, Verschmutzung und Abnutzung. Die Putzschicht trägt wiederum die Wandfarbe, im Innenraum oft auch eine Tapete oder Fliesen. Zunehmend bleiben Putze auch naturbelassen, vor allem, wenn sie mit farbigen Mörteln hergestellt werden.

Mit naturbelassenen Lehm- und Kalkputzoberflächen holen wir uns die Lebendigkeit und das Farbenspiel ausgesuchter Erden und Sande in das Innere des Hauses oder an die Fassade. Das Loblied, das Kevin McCloud auf natürliche Farbpigmente singt, gilt gleichermaßen für Lehm- und Kalkputze:

„Die von unseren Vorfahren verwendeten Farben waren auf die damals verfügbaren Substanzen beschränkt, doch entstammten diese den gleichen natürlichen Quellen wie das Baumaterial selbst: Gestein, Ton, Minerale. So ‚wuchsen' die Gebäude gleichsam aus der Erde empor und wurden mit natürlichen Pigmenten verschönert. Interessanterweise ist es trotz modernster Technik nicht möglich, mit synthetischen Farbstoffen die besonderen Eigenschaften eines mit Erdfarben eingefärbten Anstriches zu erreichen. Die Pigmentkörnchen dispergieren nicht in der gleichen Weise, und das Resultat ist ein leblos wirkender Kunststoffüberzug. Die alten natürlichen Pigmente dagegen bringen subtile Bewegung und Leben in eine gestrichene Fläche" [McCloud 1998].

Mit Kalkanstrichen versehene Kalkputzflächen haben darüber hinaus eine besondere Ausstrahlung, da das Licht durch ihre kristalline Struktur im gesamten Lichtspektrum reflektiert wird.

Auch wenn Putze nur einen kleinen Teil der Bausubstanz ausmachen – es sind gerade die obersten ein bis drei Zentimeter, bestimmen sie wie auch alle anderen Oberflächen im Raum, seien es Farben, Verkleidungen oder Bodenbeläge, maßgeblich unser korperliches und seelisches Wohlbefinden. Wir sehen sie, fühlen ihre Oberfläche und atmen die Stoffe ein, die sie ausdünsten.

Wir fühlen uns wohl, wenn sie schön und authentisch sind und für ein gutes Innenraumklima förderlich. Das Verlangen nach diesen „einfachen" Dingen, nach schönen und wohngesunden Wandflächen wird von vielen heute gebräuchlichen Putzen und Wandbekleidungen nicht mehr erfüllt. Nicht nur das, viele Baumaterialien dünsten Schadstoffe aus, die Krankheiten und Allergien auslösen können. Putze wie Beschichtungen enthalten oft Zusatzmittel, die gesundheitlich bedenklich sind. Auch wenn es sich dabei um geringe Mengen handelt, können sie, wenn sie von den umgebenden Flächen ausgasen, die Schadstoffbelastung der Raumluft erheblich erhöhen. Kleinkinder und Menschen mit Allergien sind besonders gefährdet. Mit der zunehmenden Anforderungen an luftdichte Gebäudehüllen wächst zudem das Risiko der Schimmelbildung im Innenraum. Umso mehr sind Putze aus Naturmaterialien wie Lehm und Kalk gefragt.

Sie belasten unsere Gesundheit nicht und die Umwelt möglichst wenig. Sie sind schadstofffrei, dampfdiffusionsoffen, können Feuchtigkeit und oft auch Gerüche und Schadstoffe absorbieren und das Raumklima durch ihre feuchteregulierenden Eigenschaften positiv beeinflussen. Frische Kalkputze und -anstriche wirken zudem antibakteriell und schimmelbekämpfend.

Die Mörtel für Lehm- und Kalkputz wurden aus den in der Natur vorkommenden Rohstoffen Lehm, Kalkgestein, Sand und Kies hergestellt. Auf chemisch-synthetische Inhaltsstoffe und belastende Zusatzmittel lässt sich verzichten. Lehm und Kalkgestein sind regional verfügbar, ausreichend vorhanden, und fügen sich

1-1
Außenputz aus Luftkalk mit Silikatfarbenanstrich. Ausführung: amazonails, Todmorden, UK.

1-2
Eine zerfallene Lehmmauer wird auf dem Kompost „entsorgt". Sie kehrt zur Erde zurück.

wieder in den natürlichen Kreislauf ein: Lehmputz wird zu Erde, Kalkputz zu Kalkgestein. Kalkputz aus Abriss und Kalkmörtelreste können gefahrlos deponiert werden.

Lehm kann ohne aufwändige Aufbereitung zum Bauen verwendet werden, während Kalk aus Kalkgestein gebrannt wird. Dazu wird Brennstoff benötigt und CO_2 in die Atmosphäre abgegeben. Die Verwendung von Kalkputz anstelle des üblichen Kalkzementputzes trägt dazu bei, den von Menschen verursachten CO_2-Ausstoß zu reduzieren, da Kalk mit niedrigeren Temperaturen als Zement gebrannt wird.

Mit unterschiedlicher Techniken bearbeitet, entstehen glatte, weichere oder feinere, gröbere oder rustikalere Putzoberflächen. Farbig geputzte Flächen sind nicht einfach nur farbig, sie vermitteln Stimmungen, Gefühle, auch Gerüche, Leichtigkeit oder Schwere, sie sind laut oder leise. Das Geheimnis der natürlichen Farben ist dabei, dass immer mehrere Farben gleichzeitig schwingen, in der Natur ist Monochromie unbekannt.

Die Kapitel dieses Buches sind nach Tätigkeitsbereichen strukturiert, und nicht nach der Art des Putzmörtels, ob nun Lehm oder Kalk. Diese Betrachtungsweise mag auf den ersten Blick ungewöhnlich erscheinen, verdeutlicht jedoch die allgemeinen Gesetzmäßigkeiten, die für Putze gelten und schärft gleichzeitig den Blick für die Eigenarten des jeweiligen Materials. Bevor man den praktischen Arbeiten beginnen kann, ist der Putzaufbau zu planen.

Kapitel 2 behandelt die Gesichtspunkte, die dabei bedacht werden müssen, wie Anforderungen an den Putz und Beschaffenheit des Untergrundes.

In Kapitel 3 und 4 werden die Baustoffe vorgestellt, ihre Zusammensetzung und Eigenschaften erläutert und beschrieben, wie Putzmörtel herstellt wird, sei aus den Ausgangsmaterialien oder aus Werkfertigmörteln.
Im Kapitel 5 geht es darum, wie Putzmörtel fachgerecht auf die Wand gebracht wird.

Eine Putzoberfläche muss auch gepflegt und eventuell auch mal repariert werden, dazu informiert Kapitel 6.

Wer Räume mit farbigen, edlen und feinen Putzen gestalten will, findet Anregungen in Kapitel 7.

Mit Geschick und Übung gelingen auch Schmuckelemente, wie sie in Kapitel 8 für Lehmputze vorgestellt werden.

Und zu guter Letzt gibt es im Kapitel 9 Tipps zu Bezugsquellen und Weiterbildungsmöglichkeiten.

Dennoch: Noch so viele Worte ersetzen nicht die eigene Erfahrung. Gute Handwerker und Handwerkerinnen zeichnen sich vor allem durch ein feines Gefühl für das Material aus und das bedarf der Praxis. Wir möchten dazu ermutigen, die Naturmaterialien selbst in die Hand zu nehmen, zu experimentieren und durch eigene Erfahrungen von dem Material zu lernen. Fehler können in diesem Prozess ein hilfreicher Wegweiser sein. Das Grundlagenwissen zu den Gesetzmäßigkeiten der Materialien hilft, die Fehlerursachen zu begreifen und den Arbeitsprozess entsprechend zu verändern. Auch sollte man auf den Rat und die tatkräftige Unterstützung von Fachleuten nicht verzichten.
In diesem Sinne wünschen wir allen Lesern und Leserinnen Neugier und Experimentierfreude.

Irmela Fromme
Uta Herz

2 Einen Putzaufbau wählen

Ein großer Teil der Wände, die uns umgeben, hat geputzte Oberflächen. Von den Baubiologen werden die Wände bzw. die Wandoberflächen gern auch als dritte Haut bezeichnet – nach der Körperhaut und der Kleidung. In unseren Häuten wollen wir uns wohl fühlen, dieser Wunsch gilt daher auch für die Wandoberflächen.

Putze sind auf Wand und Decke aufgetragene Mörtelschichten. Sie schaffen, im Innenraum ebenso wie draußen am Gebäude, eine homogene Oberfläche. Dabei haben die Putzflächen im Innenraum auch einen bauphysikalischen Einfluss auf das Raumklima, außen dient der Putz vorrangig dem Witterungs- und Feuchteschutz.

Putze sind meistens Träger für Anstriche, Tapeten und andere Beschichtungen. Sie können aber auch so gestaltet werden, dass sie als wahrnehmbare Oberfläche gemeinsam mit Fußboden, Decke und anderen Raumelementen die Atmosphäre eines Raums bestimmen, durch ihre Farbigkeit, ihre Textur, die Oberflächenbearbeitung und/oder auch durch Schmuckelemente. Auch im Außenbereich wurden Fassaden zu allen Zeiten und in allen Kulturen mit dekorativen Putzen und Ornamenten, z.B. Sgraffitos, geschmückt.

Kein Putz kann alles leisten. Deshalb sollten die Anforderungen an die Putzoberflächen genauer hinterfragt werden: Für welche architektonische Situation ist der Putz bestimmt: Für innen oder außen, für Wandflächen oder für eine Decke? Wenn es um Innenräume geht: Welche Funktion hat der Raum? Handelt es sich um einen Wohnraum, das Badzimmer, ein Treppenhaus, ein Kinderspielzimmer, ein Restaurant? Soll der Putz sichtig bleiben oder soll er gestrichen bzw. tapeziert werden? Und vor allem: Was wünschen sich die Bauleute und zukünftigen Nutzer und Nutzerinnen?

Ebenso ausschlaggebend ist die Beurteilung des Putzgrundes aus handwerklicher Sicht: Worauf soll geputzt werden? Aus welchen Baustoffen sind die zu verputzenden Bauteile hergestellt und in welchem Zustand sind diese Flächen? Erst wenn wir diese Anforderung an den Putz und die Beschaffenheit des Putzgrundes

2-1
Schmuckelement an einem Lehmhaus in Arizona / USA. Foto: Bill Steen

2-2
Farbiger Lehminnenputz in einem Gemeindehaus in Järna/Schweden. Ausführung der Lehmputzarbeiten: Johannes Riesterer, Stockholm. Foto: Mikael Raymond

2-3
Eingefärbter Kalk-Edelputz.

2-4
Farbiger Lehminnenputz. Ausführung: Riccardo de Paoli, Frankreich

2-5
Treppenhaus in einer Kölner Villa. Putzaufbau: Kalkunterputz, Kalkfeinputz, Kalkglätte.
Ausführung: Fa. Willi Schulze, Wiehl

geklärt haben, können wir einen geeigneten Putzaufbau festlegen. Unter Putzaufbau versteht man die Anzahl und Dicke der Putzlagen und die Art des Mörtels. Der konkrete Putzaufbau in Wechselwirkung mit dem Untergrund und unter Einbeziehung der gewünschten Eigenschaften wird als Putzsystem bezeichnet (s. Abb. 2-6).

2.1 Was von Putzflächen erwartet wird

Allgemeine Anforderungen

Für alle Putze gelten die Mindestanforderungen nach DIN [DIN V 18550]:

- Gleichmäßiges Mörtelgefüge innerhalb einer Putzlage.
- Gleichmäßige Haftung des Putzes am Putzgrund.
- Gute Haftung der Putzlagen aneinander.
- Festigkeit, die auf den Putzgrund abgestimmt ist.
- Rissfreie und für die gewünschte Anwendung ausreichend stabile Oberfläche.

Weitere Anforderungen sind abhängig vom Verwendungszweck:

- Optische und ästhetische Anforderungen (Oberflächenbeschaffenheit und Ebenheit).
- Der Grad der Festigkeit (z.B. in mechanisch stark beanspruchten Räumen).
- Der Grad der Wasser- bzw. Witterungsbeständigkeit (z.B. außen und in Feuchträumen).
- Besondere baubiologische Anforderungen (z.B. Sorptionsfähigkeit, Schadstofffreiheit).
- Bauphysikalische Anforderungen wie thermische Beanspruchung, Brandschutz, Schallschutz.

Die Tabelle 2.1 gibt eine Übersicht über mögliche Anforderungen und Anwendungsbereiche.

2-6
Bestimmende Faktoren für ein Putzsystem.

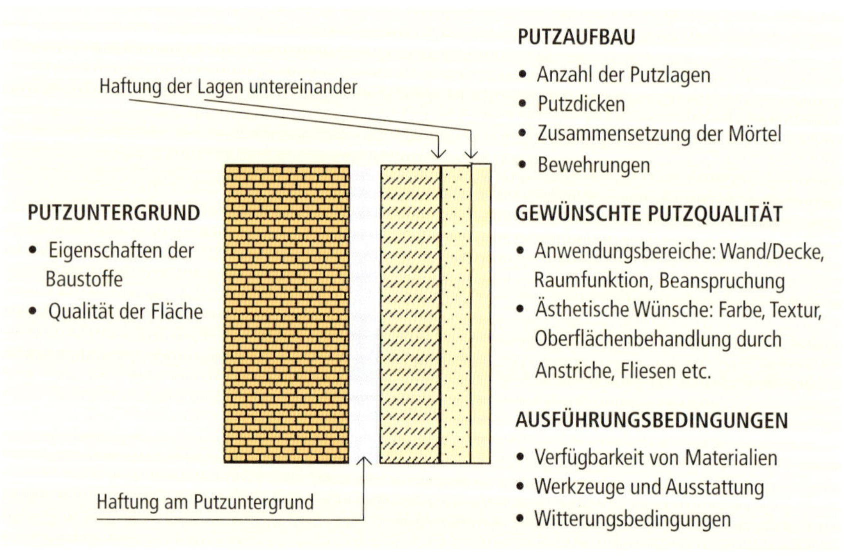

Optische und ästhetische Anforderungen

Die Oberfläche eines Putzes soll in der Regel homogen und eben sein. Die DIN 18202 regelt die Maßtoleranzen bezüglich der Ebenheit und der Winkelabweichung von Putzflächen. Schon hierüber scheiden sich die Geister bei den Nutzern und Nutzerinnen. Die einen wünschen eine

Ausführung vergleichbar mit den üblichen Putzen, also auch eben und lotrecht, manche stellen sogar erhöhte Ansprüche, beispielsweise, dass die Flächen bei Streiflicht hochgradig eben und frei von Abzeichnungen und Arbeitsspuren sein sollen. Die anderen wünschen gerade das „Nicht-so-Perfekte", die kleinen Unebenheiten und Buckel, welche die Oberfläche plastisch und körperhaft wirken lassen und die vielleicht noch an die handbearbeiteten Wände längst vergangener Zeiten erinnern.

Welcher Grad an Ebenheit gefordert wird, sollte frühzeitig zwischen Nutzern und Handwerkern vereinbart werden. Denn diese Entscheidung kann sich auf die Zahl der notwendigen Putzlagen auswirken, und frühzeitige Klarheit darüber schützt vor unliebsamen Überraschungen während der Putzarbeiten und danach. Vereinbarungen mit den Beteiligten sollten im eigenen Interesse entsprechend dokumentiert und anhand von Musterflächen festgelegt werden.

Tabelle 2-1
Anforderungen und Anwendungsbereiche für Lehm- und Kalkputze

Anforderungen und Anwendungsbereiche für Lehm- und Kalkputze		
Innenputze	**Standard-Anforderungen:** • Haftung am Putzgrund u. zwischen den Putzlagen, • stabile Oberfläche, • frei von Rissen (ausgenommen feine Haarrisse)	Die Standard-Anforderungen können erfüllt werden. Deckenputze sollen weicher und elastisch sein (wegen Nachgiebigkeit bei Bewegungen der Decke und geringerer Gefahr mechanischer Verletzung)
	Raumklimatische Qualitäten	Gute (Kalkputze) bis hohe (Lehmputze) Luftfeuchtesorption; Alkalität des Kalkes verhindert Schimmelbildung; hohe Dampfdurchlässigkeit; Schadstofffreiheit
	Anstriche und andere Beschichtungen	sind möglich, ausgenommen dampfdichte Anstriche und Fliesen auf Luftkalkputz
	Wände in Feuchträumen (Bad, Küche etc.)	**Spritzwasserbereich Dusche** Lehmputze und (Luft)kalkputze nicht geeignet, auch nicht als Untergrund für Abdichtung und Fliesen; Kalkzementputze als Untergrund für Abdichtung und Fliesen geeignet; Tadelakt (ein hochhydraulischer Kalkputz) als Ersatz für Fliesen im Spritzwasserbereich möglich. **Mäßig beanspruchter Spritzwasserbereich (z.B. Fliesenspiegel an Küchenzeile und Waschbecken)** Luftkalkputze als Untergrund für Fliesen oder Ölfarbenanstrich nicht geeignet; Kalkzementputze als Untergrund für Fliesen geeignet; Lehmputze müssen geschützt werden, z.B. durch Fliesen; Tadelakt (ein hochhydraulischer Kalkputz) ist möglich. **Übrige Flächen** (nicht dem Spritzwasser ausgesetzt): Kalk- und Lehmputze aufgrund der guten bis hohen Luftfeuchtesorption gut geeignet
	Räume mit erhöhter mechanischer Beanspruchung: z.B. Treppenhäuser, Kinderzimmer, öffentliche Räume	Erhöhte Anforderungen an die Festigkeit können bedingt erfüllt werden. Ausschlaggebend ist die Zusammensetzung des Mörtels. Lehmputze und Luftkalkputze erreichen jedoch nicht die Festigkeit von hydraulischen Kalk- und Kalk-(zement-)putzen.
	Anforderung an Schallschutz Raumakustik	Kein Unterschied zu gebräuchlichen Putzen (Putzflächen verbessern die Luftschalldämmung eines Bauteils in Abhängigkeit von Rohdichte und Putzdicke) Rauere bzw. weichere Putzflächen (Bearbeitung, Zusätze) reflektieren den Schall weniger als glatte Flächen.
Außenputze	**Witterungsbeständigkeit Regenschutz**	Lehmputze sind wasserlöslich und nur bedingt für Außenputze geeignet. Kalkputze sind gegen dauernde Durchfeuchtung zu schützen und sollen nur an geschützten Fassaden eingesetzt werden. Möglichkeiten zur Verbesserung der Witterungsbeständigkeit: - stabilisierende Zusätze zum Mörtel, z.B. Dung bei Lehmputzen, wasserabweisende Zusätze z.B. Harze und Öle bei Kalkputzen - Kalk- oder Silikatanstriche (letztere nur bei Kalkputzen)
	Außensockelputz	Nicht geeignet (außer hochhydraulischen Kalkputze)
	Kelleraußenwandputz	Nicht geeignet
Brandschutz	**Anforderung an Brandschutz**	Kalk- und Lehmputze verbessern, wie andere mineralische Putze auch, den Feuerwiderstand von Bauteilen. Es gilt für - Lehm-Putzmörtel ohne organische Zuschläge oder Fasern –> Baustoffklasse A „nicht brennbar" * - Lehm-Putzmörtel mit organischen Zuschlägen oder Fasern mit einer Rohdichte ≥ 1700 kg/m^3 –> Baustoffklasse A „nicht brennbar" * - Lehm-Putzmörtel mit organischen Zuschlägen oder Fasern mit einer Rohdichte ≥ 1000 kg/m^3 –> Baustoffklasse B1 „schwer entflammbar" * - Kalkputzmörtel (organische Zuschläge $\leq 1\%$) –> Baustoffklasse A „nicht brennbar" (DIN 998-1:2003) * [Dachverband Lehm 2011]
	Feuerwiderstandsklasse bei Strohballen	Für einen definierten Wandaufbau im Strohballenbau mit beidseitigem 3 cm dickem Lehmputz ist die Feuerwiderstandsklasse F30-B nachgewiesen [fasba 2011].

Qualitätsstufen für Putzoberflächen in Innenräumen

Die Fachverbände haben in speziellen Leitlinien zu Putzoberflächen [Bundesverband der Gipsindustrie e.V. 2011] Anforderungen an die Oberfläche von nass aufgebrachten Innenputzen festgelegt. Diese Leitlinien erläutern die nach DIN V 18550 definierten Qualitätsstufen 1-4 und ihre Unterteilung nach Art der Oberflächenbehandlung: abgezogen, gefilzt, geglättet. Sie bieten eine gute Grundlage, um die gewünschte Qualität der Putzoberfläche zu beschreiben und vertraglich zu vereinbaren.

Bei Lehmputzen sind diese Leitlinien nur bedingt anwendbar, da Lehmputze eine materialspezifische Oberflächenästhetik ermöglichen, z.B. durch gröbere Bestandteile im Putzmörtel, die mit den definierten Qualitätsmerkmalen nicht zu beschreiben ist. Das Technische Merkblatt „Anforderung an Lehmputze“ [Dachverband Lehm e.V. TM01, 2008] empfiehlt daher ausdrücklich, die Anforderungen an die Oberflächenbeschaffenheit zwischen allen Beteiligten anhand von Musterflächen abzustimmen.

Die Entscheidung für die Auswahl eines Lehm- oder Kalkputzes wird selten aus rein funktionalen, vielmehr häufig aus ästhetischen Überlegungen heraus getroffen. Das Zusammenspiel von Oberflächenbeschaffenheit und Farbigkeit der Putzflächen eröffnet vielerlei Möglichkeiten, Raumatmosphären zu gestalten. Abgerundete Kanten an Fensterlaibungen schaffen einen fließenden Übergang vom hellen Licht zu den im Schatten liegenden Wandflächen und wirken dadurch weicher.

Die natürliche Farbigkeit lehmgeputzter Wände strahlt eine eigene Faszination aus. Allerdings ist der natürliche Farbton von Lehm in Innenräumen oft zu dunkel. Inzwischen gibt es jedoch eine breite Palette von farbigen Lehmedelputzen, die als oberste dünne Schicht eingesetzt, verschiedenfarbige, auch helle Oberflächen ermöglichen. Das optische Erscheinungsbild einer Kalk- und Lehmputzoberfläche kann mit einer Vielzahl unterschiedlicher handwerklicher Bearbeitungstechniken gestaltet und mit Schmuckelementen versehen werden.

Es ist gut, sich beizeiten über die verschiedenen Gestaltungsmöglichkeiten Gedanken zu machen, denn auch sie können Auswirkungen auf den Putzaufbau und die Wahl des Materials haben. Häufig entstehen solche Ideen allerdings erst beim Arbeiten, insbesondere, wenn die Bauleute selbst Hand anlegen. Aber auch dann lassen sich noch viele Gestaltungsideen verwirklichen.

Mechanische Beanspruchungen

Es gibt Bereiche, in denen Wandoberflächen sehr stark mechanisch beansprucht werden, so z.B. in Treppenhäusern von Mehrfamilienwohnhäusern, in denen immer wieder Umzüge stattfinden, oder in öffentlichen Gebäuden wie Schulen. Auch im häuslichen Bereich kann es empfindliche Bereiche mit erhöhter Beanspruchung geben. Dazu gehört die Essecke dicht vor einer Wand, wo damit zu rechnen ist, dass die Stuhllehnen häufig dagegen stoßen, aber auch eine vorstehende Schornsteinkante, neben der Holz für einen Kamin gestapelt wird, oder die Türklinke, die beim Öffnen gegen eine Wand schlägt.

Lehm- und Kalkputze – ausgenommen die hochhydraulischen Kalkputze – sind weiche Putze. Allerdings kann ihre Druck- und Abriebfestigkeit durch die Zusammensetzung des Mörtels – vor allem durch ein stabiles Korngerüst – erhöht werden. Bei Kalkputzen ist obendrein der Anteil der hydraulischen Bestandteile entscheidend, wie wir später noch sehen werden. Die Härte vieler konventioneller Putze lässt sich mit diesen Mörteln allerdings nicht erreichen, und sie sind in mechanisch stark beanspruchten Situationen daher nur bedingt einsetzbar. Ein Vergleich der Druckfestigkeiten verschiedener Putze zeigt Tabelle 2.2.

2-7
Naturfarbener Lehmputz angearbeitet an ein Natursteinmauerwerk aus dem 17.Jahrhundert. Sitzendorf / Österreich

2-8
Farbige Lehminnenputze.
Ausführung: Isabelle Melchior, Mazeyrolles/Frankreich

2-9
Gerundete Kanten und Fensterlaibung mit Lehmputz. Foto: Raùl Contreras

2-10
Weißer Lehmedelputz auf Gipskarton mit abgerundeten Kanten. Ausführung: Fa. LehmBauWerk, Berlin

2-11
Schmuckformen für gebrochene Kanten im Kalkputz. Ausführung: Fa. Lunz, Litzendorf

Putzart	Festigkeits-klasse	Druckfestigkeit * nach DIN EN 998-1bzw. nach TM 04 [Dachverband Lehm 2011]
Lehmputz A	S I	0,4 bis 2,5 MPa **
Lehmputz B	S II	1,5 bis 5,0 MPa **
Kalkputz A (Luftkalkputze u. hydraulische Kalkputze)	CS I	0,4 bis 2,5 MPa **
Kalkputz B (hydraulische u. hochhydraulische Kalkputze)	CS II	1,5 bis 5,0 MPa **
Kalkzementputz	CS III	3,5 bis 7,5 MPa **
Zementputz		≥ 10 MPa **
Gipsputz		≥ 2 MPa **
* Druckfestigkeit nach 28 Tagen ** MPa steht für Megapascal (bisher N/mm²).		

Tabelle 2.2: Druckfestigkeit verschiedener Putze im Vergleich.

2-12
Ein stabiler Lehmputz schützt die Treppenhauswände. Ausführung: Riccardo de Paoli, Frankreich

2-13
Der Türstopper links schützt den Wandputz. Ausführung Lehmputzarbeiten: Fa. LehmBauWerk, Berlin

2-14
Bewitterter Lehmaußenputz auf einer Strohballenwand.

2-15
„Hut und Stiefel" – großes Dach und ein wasserabweisender Sockel schützen den Lehmaußenputz vor Witterungseinflüssen. Wikingermuseum Haithabu / Schleswig.

Oft helfen einfache Schutzmaßnahmen, um nutzungsbedingte Schäden zu vermeiden, z.B. das Setzen von Türstoppern, Eckschutzprofile oder abgerundete bzw. abgeschrägte Ecken.

Witterungsbeständigkeit

Im Außenbereich müssen Putze den Beanspruchungen durch Wind und Wetter standhalten, vor allem dem Regenwasser.

Lehmputze im Außenraum einzusetzen, ist problematisch, da Lehm wasserlöslich und somit nur bedingt witterungsbeständig ist. Zum konstruktiven Schutz gegen schlechtes Wetter braucht das Lehmhaus „Hut und Stiefel", das heißt, einen wasserabweisenden Sockel von 30 - 50 cm Höhe und einen ausreichenden Dachüberstand mit funktionierender Dachentwässerung. Nur unter diesen Voraussetzungen ist ein Lehmaußenputz *bedingt* einsetzbar. An den Hauptwetterseiten sollte kein Lehmputz eingesetzt werden.

Bei Neubauten stellt sich die Frage nach einem Lehmaußenputz eher selten; auch bei ökologischen Bauvorhaben werden meist Wandaufbauten geplant, die keinen Lehmaußenputz vorsehen. Bei Fachwerkhäusern hingegen waren Lehmaußenputze durchaus üblich. Erfahrene Fachkräfte können auch heute einen stabilen Lehmaußenputz herstellen, doch erfordert die denkmalgerechte Erneuerung eines Lehmputzes eben ausreichende handwerkliche Erfahrung.

Kalkputze sind seit jeher als Außenputze eingesetzt worden, auch auf Lehmputzen und -untergründen. Je nach Zusammensetzung des Kalkputzmörtels sind sie, wie in Kap. 4 erläutert wird, mehr oder weniger witterungsbeständig. Kalkputze mit hydraulischen Anteilen sind für Außenputze eher geeignet als Luftkalkputze, die wenig oder keine hydraulischen Anteile enthalten. Luftkalkputze werden und wurden jedoch ebenfalls im Außenbereich an geschützten Fassaden eingesetzt: Man schützt sie zudem gegen Durchfeuchtung mit einem Anstrich aus Kalk- oder Silikatfarben (s.Kap.6).

Früher kannten die Baumeister die Eigenschaften des verfügbaren, regional abgebauten Kalkgesteins und konnten ihren Kalkputzmörtel mit ausgewählten Zuschlägen auf die jeweilige Anforderung einstellen. Hier ist leider viel praktisches Wissen verloren gegangen. Heute werden meist bereits werkseitig gemischte Putzmörtel gewählt, welche die geforderten Eigenschaften aufweisen. Was man ehemals durch Erfahrung und Überlieferung wusste, versuchen Fachleute heute mit theoretischen Formeln und definierten Baustoffkenngrößen zu beschreiben. Der folgende Exkurs in die Theorie der Witterungsbeständigkeit von Außenputzen kommt daher nicht ohne Kennwerte und Formeln aus.

Die Putznorm [DIN V 18550] fordert je nach Schlagregenbeanspruchung wasserhemmende oder wasserabweisende Putzsysteme (siehe Tabelle 2.3). Nur in wenigen Fällen, bei besonders windgeschützten Fassaden, werden keine besonderen Anforderungen an das Putzsystem gestellt.

Ein Außenputz soll gegen dauernde Durchfeuchtung schützen. Daher muss er in der Lage sein, die bei Regen aufgenommene Wassermenge in den Trockenzeiten wieder abzugeben. Dies muss auch im Falle eines Dauerregens gelten. Daher soll der Putz einerseits nur wenig Wasser aufnehmen – diese Eigenschaft wird mit dem Wasseraufnahmekoeffizient w beschrieben – und andererseits das Wasser schnell wieder abgeben können.

Nach einer Theorie von Künzel [Künzel, 1983], die auch in die Putznorm aufgenommen wurde, ist ein Putz wasserabweisend, wenn die kapillare Wasseraufnahmefähigkeit des Putzes sehr gering ($w < 0.5$ kg/(m²·h^{0,5}) und er genügend dampfdurchlässig ist (Dampfdiffusionswiderstand $s_d < 2$ m).

Kalkputze, wie auch alle anderen mineralischen Putze, können Wasser schnell wieder ab-

Regenbelastung	[mm/Jahr]	Sonstiges	Anforderungen an Putz
Gering	unter 800	Besonders windgeschützt	Keine besonderen Anforderungen
Mittel	600-800	Windgeschützt	Wasserhemmend
Stark	über 800	Exponiert	Wasserabweisend

Tabelle 2-3 Schlagregenbeanspruchung nach DIN 4108-3

Anforderung	Wasseraufnahmekoeffizient w
Wasser hemmende Putzsysteme	$0{,}5 < w < 2$ kg / (m² · h^{0,5})
Wasser abweisende Putzsysteme	$w < 0{,}5$ kg / (m² · h^{0,5})

Tabelle 2-4
Anforderungen an den Regenschutz eines mineralischen Außenputzes nach DIN V 18550.

geben, da sie sehr dampfdurchlässig sind. Sie haben einen geringen Dampfdiffusionswiderstand, der deutlich unter dem geforderten Wert $s_d < 2$ m liegt. Für die Auswahl eines geeigneten Kalkputzmörtels ist daher allein die Wasseraufnahmefähigkeit ausschlaggebend. Soll der Putz wasserabweisende Eigenschaften haben, gilt für den Wasseraufnahmekoeffizient $w < 0.5$ kg/($m^2 \cdot h^{0,5}$). Ist lediglich ein wasserhemmender Putz gefordert, kann der w-Wert zwischen 0,5 und 2 kg/($m^2 \cdot h^{0,5}$) liegen (s. Tabelle 2-4).

Dampfdurchlässigkeit

Lehm- und Kalkputze wie auch alle anderen mineralischen Putze sind dampfdurchlässig. Sie werden bevorzugt bei diffusionsoffenen Wandaufbauten eingesetzt. Durch ein Bauteil aus dampfdiffusionsoffenen Materialien kann in der Raumluft enthaltene Feuchtigkeit hindurch diffundieren; aber auch Feuchtigkeitsansammlungen im Bauteil, z.B. durch anfallendes Tauwasser, können durch Dampfdiffusion wieder trocknen. Die Dampfdurchlässigkeit eines Materials wird mit der Wasserdampfdiffusionswiderstandszahl μ beschrieben. Erstrebenswert sind sehr niedrige μ-Werte. Sie liegen bei Lehmputz zwischen 5 und 10 und bei Kalkputz zwischen 5 und 25 je nach Zusammensetzung des Putzmörtels. Für Putze aus Luftkalk bescheinigen Hersteller vergleichbar niedrige Werte wie bei Lehmputzen. Allerdings darf die positive Eigenschaft des Putzes nicht durch einen diffusionshemmenden Anstrich oder Tapetenbelag gemindert werden. Die Tabelle 2.5 „Wasserdampfdiffusions-Widerstandsfaktor μ" zeigt die Werte gebräuchlicher Wandputze im Vergleich.

Wind- und Luftdichtigkeit

Jede weiß, wie ungemütlich eine noch so gut gedämmte Dachwohnung sein kann, wenn es z.B. aus der Steckdose oder anderen Öffnungen zieht. Um Wärmeverluste zu vermeiden und ein behagliches Raumklima zu schaffen, soll daher die Gebäudehülle möglichst wind- und luftdicht sein.

Winddicht ist eine Gebäudehülle, wenn möglichst wenig Schlagregen, Schnee und kalte Luft von außen in Wand, Dach oder Fassadendämmung eindringen kann. Die luftdichte Ebene verhindert ebenfalls, dass kalte Außenluft in den Innenraum gelangt, sie soll aber ebenfalls sicherstellen, dass möglichst wenig warme feuchte Raumluft in das Bauteil eindringt. Daher wird die luftdichte Ebene i.d.R. auf der Innenseite der Außenhülle angebracht. Der luftdichte Aufbau soll verhindern, dass Wasserdampf mit dem Luftzug vom Rauminnern in die Wand gelangt und sich dort als Tauwasser niederschlägt.

Eine luftdichte Konstruktion ist jedoch nicht, wie fälschlicherweise oft angenommen wird, automatisch auch dampfdicht. Vielmehr wünschen wir uns luftdichte Konstruktionen, die gleichzeitig ausreichend dampfdiffusionsoffen sind, damit die in das Bauteil eingedrungene Feuchtigkeit wieder austrocknen kann. Massiv gemauerte und fachgerecht verputzte Wände sind sozusagen von sich aus wind- und luftdicht und bei Einsatz der richtigen Baumaterialien auch dampfdiffusionsoffen.

Art des Putzes	Dampfdiffusionswiderstand μ	nach
Lehmputze	5-10	TM 04
Kalkputz	7	MASEA
Kalkputze (Luftkalk und hydraulische Kalkputze)	15-35	DIN 4108-2
Kalkzement- und Zementputze	15-35	DIN 4108-2
Gipsputze	10	DIN 4108-2
Kunstharzputze	50-100	DIN 4108-2

TM 04: Technisches Merkblatt TM 04 : Lehm-Putzmörtel – Begriffe, Baustoffe, Anforderungen, Prüfverfahren [Dachverband Lehm 2011]. MASEA: Materialdatensammlung für die energetische Altbausanierung, Datenbank des Fraunhofer Instituts für Bauphysik [MASEA 2011]

Tabelle 2-5
Wasserdampfdiffusions-Widerstandsfaktor μ (dimensionslos) gebräuchlicher Wandputze.

2-16
Fachwerkhaus im Freilichtmuseum Hessenpark/Taunus.

2-17
Ein Dachüberstand schützt die Kalkputzfassade eines historischen Lehmhauses (vgl. Kap.4, S. 68-69).

2-18
Luftdichtigkeitsanschluss zwischen Fenster und geputzter Wand: Der hier verwendete Luftdichtigkeitsstreifen ist zweiteilig. Der Streifen wird mit dem (hier schwarzen) Kunststoffteil am Fensterrahmen festgeklebt, umgeklappt und mit dem angeschlossenen Vlies (wie Armierungsgewebe) in die Laibung eingeputzt.

2-19
Im Bereich der Küchenzeile wurde ein Kalkzementputz als Untergrund für Fliesen aufgebracht, die übrigen Wandflächen der Küche erhielten einen Lehmputz. Ausführung: Fa. Freiraum-Eco

2-20
Im Spritzbereich der Badewanne schützt die wasserabweisende Oberfläche aus Tadelakt vor eindringender Feuchtigkeit. Ausführung: Fa. Life Boxx, Sandro Freund, Frankfurt.

Bei den bislang wenig wärmegedämmten Gebäuden fielen Wärmeverluste infolge von Luftundichtigkeiten nicht so sehr ins Gewicht. Im Strohballenbau und bei hochgedämmten Gebäuden wie Niedrigenergie- und Passivhäusern sind die Verhältnisse ganz anders. Dort können Luftundichtigkeiten zu großen Wärmeverlusten führen, erhebliche Kondensationsschäden verursachen und die Schimmelpilzbildung begünstigen. Daher muss sorgfältig auf luftdicht ausgeführte Konstruktionen und Anschlussdetails geachtet werden. Die üblichen Luftdichtigkeitsfolien sind dennoch nicht überall erforderlich. Auch ein normaler Innenputz (Gipsputz, Kalkputz oder Kalkzementputz) ist ausreichend luftdicht und gleichzeitig diffusionsoffen. Ebenso erfüllt ein gut ausgeführter und möglichst rissefreier Lehmputz von 2 cm Dicke bereits die Anforderungen an die Luftdichtigkeit. Allerdings müssen die Anschlüsse der Wandflächen an Fenster, Türen, Dachkonstruktion und anderen Durchdringungen fachgerecht ausgeführt werden, z.B. mit überputzbaren luftdichten Klebebändern oder Streifen aus Baupappe, die an einem Rand am durchdringenden oder angeschlossenen Bauteil befestigt werden und am anderen Rand überputzt werden (s. Abb. 2-18).

Feuchträume

In Feuchträumen wie den häuslichen Bädern und Duschen gilt: Im direkten Spritzwasserbereich darf kein Lehm- oder Kalkputz verwendet werden.

Im Bereich von Dusche und Badewanne muss verhindert werden, dass Wasser in die Konstruktion eindringen kann. In der Regel werden dort Fliesen auf mit Kalkzementmörtel geputzte Flächen oder auf Plattenbaustoffe geklebt, die zuvor mit einer Streichisolierung versehen wurden.

Ein Luftkalkputz darf keinesfalls als Untergrund für eine Isolierung eingesetzt werden, da die Oberfläche des Luftkalkputzes offenporig bleiben muss, andernfalls würde der Putz „faulen".

Eine ansprechende Alternative zu Fliesen ist der marokkanische Tadelakt, ein hochhydraulischer Kalkputz, der durch seine Zusammensetzung und eine besondere Art der Oberflächenbehandlung wasserfeste Eigenschaften erhält. Er wird im Spritzwasserbereich und sogar als Auskleidung für Duschwannen und Waschbecken eingesetzt.

Auf allen anderen nicht dem Spritzwasser ausgesetzten Flächen im Bad sind Lehm- und Kalkputzflächen hervorragend geeignet, da sie Luftfeuchte aufnehmen und zeitversetzt wieder an die Raumluft abgeben können.

Gesundes Wohnen

Für die Entscheidung, Lehm- oder Kalkputze im Innenbereich einzusetzen, sprechen neben den ökologischen und gestalterischen auch ihre baubiologischen Qualitäten. Diese Putze sind von Natur aus schadstofffrei und haben eine positive Wirkung auf das Raumklima und somit auf unser Wohlbefinden.

- **Schadstofffreiheit**

Lehm- und Kalkputze sind schadstofffrei, solange auf giftige Zusatzstoffe verzichtet wird. Das sollte eigentlich selbstverständlich sein, dem ist jedoch nicht immer so. Bei der Verwendung von Bauprodukten kann nicht ausgeschlossen werden, dass dem Werkmörtel baubiologisch nicht zulässige Zusätze beigemischt sind. Hersteller sind leider nicht verpflichtet, alle in ihren Bauprodukten enthaltenen Zusätze zu nennen. Daher empfiehlt es sich, Produkte auszuwählen, für die eine Volldeklaration aller Inhaltsstoffe vorliegt.

- **Raumklimatische Wirkung**

Die Fähigkeit eines Putzes, überschüssige Feuchtigkeit aus der Raumluft aufzunehmen und diese bei fallender relativer Luftfeuchte wieder abzugeben, trägt zu einem behaglichen Raumklima bei. Diese Eigenschaft, Wasserdampf an die Zellen und Poren eines Baustoffes zu binden und wieder an die Umgebung freizugeben, wird als Luftfeuchte-Sorptionsvermögen oder Hygroskopizität bezeichnet.

Insbesondere Lehm ist ein ausgezeichneter Feuchtigkeitspuffer. Im Unterschied zu anderen mineralischen Putzen (Kalk-, Kalkzement-, Gipsputze), welche die Feuchte über Kapillaren und Poren aufnehmen und speichern, können Lehmputze das Wasser in ihren quellfähigen Dreischichttonmineralien einlagern: je quellfähiger der Ton, desto mehr. Der Lehmputz nimmt dabei die Feuchtigkeit auf, ohne sich feucht anzufühlen.

Dieser raumklimatische Effekt wurde für Lehmputze mehrfach untersucht [Minke 2009] [Holl, Ziegert 2002] [Eckermann, Roehlen, Ziegert 2008]. Die Untersuchungen verglichen sowohl Lehmputze mit konventionellen Putzen als auch verschiedene Lehmputzprodukte untereinander. Es zeigte sich, dass die sorptionsaktive Eigenschaft besonders günstig ist bei Putzen aus Lehmen mit einem hohen Anteil an Dreischicht-Tonmineralien. Da dieser Anteil je nach Zusammensetzung des Lehms unterschiedlich hoch ist, bestehen auch große Unterschiede in der Sorptionsfähigkeit der Lehmputze. Die Abb. 2-21 „Feuchteaufnahme von Putzen" zeigt die Feuchteaufnahme unterschiedlicher Putze aus Werktrockenmörtel. Lehmputze schnitten im Hinblick auf die Sorptionsfähigkeit stets besser ab als herkömmliche Putze. Allerdings gibt es unseres Wissens noch keine Untersuchung über

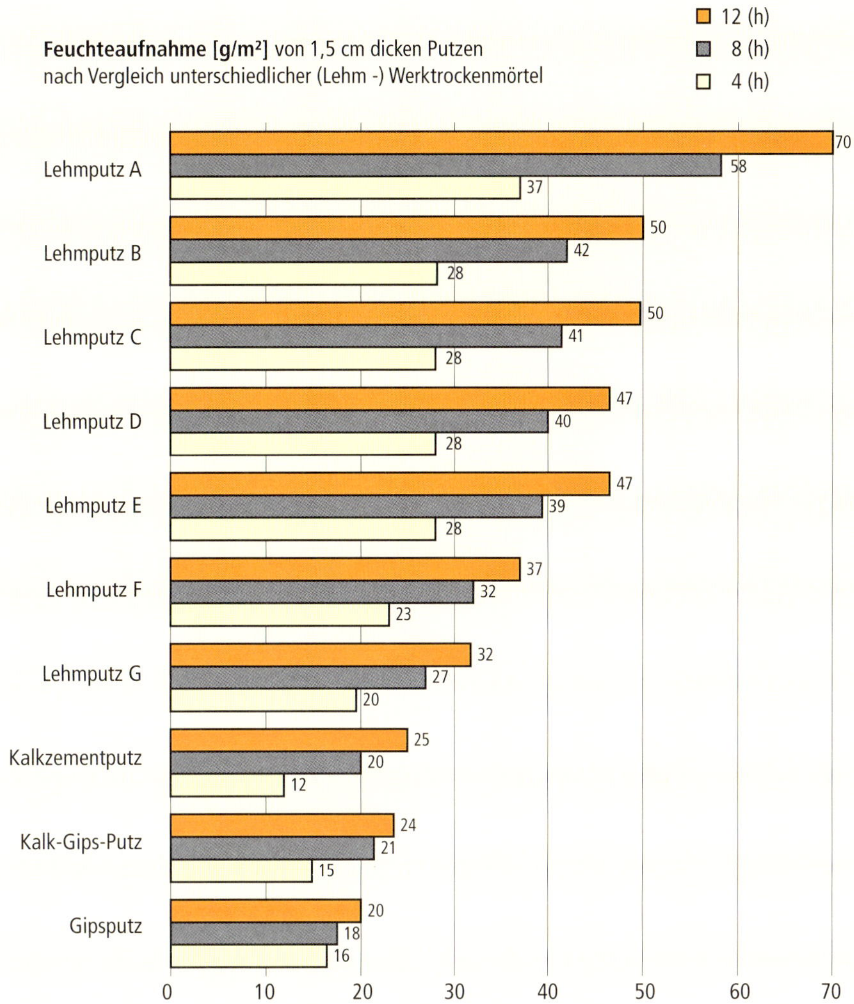

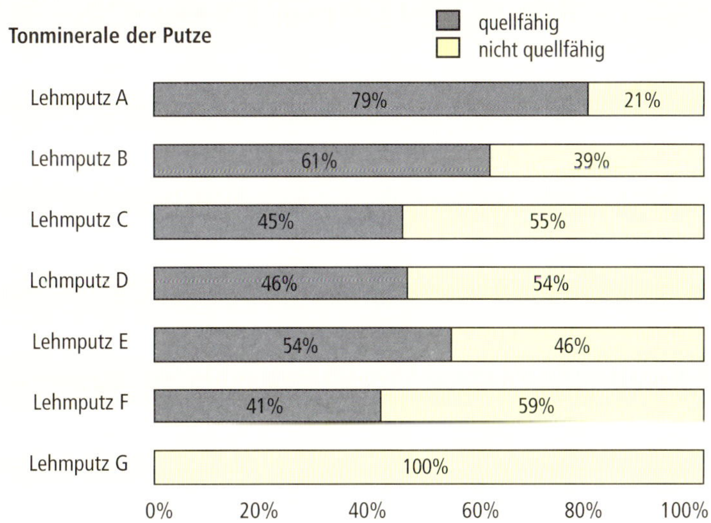

2-21

Feuchteaufnahme [in g/m²] von 1,5 cm dicken Putzen nach Vergleich unterschiedlicher (Lehm-) Werktrockenmörtel. Tabelle: B.Rüger nach Angaben von Holl / Ziegert [Holl, Ziegert 2002]

2-22

Lehmputzflächen im Bad oberhalb des Spritzbereiches der Dusche. Ausführung: Karin Börjes und Irmela Fromme die Sorptionsfähigkeit von Kalkputzen unterschiedlicher Zusammensetzung.

Die feuchtigkeitspuffernde Eigenschaft von Lehmputz macht lehmgeputzte Räume auch bei geringem Lüftungswechsel stabiler gegen Schimmelwachstum. Sobald die Raumluftfeuchte z.B. nach einem Duschvorgang über 80% und damit in den für Schimmelwachstum förderlichen Bereich steigt, nimmt die Lehmputzfläche die Feuchtigkeit auf, um sie später wieder abzugeben, wenn die Luftfeuchtigkeit fällt.

Die häufiger vertretene Meinung, dass durch Lehmputze die relative Luftfeuchtigkeit in Räumen automatisch in dem für Menschen idealen Bereich zwischen 40 - 50% liegt, trifft jedoch nicht zu. Schließlich hängt die relative Raumluftfeuchte von vielen Faktoren ab: ob die Außenluft eher feucht oder trocken ist, wie stark gelüftet wird, wieviel Feuchte durch die Nutzung in die Räume gelangt, wie sorptionsfähig andere Baustoffe oder Einrichtungsgegenstände sind usw. Lehmputzflächen allein können weder eine konstante ideale relative Luftfeuchtigkeit herbeiführen, noch sie garantieren. Ausreichend große Lehmputzflächen von 1,5 – 2 cm Dicke können jedoch den täglichen Feuchtigkeitsanfall in Bädern und Küchen ausgleichen. Zu dünne Schichten allein vermögen das nicht zu leisten.

Es muss allerdings auch sichergestellt sein, dass die Putzflächen keine Fixierungen, Anstriche oder andere Beschichtungen erhalten, welche die Sorptionsfähigkeit stark herabsetzen, wie das bei wasserdampfundurchlässigen Anstrichen, z.B. Leinöl- oder Latexanstrichen, oder auch bei Tapeten der Fall sein kann [Minke 2009].

- **Bindung von Gerüchen**

Wie Bewohner von Lehmhäusern berichten, bindet Lehm Gerüche wie Zigarettenrauch und reinigt die Luft. Wissenschaftliche Untersuchungen liegen dazu allerdings nicht vor. Bisher können wir nur vermuten, dass die Tonminerale Schadstoffe und Gifte der Raumluft binden. Diese Eigenschaft wird auch bei industriellen Anwendungen genutzt, beispielsweise bei der Überlehmung, einem Verfahren, das bei der Sanierung der Rieselfelder im Berliner Raum angewendet wird [Makki, Frielinghaus 2010].

- **Antibakterielle Wirkung von Kalkputzen und -anstrichen**

Mit der Zunahme von Allergien beginnt man wieder die antibakterielle Wirkung von Kalk im Hinblick auf Schimmelbildung zu schätzen. Allergische Reaktionen wie Schleimhautreizungen, Husten, Kopfweh oder Müdigkeit können schon durch geringe Mengen von Schimmelpilzsporen in der Atemluft ausgelöst werden. Ein Kalkputz und ein Kalkanstrich können aufgrund ihrer Alkalität mit pH-Werten bis zu 12,3 sowohl die Neuansiedlung von Schimmelpilzsporen verhindern als auch bereits vorhandene Sporen vernichten. Diese hygienische Wirkung von Kalk wurde schon lange genutzt. So hat man seit Menschengedenken Stallgebäude regelmäßig gekalkt. Die alkalische Wirkung des Kalkputzes bzw. der Kalkfarbe hält aber nicht ewig an. Mit der Zeit kann sich auf der Putzoberfläche ein dünner Film aus abgestorbenen Mikroorganismen und Sporen bilden, der wiederum als Nährboden für neue Schimmelpilze dient [UBA 2005]. Um die antibakterielle Wirkung zu erhalten, sollten Kalkputzwände in regelmäßigen Zeitabständen – früher war ein zweijähriger Rhythmus üblich – mit einem neuen Kalkanstrich gepflegt werden. Auch ein Anstrich mit Silikatfarben, die einen ähnlichen hohen pH-Wert haben, aber wischbeständiger sind, ist möglich.

2.2 Putzaufbau und Putzlagen

Betrachten wir zunächst die handwerkliche Ausführung eines Putzes:

- Der Putzmörtel wird aufgebracht: angeworfen, angespritzt oder aufgezogen.
- Der Putzmörtel wird auf der Fläche so verteilt, dass die Fläche weitgehend geschlossen ist und die gewünschte Ebenheit erhält.
- Nach einer gewissen Zeit wird die Putzoberfläche bearbeitet (in der Regel gerieben), so dass sie geschlossen und homogen ist.

Der Untergrund, sei es an Wand oder Decke, auf den ein Putz aufgebracht wird, wird als *Putzgrund* bezeichnet. Für die eben genannten Arbeitsschritte muss der Mörtel von Anfang gut am Putzgrund haften. Die Haftung wird, vorausgesetzt der Mörtel ist richtig eingestellt (s. Kap. 3 und 4), weitgehend von der Beschaffenheit des Putzgrundes bestimmt. Eine unzureichende Hafteigenschaft des Putzgrundes lässt sich durch gezielte Vorbereitungsmaßnahmen deutlich verbessern.

Wie hält der Putz an Wand und Decke?

Lehm- und Kalkputze haften mechanisch am Putzgrund. Der Putzgrund muss daher entsprechend rau sein. Lehmputzmörtel verfügen, im Gegensatz zu Kalkputzmörteln, im plastischen Zustand zusätzlich über eine gute Klebkraft.

Kalkputze können sich zudem im Putzgrund fest verankern: Der Kalkputzmörtel verändert beim Erhärten seine Zusammensetzung, er bindet ab. Bei diesem Prozess geht der Kalkputzmörtel auch eine chemische Verbindung mit Bestandteilen des Untergrundes ein. Kalkputze können sich mit allen mineralischen Untergründen wie Ziegel- und Kalksandsteinmauerwerk, Beton oder zement- oder magnesitgebundenen Holzfaserplatten chemisch verbinden. Dabei ziehen Bindemittelanteile aus dem Kalkmörtel in den porösen Untergrund hinein, es bilden sich sogenannte Kristallnadeln, die den Kalkputzmörtel mit dem Putzgrund, wie z.B. Mauermörtel, Mauerwerk, gebrannte Ziegel, Kalksandsteine, Beton und Betonsteine verbinden. Bei Natursteinen ist die Verbindung nicht so gut, da hier die Kristallnadeln nur wenig in den Stein eindringen können. Mit Lehm und ungebranntem Ton geht der Kalkputz keine chemische Verbindung ein. Daher muss hier für eine gute mechanische Verankerung gesorgt werden, z.B. durch einen Spritzbewurf.

Putzlagen

Um eine Putzoberfläche richtig bearbeiten zu können, ist es hilfreich, die Vorgänge beim Antrocknen des Putzes genauer zu betrachten: Nachdem der Putzmörtel aufgebracht ist, beginnt er fester zu werden, indem er Feuchtigkeit (Anmachwasser) abgibt. Man sagt auch, der Putz „zieht an". Dabei kann ihm Feuchtigkeit durch den Putzgrund entzogen (aufgesaugt) werden, wobei die Geschwindigkeit von der Saugfähigkeit des Putzgrundes abhängt. Außerdem gibt er Feuchtigkeit (durch Verdunstung) an die Raumluft ab, was je nach Witterung und Raumtemperatur unterschiedlich schnell vonstatten geht.

2-23
Lehmdeckenputz.

Der Feuchtegehalt und damit die Plastizität eines Putzes ist entscheidend für eine gute Oberflächenbearbeitung: Zum Reiben soll der Putz weder zu weich, noch zu fest sein. Ein leichter Fingerdruck darf keinen tiefen Abdruck hinterlassen, aber der Mörtel muss noch weich genug sein, dass er sich beim Reiben verschieben lässt.

Häufig erlauben es die Bedingungen auf der Baustelle nicht, die oben erwähnten 3 Arbeitsschritte bei der Ausführung einer Putzlage an einem Arbeitstag zu erledigen. Die Lösung besteht dann darin, den Putz in zwei oder mehreren Lagen aufzubringen. Man spricht von *ein-*, und *mehrlagigen Putzen*.

Eine *Putzlage* ist die in einem Arbeitsgang aufgebrachte Putzschicht des gleichen Mörtels. Auch das Anwerfen mehrerer Schichten in einem Arbeitsgang wird als eine Putzlage bezeichnet. Untere Lagen werden als Unterputz

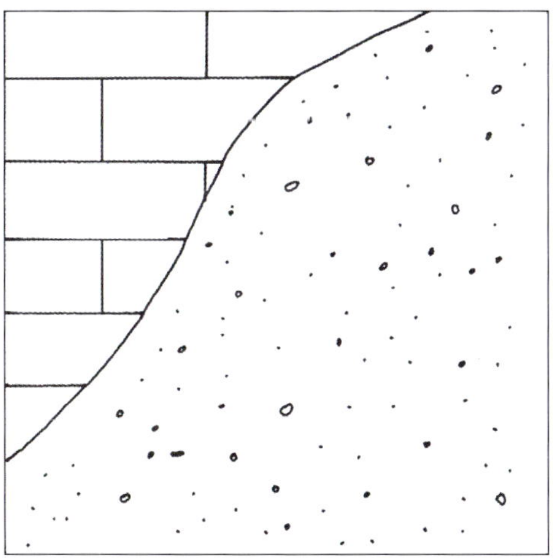

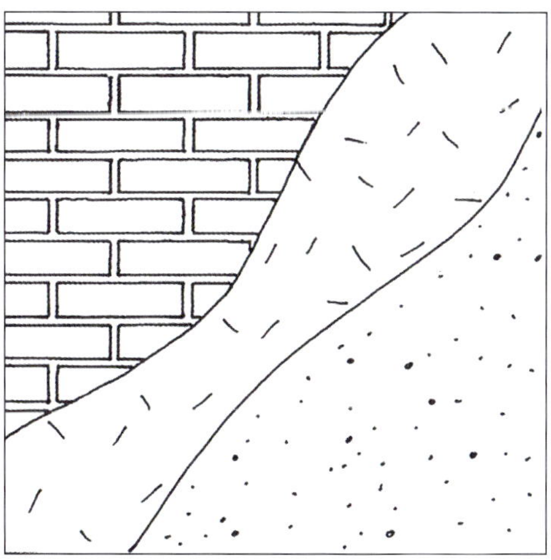

2-24: Einlagiger Putz.

2-25: Zweilagiger Putz.

bezeichnet, die oberste Lage wird Oberputz genannt.

Hauptfunktionen des *Unterputzes* sind, am Putzuntergrund zu haften, alle Unebenheiten auszugleichen, um die gewünschte Ebenheit zu erreichen, und einen einheitlich gut saugenden Putzgrund für den Oberputz zu schaffen. Der Unterputz kann feine Risse haben, und die Oberfläche muss nicht völlig geschlossen sein. Sie wird zur besseren Haftung des Oberputzes oft sogar leicht aufgeraut, z.B. durch Kammzug.

Die Aufgabe des *Oberputzes* ist es, die eingangs genannten Anforderungen und Wünsche an die Oberfläche, wie z.B. Druck- und Abriebfestigkeit, Rissfreiheit, Homogenität, Haftung am Unterputz, gewünschtes Erscheinungsbild (Struktur und Farbigkeit) zu erfüllen.

Bei *zweilagigen Innenputzen* ist der Unterputz in der Regel 10 mm und der Oberputz 5 mm dick, so dass sich eine Gesamtputzdicke von 15 mm ergibt.

Ein *einlagiger Putz*, der beide Funktionen erfüllt, ist 10 - 15 mm dick. Kleinere oder größere Putzdicken sind möglich – je nach Zusammensetzung des Mörtels und auch je nach Putzgrund.

Als *Ausgleichsputz* werden Putze bezeichnet, die größere Unebenheiten ausgleichen und nicht unbedingt vollflächig eingesetzt werden.

Dünne, 3 bis 5 mm starke Putze werden als *Dünnlagenputze*, von Herstellern auch als *Feinputze* bezeichnet. Sie können auf bestimmten Untergründen auch in zwei dünnen Lagen ausgeführt werden.

Zunehmend werden aus ästhetischen Gründen die 2 - 3 mm dicken verschiedenfarbigen Lehmedelputze als sichtbare oberste Schicht aufgebracht. Diese Putze werden auch als Beschichtungen bezeichnet, denn sie liegen im Grenzbereich zwischen Putzer- und Malerhandwerk. *Lehmdünnlagen-Beschichtungen* werden einlagig mit einer Dicke von weniger als 3 mm aufgetragen. Die Lehmputzhersteller verwenden für Lehmdünnlagen-Beschichtungen unter anderem Begriffe wie Lehmfeinputz, Lehmfarbputz, Lehmedelputz oder auch Lehmfinish. Wir verwenden im Folgenden vorwiegend den Begriff *Lehmedelputz* für solche Lehmdünnlagen-Beschichtungen.

Ein *Vorspritz* oder eine *Haftbrücke*, die aufgezogen wird, um die Verbindung zwischen der ersten Putzlage und dem Untergrund zu ermöglichen, wird nicht als Putzlage gezählt.

Festigkeitsgefälle

Bei massiven, stabilen Untergründen gilt es, die alte Putzregel „von hart zu weich" zu beherzigen. Damit ist gemeint, dass ein Festigkeitsgefälle von der Wand zur Putzoberfläche hergestellt werden sollte, d.h. die oberen Putzlagen sollen stets weicher sein als ihr Untergrund, der Oberputz weicher als der Unterputz (oder genauso fest) usw. Wird diese Regel nicht beachtet, kann es zu Spannungen zwischen den Putzlagen kommen, was die Haftung des Oberputzes am Unterputz gefährdet oder gar zum Abscheren des Putzes vom Untergrund führt.

Putze, insbesondere Außenputze, sind extremen Temperatur- und Feuchtigkeitsschwankungen ausgesetzt. Die daraus entstehenden Bewegungen und Spannungen können, wenn die Putzregel „weich auf hart" eingehalten ist, unmittelbar auf die darunterliegenden Putzlagen und letztendlich auf den Massivbaustoff abgegeben werden.

Ist jedoch der Putzgrund weicher und beweglicher als die Putzschicht, wie es bei wärmedämmendem Mauerwerk, Leichtlehm, Strohballen oder Wärmedämmstoffen der Fall ist, kann die alte Putzregel nicht mehr angewandt werden. Der Putz ist in diesem Fall sowohl den Bewegungen des wärmedämmenden Untergrunds, wenn auch in eingeschränktem Maße, als auch den Spannungen aus Temperatur- und Feuchtigkeitsschwankungen ausgesetzt. Er kann entstehende Spannungen nicht an den Untergrund abgeben, da dieser zu weich ist. Somit muss er die Spannungen in sich selbst aufnehmen können. Der Putz „schwimmt" dann gewissermaßen auf dem „weichen" Untergrund. Der Oberputz wird vom Untergrund durch eine bewegli-

2-26
Fehler im Festigkeitsgefälle: Der zu bindemittelreiche Oberputz weist extrem viele Schwindrisse auf und schert aufgrund der Spannung zum weniger festen Unterputz von diesem ab.

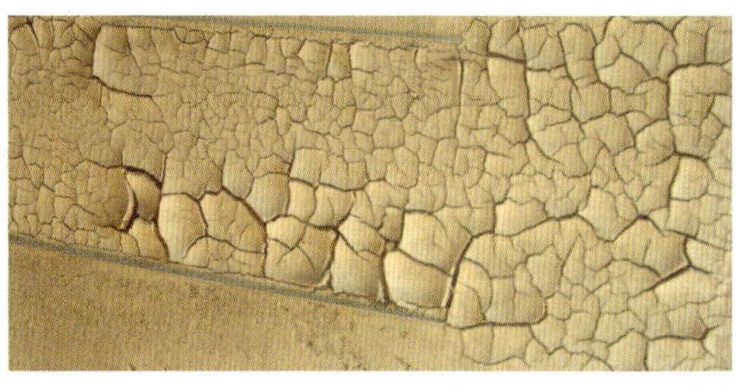

Tabelle 2-6
Putzdicken nach DIN V 18550.

Putzdicken nach DIN V 18550	Mittlere Dicke	Mindestdicke*
Mehrlagiger Außenputz	20 mm	15 mm
Mehrlagiger Innenputz	15 mm	10 mm
Einlagiger Innenputz	10 mm	5 mm
Dünnlagenputz	3 - 5 mm	

Zulässige Mindestdicken müssen sich auf einzelne Stellen beschränken.

che und verformbare Zwischenschicht entkoppelt [Künzel, 2003, S.58]. Diese Aufgabe übernimmt der Unterputz. Er wird „armiert", um Bewegungen aufnehmen zu können. Dies geschieht entweder durch einen faserhaltigen Putzmörtel oder durch das vollflächige Einlegen eines Gewebes. Für die nachfolgenden Putzlagen gilt dann wieder die alte Putzregel. Die Festigkeit der Putzlagen wird durch die Zusammensetzung des Mörtels eingestellt.

- **Innen- und Außendämmung**

Überputzbare Außendämmungen werden oft als Wärmedämmverbundsysteme (WDVS) ausgeführt. Ein Wärmedämmverbundsystem besteht aus einer Dämmschicht und einem dazugehörigen Putzaufbau. Der Aufbau entspricht nicht der alten Putzregel und hält, wie die Erfahrungen seit über 40 Jahren zeigen, dennoch. Die Systeme benötigen eine bauaufsichtliche Zulassung. Die Handwerkerin sollte daher, wenn sie auf einen wärmedämmenden Putzgrund putzt, die vom Hersteller angegebenen Putzaufbauten einhalten, sonst ist sie bei eventuellen Schäden nicht abgesichert.

Bislang haben sich die Herstellerfirmen noch nicht daran gewagt, Wärmedämmverbundsysteme mit reinen Kalkputzen anzubieten. Wer den Einsatz von Kunstharzputzen vermeiden möchte, kann bislang lediglich auf Systeme mit mineralischen Putzen auf Kalkzement- oder Silikatbasis zurückgreifen.

Bei der Sanierung von Lehm- und Fachwerkhäusern oder bei einer schützenswerten Fassade wird häufig auch eine Innendämmung eingebaut. Holzwolleleichtbauplatten, Schilfrohrplatten und Holzfaserplatten werden als überputzbare Dämmplatten auf der Innenseite der Außenbauteile gesetzt. Die Platten fungieren gleichzeitig als Dämmung und Putzträger für Lehm- oder Kalkputz. Das Anbringen der Dämmplatten obliegt oft dem Putzer, er muss sich in diesem Fall vergewissern, dass der Wandaufbau bauphysikalisch geprüft ist. Die Platten müssen vollflächig und hohlraumfrei am Putzgrund angesetzt werden. (siehe Abb. 2-27).

Den Putzgrund beurteilen

Der Putzgrund wird danach beurteilt,

- ob er eine gute Haftung gewährleistet bzw. welche vorbereitenden Arbeiten am Putzgrund nötig sind, damit der Putz gut haften kann;
- ob er ein gleichmäßiges Anziehen und eine ausreichende Erhärtung des Putzes ermöglicht.

2-27
Kalkputz auf Holzweichfaserplatten, 1.Putzlage aufgekämmt.

Vorausgesetzt wird, dass der Putzgrund ausreichend fest und sauber, also frei von Staub und Verunreinigungen ist. Bei einem Neubau ist es wichtig darauf zu achten, dass alle Setzungen weitgehend abgeschlossen sind.

Es gibt Baustoffe, die nicht zum direkten Verputzen geeignet sind; dazu gehören z.B. Holz, Hartholzplatten (OSB-Platten), Polystryrol und Metall (z.B. Stahlträger). Sie müssen mit einem sogenannten Putzträger versehen werden, wenn sie überputzt werden sollen.

- **Rauigkeit und Saugfähigkeit**

Wird der Putz angeworfen, sollte er sofort haften. Dies ist bei rauen Untergründen der Fall, da der Putz daran mechanisch ausreichend haftet. Auf zu glatten Untergründen besteht die Gefahr, dass der Putz abrutscht oder später teilweise hohl liegt. Viele Mauersteine haben bereits eine ausreichend raue Oberfläche, z.B. porosierte Ziegel.

Ein zweiter Gesichtspunkt ist die Saugfähigkeit des Baustoffes. Hierunter wird die Eigenschaft des Putzgrundes verstanden, dem Putzmörtel das Anmachwasser mehr oder weniger schnell zu entziehen. Die Saugfähigkeit eines Putzgrundes kann leicht getestet werden: Man spritzt mit einem Quast Wasser auf die Oberfläche und beobachtet, wie schnell das Wasser in den Untergrund einzieht.

Stark saugende Untergründe werden vor Beginn des Putzauftrages angenässt. Beim Auftrag von Kalkputzen ist dies unverzichtbar. Kalkputze binden ab, indem sie karbonatisieren (siehe Kap. 4), d.h. sie nehmen dazu Kohlenstoffdioxid aus der Luft auf. Bei zu schnellem Wasserentzug ist dieser Karbonatisierungsprozess unvollständig und der Putz „verbrennt". Er kann keine Verbindung mit dem Untergrund eingehen. Der Putz bleibt dann nicht nur zu weich und sandig,

2-28
Mischuntergrund in einer Altbauwohnung: altes Ziegelmauerwerk, neue Trennwand aus Porenbeton und Betontürsturz, Gipsfaserplatten im Bereich der Fensternischen.

sondern kann auch seine Haftung verlieren und großflächig abplatzen. Deshalb sollten stark saugfähige Untergründe vor dem Auftrag eines Kalkputzes schon einmal am Vortag vorgenässt werden. Alternativ kann die Saugfähigkeit des Untergrunds durch einen Spritzbewurf herabgesetzt werden. Auch Grundierungen sind möglich. Allerdings dürfen diese den Untergrund keinesfalls absperren, damit die Verbindung des Kalkmörtels mit dem Untergrund nicht behindert wird.

Lehmputzen droht die Gefahr des Verbrennens nicht. Hier ist das Annässen von stark saugfähigen Untergründen aber ebenfalls wichtig, v.a. um die Bearbeitungszeit zu verlängern.

Putze auf wenig saugenden Untergründen müssen ihre Feuchtigkeit hauptsächlich an die Raumluft abgeben, was lange dauern kann. Hier besteht die Gefahr, dass der Putz abrutscht oder unzulänglich haftet, v.a. wenn der Untergrund zu glatt ist.

Saugfähigkeit und Rauigkeit sollten immer im Zusammenhang betrachtet werden. Sie sind die bestimmenden Faktoren für die Haftung auf Wand- oder Deckenbaustoffen.

- **Die Fläche als Ganzes**

Im Idealfall bestehen alle Wandflächen (oder sogar alle Flächen im Raum) aus einem homogenen Baustoff und weisen bereits die gewünschte Ebenheit auf. In der Praxis ist das oft nicht der Fall. Da können Ringanker aus Beton über Kalksandsteinen liegen oder Holzbalken in Fachwerkwänden, die mit Lehm ausgefacht sind. Altbauwände bestehen meist aus Mischmauerwerk als Folge zahlreicher Umbauten.

In diesem Fall ist aufgrund der unterschiedlichen Saugfähigkeit der verschiedenen Baustoffe eine gleichmäßige Oberflächenbearbeitung bei einer Putzlage nicht möglich, so dass in der Regel zweilagig geputzt werden muss. Auch können je nach Baustoff verschiedene Putzgrundvorbereitungen notwendig sein.

Mit Bauplatten hergestellte Flächen sind stets an den Plattenstößen rissgefährdet und müssen dort grundsätzlich armiert werden. Dies kann vor dem Auftrag der Putzlage ausgeführt werden; bevorzugt werden aber zweilagige Putzaufbauten mit Gewebeeinlage ausgeführt.

Die Putzhaftung verbessern

Auf vielen Putzgründen muss für eine ausreichende Griffigkeit und/oder für einen Ausgleich der Saugfähigkeit gesorgt werden. Dies kann auf verschiedene Art passieren.

- **Aufrauen des Putzgrundes**

Sehr glatte Untergründe können mechanisch aufgeraut werden, z.B. durch Nagelbrett, Hammer oder Kelle. Das ist bei Lehmuntergründen problemlos möglich, evtl. erst nach dem Annässen.

- **Spritzbewurf, mineralische Haftbrücke und Putzgrundierung**

Ein *Spritzbewurf* ist ein grobkörniger, mit viel Wasser angesetzter Putzmörtel auf Zement- oder Kalk- oder Kalkzementbasis, der vor dem Auftragen eines Unter- oder einlagigen Putzes aufgebracht wird. Statt Zement kann auch Trasskalk vewendet werden. *Mineralische Haftbrücken* bestehen i.d.R. aus Zement, Kalk, mineralischen Zuschlägen und Kunstharz-Dispersionspulvern, die als Klebstoff wirken, damit die Haftbrücke z.B. Halt auf einer glatten Betonoberfläche findet. Ihre grobkörnige Oberfläche bietet wiederum Halt für die nachfolgende Putzlage.

Bei dünnlagigen Putzen wird eine *mineralische Putzgrundierung* oder ein *Haftgrund* angewandt. Dies ist ein körniger Anstrich aus Wasser, mineralischen Zuschlagstoffen, Bindemitteln und Konservierungsmittel. Als Bindemittel sind Wasserglas (Silikat) und Kasein gebräuchlich. Empfehlenswert sind Produkte mit Volldeklaration der Inhaltsstoffe (s. Bezugsquellen im Anhang).

Spritzbewurf, Haftbrücke und Putzgrundierung erfüllen folgende Funktionen:

- Es wird eine raue Oberfläche des Putzgrundes erzielt und
- die Saugfähigkeit des Putzgrundes wird vermindert und/oder vereinheitlicht.

Diese Vorbereitung des Putzgrundes wird angewendet

2-29
Mit einer Putzgrundierung wird eine gleichmäßig saugende und raue Oberfläche erzielt.

2-30
Spritzbewurf zur Vorbereitung des Putzgrundes auf einer Außenwand.

- auf stark oder unterschiedlich saugenden Untergründen (z. B. Mischmauerwerk), die mit Kalkputz versehen werden sollen,
- auf glatten, schwach saugenden Untergründen (z.B. mineralische Haftbrücken auf Beton),
- auf Plattenkonstruktionen (z.B. Gipsplatten), um sie vor Durchfeuchtung während des Putzauftrages zu schützen,
- auf Altputzen vor dem Auftrag von dünnlagigen Putzen oder Dünnlagenbeschichtungen.

• Putzträger einbauen
Es gibt auch Baustoffe, die nicht als Putzgrund geeignet sind, wie Holz (Holzbalken, Holzwerkstoffplatten, Schalholz) und Metall (z. B. Stahlträger). Um diese zu verputzen, ist ein Putzträger erforderlich. Hierzu zählen 70-stängeliges Schilfrohrgewebe, das mit Draht gebunden ist, Ziegeldrahtgewebe, Rippenstreckmetall und verzinkter Maschendraht. 70-stängelig nennt man Schilfmatten, die 70 Stängel pro laufenden Meter aufweisen. Auch Holzwolleleichtbau- oder Holzfaserdämmplatten sind als Putzträger geeignet. Im Lehmbau werden Schilfrohrgewebe, Lehmbau- oder Holzfaserdämmplatten bevorzugt.

2-31
Schilfrohrgewebe als Putzträger auf Spanwerkplatten, hier OSB-Platten.

2-32 70-stängelige Schilfrohrmatte.

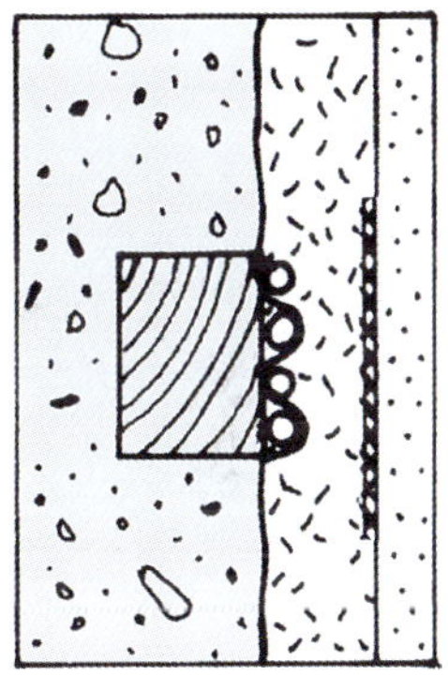

2-33 Putzträger aus Schilfrohr auf Holzträger.

2.3 Putzgründe

Lehmputze sind der ideale Putz auf Lehmbaustoffen. Sie können aber auch auf allen anderen bauüblichen Putzgründen eingesetzt werden.

Der ideale Putzgrund für Kalkputze sind alle Materialien, die mineralische Baustoffe wie Kalk, Sand und gebrannten Ton enthalten, da der Kalkputz sich damit chemisch verbinden kann. Klassische Untergründe für Kalkputze sind die Massivbaustoffe. Im Innenraum wurden sie auch auf Holzschalung mit Schilfrohrgewebe als Putzträger und auf zement- und magnesitgebundene Holzwolleleichtbauplatten aufgebracht. Der Kalkputz hat durchaus auch auf Lehmuntergründen Tradition, obwohl die Haftung problematisch ist.

Auf Strohballen haften Kalkputze hingegen sehr gut, sie werden daher im Strohballenbau häufig als Außenputz eingesetzt.

Gebräuchliche Baustoffe
Gebräuchliche Putzgründe für Innen- und Außenputze und ihre Besonderheiten sind in Tabelle 2-7 (Seite 22) aufgelistet.

Putzgrund	Herstellung und Anwendung	Bei der Putzausführung zu beachten
Lehmbaustoffe		
Stampflehm	Erdfeuchter Lehm wird zur Herstellung von Wänden in Schalung gestampft.	
Wellerlehm	Historische Lehmbauweise aus einem weich aufbereiteten Gemisch aus Lehm und Stroh. Lehmweller werden als Wandbaustoff feucht ohne Schalung aufgesetzt.	
Lehmsteine	Quaderförmiger trockener Lehmbaustoff. Der Lehm wird in die Steinformen gepatzt, gepresst oder stranggepresst (hohe Verdichtung); die Lehmsteine werden als Wandbaustoff mit Lehm- oder Kalkmörtel vermauert. Bei gestapelten Lehmwänden werden die Lehmsteine in eine Holzkonstruktion ohne Mörtel gestapelt und mit Latten verkeilt. Grünlinge sind Lehmsteine, die zum Brennen von Ziegelsteinen bestimmt waren, aber ungebrannt verwendet werden.	In gestapelten Lehmwänden befindet sich auch die Holzlattung; in der Regel wird deshalb vollflächig Schilfrohrgewebe oder Lehmbauplatte aufgebracht und geputzt. Stranggepresste Lehmsteine und Grünlinge können u.U. als Putzgrund problematisch sein, wenn sie zu quellfähig sind (Schwindrisse, Abplatzungen).
Strohlehm	Gemisch aus Lehm und pflanzlichen Fasern. Als Ausfachungsbaustoff auf Stakung bzw. Geflecht aufgebracht, als Deckenbaustoff um Staken gewickelt (Lehmwickel).	
Leichtlehm	Gemisch aus Lehm mit einem hohen Anteil an organischen oder mineralischen Leichtzuschlägen; wird als Wandbaustoff in verlorene oder Gleitschalung eingebracht oder auch als Steine vermauert.	In Leichtlehmwänden ist häufig ein Leitergerüst integriert, das zur Befestigung der Gleitschalung dient.
Lehmplatten	Plattenförmiger Lehmbaustoff; wird als Wand- oder Deckenbaustoff auf Unterkonstruktion montiert.	In der Regel werden Lehmfein- oder Lehmedelputze aufgebracht.
Mauerwerk	Als Wandbaustoff werden Steine mit Mörtel vermauert bzw. mit Spezialmörtel verklebt	
Natursteine	Natürliche Steine aus verschiedenem Ausgangsgestein, z.B. Kalkgestein, Sandstein etc.	
Mauerziegel	Gebrannte Steine aus Ton	
Kalksandsteine	Kalksandsteine werden aus Kalk und Sand gepresst und unter hohem Wasserdampfdruck gehärtet.	
Wärmedämmende Steine	Steine mit hohem Hohlraumanteil, um die Wärmedämmfähigkeit zu verbessern z.B. porosierte Ziegel, Porenbeton	Porenbeton ist extrem saugfähig, gibt das Wasser aber nur langsam wieder ab. Aus diesem Grund ist es ratsamer, die Saugfähigkeit durch eine Grundierung herabzusetzen, als den Putzgrund extrem stark anzunässen
Beton Ortbeton	Gemisch aus Zement und mineralischen Zuschlägen, als Wand- oder Deckenbauteil in Schalung gegossen	
Betonfertigteile, Leichtbetonelemente	werden als Wand- und Deckenbauteile oder Leichtbetonelemente auf der Baustelle montiert.	
Strohballen	werden als wandbildender Dämmstoff in Holzständerkonstruktionen ohne Mörtel aufeinander gesetzt und verspannt (nicht last-tragender Strohballenbau).	Putzstärken von durchschnittlich 3 cm sind – auch aus Brandschutzgründen – empfehlenswert.
Platten Schilfrohrplatten	mit Draht gebundene Platten aus Schilfrohr; Sie werden als Außen- und Innendämmung verwendet.	
Holzwolleleichtbauplatten	mit Magnesit oder Zement gebundene langfasrige Holzwolle. werden als Wärme- o. Schalldämmung, als verlorene Schalung o. für leichte Trennwände verwendet.	Können auch als Putzträger z.B. zum Ummanteln von Stahlträgern etc. verwendet werden.
Harte Holzwerkstoffplatten	Grobspanplatten, auch OSB-Platten genannt; werden zur Beplankung von Bauteilen in der Holz-Skelettbauweise eingesetzt.	Müssen mit einem Putzträger versehen werden.
Holzfaserdämmplatte (HFD), Poröse Faserplatten SB	Weiche Holzfasern werden entweder ohne zusätzliches Bindemittel feucht verpresst oder im Trockenverfahren mit einem Kleber verklebt. Werden v.a. als Dämmschicht an Außenwänden eingesetzt, auch zur Innendämmung und hinter Wandflächenheizungen	Nicht alle Platten-Produkte sind zum Überputzen geeignet. (Herstellerangaben beachten). Überputzbare Platten können auch als Putzträger eingesetzt werden.
Gipsplatten (bisher Gipskartonplatten)	Ein Kern aus Naturgips oder REA-Gips (= Gips aus Rauchgasentschwefelungsanlagen) wird mit Karton ummantelt. Der Karton kann Zusätze enthalten, z.B. bei Feuerschutzplatten, Feuchtraumplatten.	Durch die Zersetzung des Karton aufgrund von Feuchtigkeit oder Fotovergilbung entstehende Gilbstoffe können im Kalkputz durchschlagen. Platten daher nicht der Sonneneinstrahlung aussetzen [SAF 2010]. nur für Putzaufbau bis 4 mm
Gipsfaserplatten	bestehen aus einem Gipskern mit eingebetteten Zellulosefasern zur Armierung. Die Platten sind i.d.R. imprägniert.	Nur für Putzaufbauten bis 4 mm
Calciumsilikat-Dämmplatte	bestehen aus mineralischen Zuschlägen, Zement u. Kalk; werden unter Einsatz von Wasserdampf gehärtet. Sie sind dämmend und feuchtigkeitsregulierend und werden vor allem bei Sanierungen zur Innendämmung von Außenwänden und Decken eingesetzt, auch zur Innendämmung hinter Wandflächenheizungen	Sehr stark saugend, entziehen dem Kalkputz die notwendige Feuchtigkeit.
Altputze	Putze werden nach ihrem Bindemittel bezeichnet: Gebräuchliche Putze sind Kalkputz, Kalkzementputz, Zementputz, Gipsputz, Kunstharzputze, Lehmputze	Vor dem Auftrag dicker Putzlagen ist der Putzgrund auf seine Tragfähigkeit zu prüfen.

2-34 Stampflehm

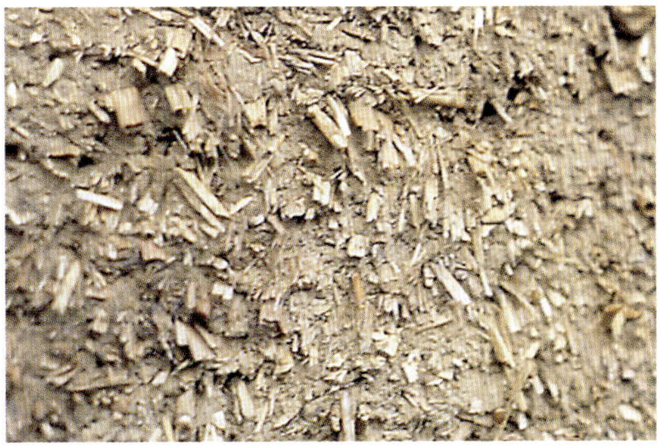

2-35 Wellerlehm

2-36 Lehmsteine neu

2-37 Strohlehm

2-38 Lehmwickeldecke

2-39 Holzleichtlehm

2-40 Leichtlehmsteine

2-41 Lehmplatte

2-42 Strohballen

2-43 Altes Ziegelmauerwerk, gesäubert

2-44 Porosierte Ziegel

Neue Bauprodukte

Auf der Suche nach effizienten und nachhaltigen Wärmedämmstoffen werden zunehmend neue Produkte aus nachwachsenden Rohstoffen entwickelt und eingesetzt, sowohl wärmedämmende Steine als auch Plattenbaustoffe (Dämmstoffplatten).

Zur Wärmedämmung von Außenbauteilen werden überputzbare Dämmplatten eingesetzt, die nur mit speziell dafür geprüften Putzaufbauten und Beschichtungen als sogenanntes Wärmedämmverbundsystem eine bauaufsichtliche Zulassung haben. Es kann unter bestimmten Voraussetzungen und in Ausnahmefällen aber dennoch möglich sein, diese Dämmstoffe auch mit Lehm- oder Kalkmörtel zu verputzen. Wir empfehlen hier, sich ggf. mit Herstellern und erfahrenen Putzspezialisten zu beraten.

Tabelle 2-7 *(linke Seite)*
Gebräuchliche Putzgründe für Lehm- und Kalkputze. Die Bilder rechts zeigen einige Untergründe.

Der ökologische Fußabdruck

CO_2-freies Bauen im Lake District

Putzaufbauten

Außenputz: 3-lagiger Kalkputz auf Luftkalkbasis (alle Lagen mit dem gleichen Kalkbindemittel), Silikatfarbenanstrich, Putzdicke: 1. Lage 10-20 mm
2. Lage 12 mm,
3. Lage (Feinputz) 3 mm

Zum **Einmassieren in die Strohballen**: Putzmörtel aus Sumpfkalk und Sand, Mischungsverhältnis Sumpfkalk : Sand = 1 : 3

1. und 2. Putzlage
Werknassmörtel auf Luftkalkbasis, Hanffaserzuschlag; Mischungsverhältnis Luftkalk : Sand : Hanffasern = 1 : 3 : 1, Sand 0/4 mm, Länge der Hanffasern max. 2,5 cm.

3. Putzlage (Feinputz)
Werknassmörtel auf Luftkalkbasis, Sand 0/2 mm, ohne Hanffasern

Beschichtung: Silikatfarbenanstrich

Innenputz:
Lehmschlämme, 2-lagiger Lehmputz, Lehmfarbenanstrich, Putzdicke: 2,5-3 cm

Footprint-Haus, so wird das Besucherzentrum des Lake-District-Nationalparks im Nordwesten Englands genannt. Das Gebäude in Strohballenbauweise ist wegweisend für CO_2-freies Bauen: es hinterlässt, betrachtet man den gesamten Lebenszyklus von der Baustoffgewinnung bis zum Abriss, nur einen kleinen umweltbelastenden Fußabdruck (footprint) auf unserer Erde. Für den Bau wurden vorwiegend Baustoffe aus nachwachsenden Rohstoffen verwendet bzw. aus ausreichend verfügbaren Ausgangsmaterialien wie Kalk, Lehm oder aus Recyclingmaterialien wie die mit Schotter gefüllten Autoreifen für die Fundamente, die alle keinen oder nur wenig Kohlenstoffdioxidausstoß verursachen.

Der Architekt Paul Crosby setzte das Baukonzept des britischen Strohballenbau-Teams amazonails, ein gemeinnütziges Unternehmen, in einen ansprechenden Entwurf um. Die 45 cm starken Außenwände aus Strohballen wurden als tragende Wände ausgebildet. Das mit Holzschindeln gedeckte Dach ist mit Schafwolle gedämmt. Innenwände wurden teils als Lehmwellerbau teils als Lehmsteinmauerwerk errichtet. Laien, Angestellte einschließlich der Führungskräfte des National Trust, aber auch interessierte Menschen von außerhalb, führten die Strohballen- und Verputzarbeiten unter Anleitung von amazonails aus. So waren die teils sehr arbeitsaufwändigen Putztechniken, wie das Einmassieren des Putzes mit den Händen in die Strohballen, finanzierbar.

B1-1 Die Strohballenwand ist durch einen großen Dachüberstand geschützt.

Die Baustelle planen

Schützen des Kalkputzes vor Wind und Wetter: Damit die Arbeiten spätestens 3 Monate vor dem ersten Frost abgeschlossen werden konnten, begannen die Putzarbeiten bereits im Juni. Die Putzflächen wurden mittels vorgehängter Kunststoffnetze vor Sonneneinstrahlung, Wind und direktem Regen geschützt.
Arbeitsschutz: Alle Arbeiten wurden mit Schutzbrille und Handschuhen ausgeführt.

Vorbereitung des Untergrunds

Trimmen der Strohballen. Dabei werden herausstehende Strohhalme auf der Innen- und Außenseite abgeschnitten.

Einmassieren der Strohballen

Drei Monate gelagerter Sumpfkalk wurde in einem Mörtelkasten mit einem scharfen gemischtkörnigen, ungewaschenen Sand mit dem Rührspaten gemischt. Die Zugabe von Wasser war nicht nötig, da der Sumpfkalk schon genügend Wasser enthielt. Den fetten steifen Kalkmörtel – die Mischung ist richtig , wenn sie an der umgedrehten Handfläche kleben bleibt – massierten die Helfer per Hand kräftig in den Strohballen-Untergrund ein. Dabei wird nur eine dünne Kalkschicht aufgebracht, bis alle an der Oberfläche liegenden Strohhalme mit Kalk bekleidet sind. Überschüssiger Kalkmörtel wird wieder weggewischt. Das Stroh bleibt erkennbar. Vor der Weiterarbeit sind 24 Stunden Wartezeit einzuhalten, bis der Kalk angetrocknet ist.

Unebenheiten ausgleichen

10 cm langes Stroh wurde zuvor in einer Mörtelmischung aus Sumpfkalk und Sand, Mischungsverhältnis 1 : 2,5, getaucht. Mit den mit Hilfe des Kalkputzmörtels fest zusammenklebenden Strohhalmen wurden größere Unebenheiten und Fehlstellen im Putzgrund ausgeglichen und ein möglichst gleichmäßiger Untergrund hergestellt. Dann sind weitere 24 Stunden Trocknungszeit nötig.

Die erste Putzlage aufbringen

Zur Vermeidung von Rissen wurden die Ecken über den Fensteröffnungen und die Plastikbänder, mit denen die Strohballen zusammengebunden sind, mit einem Jutegewebe überspannt. Da auf dieser Baustelle viele Laien mitarbeiteten, entschieden sich die Fachleute für einen Werknassmörtel. Nur so ließ sich eine gleichbleibende Qualität des Kalkputzmörtels gewährleisten. Der Werknassmörtel wurde in großen Big Bags (1 Tonne) geliefert, auf der

Basis des gleichen Kalkbindemittels wie der zuvor gelieferte Sumpfkalk. Die Hanffasern wiederum sind eine Mischung aus ganz feinen Haaren und Fasern bis zu 2,5 cm Länge. Sie bewirken eine Reduzierung der Rissbildung. Außerdem können sie Feuchtigkeit länger speichern und so zu einer besseren Karbonatisierung und damit größeren Festigkeit des Kalkputzes beitragen. Der angelieferte Werknassmörtel wurde kurz vor dem Aufbringen nochmals ca. 20 Minuten lang kräftig durchgerührt, um eine möglichst gleichmäßige und festere Mischung zu erreichen. Die beiden Freifallmischer waren dafür durchgängig in Betrieb und konnten kaum die erforderlichen Mengen nachliefern. Die Ausführenden, Laien ohne Praxiserfahrung im Putzen, arbeiteten in drei Gruppen à 4 Personen und brachten den Putz mit den Händen auf. Jedes Team wurde von einem erfahrenen Putzer angeleitet und begleitet. Er beseitigte Unebenheiten, glättete die Oberfläche mit einem Holzreibebrett und zog mit einer Kartätsche die Flächen ab. Am Folgetag rauten sie den Unterputz mit einem Nagelbrett auf.

Jede Putzlage bedarf einer Nachbehandlung. Wenn die Karbonatisierung des Putzes einsetzt, können Risse entstehen. Auftretende Risse wurden durch Zusammendrücken des noch bearbeitbaren Putzes geschlossen, um eine geschlossene Oberfläche zu erzielten. Der Putz war noch ca. vier Tage lang bearbeitbar, da er durchgehend feucht gehalten wurde (durch Benetzen der vorgehängten Bahnen).

Die zweite Putzlage aufbringen

Wenn sich der Daumen nicht mehr in den Putz eindrücken lässt, dann ist genau der richtige Zeitpunkt für die zweite Putzlage gekommen. Der Putz ist „lederhart" geworden. Die Bauleute achteten darauf, nicht weniger, aber auch nicht länger zu warten. Die zweite Putzlage wurde wie die erste aufgebracht, die Putzdicke betrug nur 12 mm, da der Untergrund bereits eben war. Eventuell auftretende Risse konnten wieder durch Zusammendrücken geschlossen werden.

Den Feinputz aufbringen

Erst nachdem die zweite Putzlage lederhart geworden war, konnte der Feinputz aufgetragen werden. Diesen Arbeitsgang führten erfahrene Putzer aus. Die Putzoberfläche wurde über eine Woche mit vorgehängten Planen vor dem Austrocknen geschützt. Danach war sie ausreichend fest, um ohne Plane dem Wetter standzuhalten; die gewünschte Festigkeit, z.B. Frostbeständigkeit, stellt sich allerdings erst nach einigen Monaten ein.

B1-2 Die Strohballen werden getrimmt.

B1-3 Einmassieren des Sumpfkalkmörtels.

Oberflächenbehandlung

Der Kalkputz wurde nach einer weiteren Wartezeit von 8 Wochen mit einer „aktiven" mineralischen Silikatfarbe gestrichen. Darunter wird eine Silikatfarbe verstanden, die eine feste Verbindung mit dem Kalkputz eingeht. Die dabei stattfindende Verkieselung macht den Kalkputz witterungsbeständiger.
(Alle Angaben nach Barbara Jones, amazonails)

Lehmputzarbeiten

Laien führten auch alle Innenputzarbeiten im Rahmen eines Baustellenkurses aus. Die Putzmörtel für den zweilagigen Putzaufbau mischten sie auf der Baustelle aus Grubenlehm, Sand und Stroh. Der gelieferte Grubenlehm enthielt große Steine, die per Hand herausgelesen wurden. Die erste Lehmschicht massierten die Helfer wieder mit den Händen ein, Fehlstellen besserten sie mit einer Mischung aus Strohhäcksel und Lehmschlämme aus. Das richtige Mischungsverhältnis von Lehm, Sand und Stroh für Ober- und Unterputz wurde über Testflächen ermittelt. Der Oberputz erhielt einen Anstrich aus Kalk- bzw. Lehmfarbe.

Besucherzentrum des National Trust, Lake District Nationalpark, Vereinigtes Königreich
Entwurf: Architekt Paul Crosby
Ausführungsplanung: amazonails in Zusammenarbeit mit dem National Trust
Ausführung der Lehm- und Kalkputzarbeiten: Kursteilnehmende unter Anleitung von amazonails.
Mehr Informationen:
https://www.nationaltrust.org.uk/footprint.

B1-4
Die Unebenheiten wurden mit dem in flüssigem Kalkmörtel eingeweichten Stroh ausgebessert. Die Plastikbänder der Strohballen werden noch mit Gewebe überspannt.

B1-5
Das Team aus Laien und Handwerkern beim Aufbringen und Reiben des Kalkputzes.

Wandheizungen

Bei einer Wandheizung erwärmen die eingeputzten wasserdurchströmten Rohre den Putz. Die raumumgebende Putzfläche wiederum strahlt die Wärme gleichmäßig an den Raum ab, was von den Bewohnern als besonders behaglich empfunden wird.

Für diesen Einsatzbereich sind Lehm- oder Kalkputze gleichermaßen gut geeignet. Um eine Wandheizung zu realisieren, werden die Heizungsrohre, in der Regel großflächig, auf der noch unverputzten Wandfläche verlegt. Der Putzgrund besteht somit aus dem Wandbaustoff und den darauf befestigten Rohren, die wiederum aus verschiedenen Materialien bestehen können: Kupfer, Kunststoff oder Verbundstoff. Die Rohre haben meistens einen Durchmesser von 12 - 14 mm. Da sie mit etwas Abstand vor der Wand montiert sind und 5-10 mm überputzt werden müssen, sind Putzdicken von bis zu 30 mm möglich bzw. nötig. Um einen Putz dieser Dicke tragen zu können, muss der Wandbaustoff ausreichend griffig und stabil sein. Oft werden Wandheizungen mit einer Innendämmung kombiniert. Vor die Massivwand setzt man in diesem Fall Plattenbaustoffe, z.B. Holzwolleleichtbau-, Holzfaserdämm- oder Schilfrohrplatten, die sowohl dämmend wirken als auch bestens als Putzträger geeignet sind.

Zur Haftung von Kalkputzen auf Lehmuntergründen

Kalkputze gehen mit den Bestandteilen im Lehmuntergrund keine chemische Reaktion ein, so dass es allein auf die sehr gute mechanische Verankerung des Putzes am Untergrund ankommt.

• Verbesserung der Putzhaftung

Die Putzhaftung kann auf verschiedene Weise verbessert werden:

- Traditionell wurden z.B. Ziegelscherben in plastische Lehmbaustoffe gedrückt (z.B. Dünner Lehmbrote) oder Stein- bzw. Mörtelleisten in einer Stampflehmwand verstampft, an denen sich der Putz anhängen konnte.
- Eine weit verbreitete Methode ist das Herstellen von Kammstrukturen, die häufig auf alten Strohlehmausfachungen gefunden wurden, wie Abb. 2-46 zeigt.
- Gegebenenfalls müssen Putzträger eingebaut werden, z.B. auf labilen oder zu weichen Untergründen oder bei Putzdicken > 1,5 cm. Sie müssen mit korrosionsfreien Befestigungsmitteln angebracht werden.
- Es werden kalkhaltige Bestandteile in den Lehmuntergrund eingebracht, mit denen der Kalkputz reagieren kann. Dies geschieht z.B. durch kräftiges Einarbeiten einer Kalkmörtelschlämme in den gut angenässten Lehmuntergrund mit einem Filzbrett.
- Stark saugende Untergründe werden ggf. durch einen Spritzbewurf vorbehandelt.

• Historische Kalkfeinputze auf Lehmputz

Im Folgenden wollen wir eine historische Technik vorstellen, die Franz Volhard an alten Lehmgefachen untersucht und analysiert hat [Volhard 2010].

Der interessanteste Aspekt hierbei ist die vollflächige Haftung eines dünnen Kalkputzes auf Lehmputzen. Die Haftung wurde folgendermaßen erreicht: An der Oberfläche freiliegendes Stroh des sehr strohhaltigen Lehmputzes greift in den Kalkputz und umgekehrt drücken sich die Tierhaare und großen Sandkörner des Kalkputzes in den plastischen (noch feuchten oder stark angefeuchteten) Lehmputz.

2-45
Wandfläche mit Wandheizungsrohren auf Kalksandsteinmauerwerk.

2-46
Kammstrich auf einem historischen Lehmputz zur Verbesserung der Haftung des Kalkoberputzes [Volhard 2010].

Die Feuchtigkeit des Lehmputzes ist außerdem förderlich für einen langsamen Abbindeprozess des Kalks. Der Kalkputz wurde möglichst dünn (d.h. 3 - 5 mm dick) ausgeführt. Dickere Schichten können sich, allein durch ihr Gewicht, leichter vom Untergrund lösen.

Volhard fasst die Faktoren, die zur besten Haftung eines Kalkputzes auf einem Lehmputz beitragen, folgendermaßen zusammen:

- „Putzstärke unter 5 mm,
- Sandkörnung mittel bis grobsandig mit Kies, gewaschen,
- hoher Anteil an Tierhaaren im Kalkputz, die in den Untergrund eingreifen,
- weichplastische Lehmoberfläche beim Auftrag des Kalkputzes,
- hohe Strohdichte im Untergrund (59 kg/m3),
- Rautenstrich, dadurch Aktivierung des Strohs als Haftbrücke." [Volhard 2010, S. 79].

2-47
Rückseite der Kalkputzlage eines historischen Kalkputzes auf Lehmuntergrund [Volhard 2010].

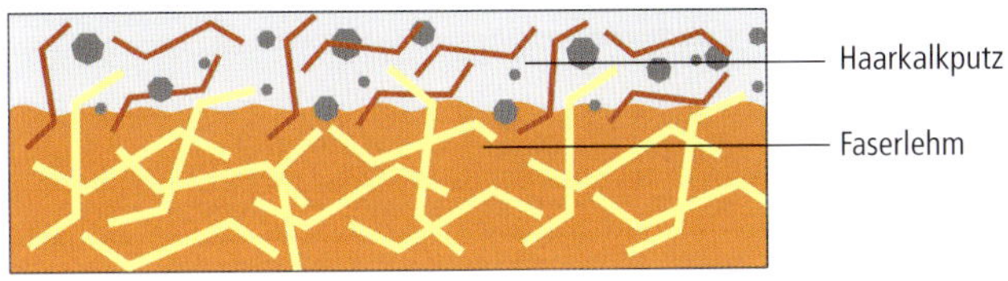

2-48 Modell einer guten Putzhaftung [Volhard 2010].

2.4 Ein geeignetes Putzsystem wählen

Wenn alle Anforderungen und Wünsche an Putz und Putzoberfläche sowie die Eigenschaften des Putzgrundes bekannt sind, können wir ein für den gewünschten Zweck geeignetes Putzsystem wählen. Bei der Planung des Putzsystems wird festgelegt:

- die Vorbereitung des Putzgrundes,
- die Anzahl der Putzlagen (Putzaufbau),
- Wahl des Putzmörtels und
- Art der Gewebeeinlage (Armierung), falls erforderlich.

Bei der Wahl eines geeigneten Systems sind auch alle funktionalen und ästhetischen Aspekte des Gebäudes zu berücksichtigen. Das Diagramm „Ein Putzsystem wählen" (Abb. 2-51) verdeutlicht die komplexen Anforderungen und Wechselwirkungen.

Vorbereitungen am Putzgrund

Sofern nötig, sind Maßnahmen zur Vorbehandlung des Untergrunds festzulegen, um die Saugfähigkeit oder Rauigkeit der zu verputzenden Baustoffe zu verbessern, z.B. Ausführen eines Spritzbewurfs (s. dort). Die Beseitigung von Mängeln, wie z.B. die Sanierung von Salzausblühungen, muss auf das Putzsystem abgestimmt werden, ebenso notwendige Ausbesserungen am Untergrund.

Putzaufbauten

- **Einlagige Putze**

Einlagige Putze sind nur möglich, wenn der Putzgrund maßgerecht, homogen, ausreichend rau und gut saugend ist. Denn nur wenn der Mörtel einheitlich und nicht zu schnell oder zu langsam anzieht, ist ein optimaler Zeitrahmen für die Oberflächenbearbeitung gegeben.

Bei einlagigen Kalkputzen ist die Gefahr der Schwindrissbildung sehr groß, deshalb werden Kalkputze vorwiegend zweilagig ausgeführt. Bei gutem Putzgrund und wenn die Putzfläche ta-

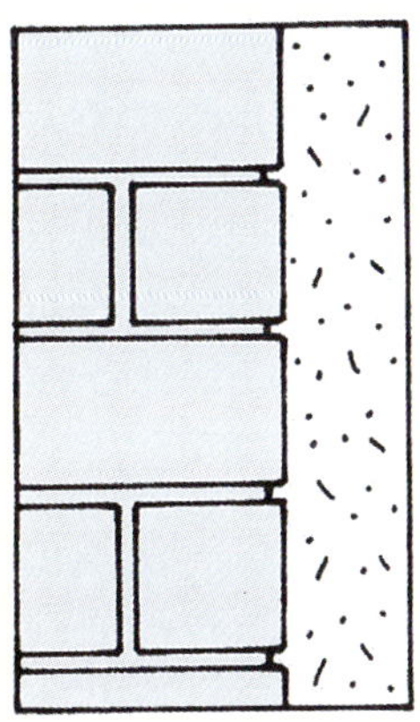

2-49
Einlagiger Lehmputz auf homogenem Untergrund, z.B. Mauerwerk aus Lehmsteinen, Ziegel oder porosierten Ziegel.

2-50
Einlagiger Lehmputz auf Mauerwerk aus porosierten Ziegeln.

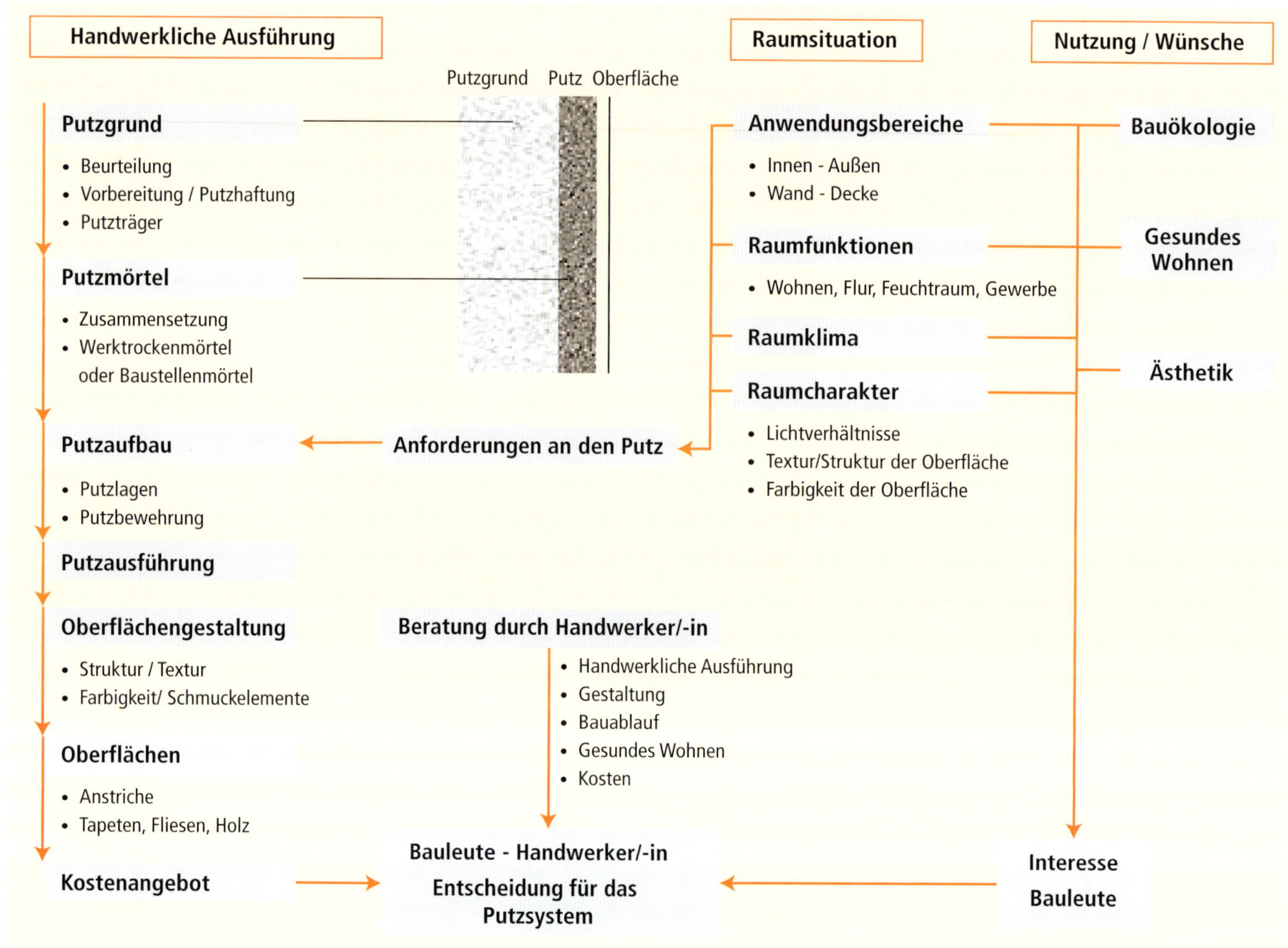

2-51 Planung eines geeigneten Putzsystems.

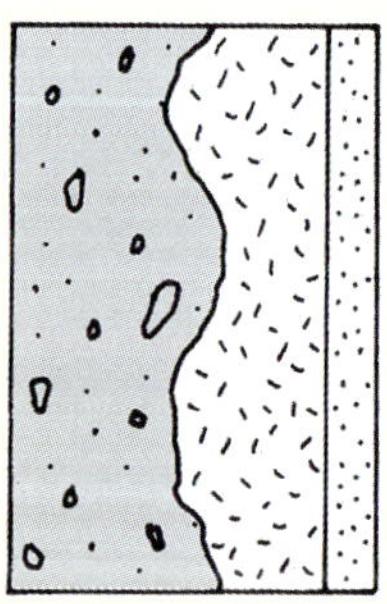

2-52
Zweilagiger Putz auf unebenem Putzgrund.

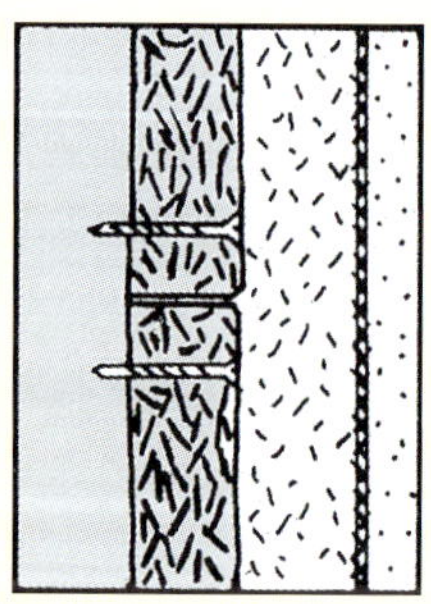

2-54 Zweilagiger Lehmputz mit Gewebeeinlage auf Holzwolle-Leichtbauplatten.

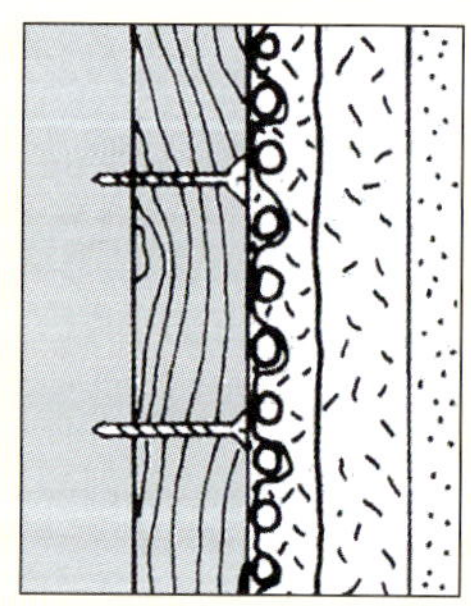

2-53 Zwei- bis dreilagiger Lehmputz auf Holzsparschalung mit Schilfrohrmatte als Putzträger, faserhaltiger Lehmunterputz.

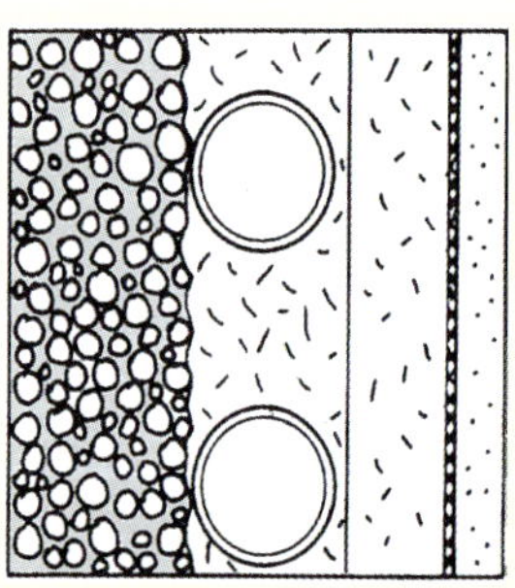

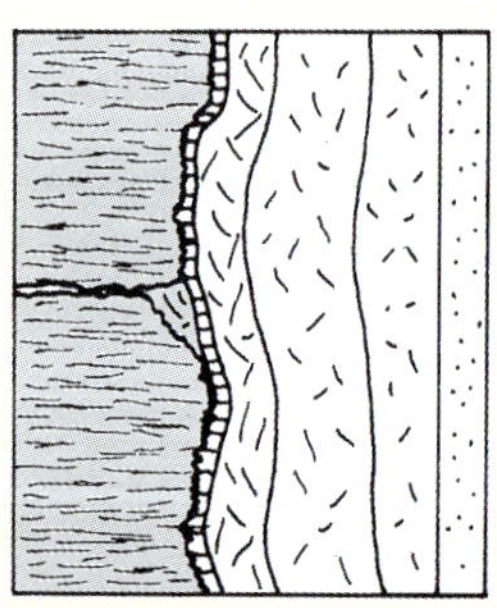

2-55 Mehrlagige Putze
Links: dreilagiger Lehmputz mit Gewebeeinlage auf Wandflächenheizung;
Rechts: mehrlagiger Putz auf Strohballen.

peziert oder gestrichen wird, können im Innenraum auch einlagige Kalkputze ausgeführt werden. Kalksichtputze werden immer zweilagig ausgeführt, bei einlagigen Putzen können z.B. die Mörtelfugen durchscheinen.

- **Mehrlagige Putze**

In der Regel wird zweilagig geputzt. Unbedingt notwendig ist ein zweilagiger Putz, wenn eine Gewebeeinlage als *Putzbewehrung* vollflächig eingebracht wird (siehe Kasten: Materialien für Putzbewehrung). Eine Putzbewehrung, auch Putzarmierung genannt, hat die Funktion, Spannungen aus dem Putz aufzunehmen und die Rissbildung im Oberputz zu verhindern, und zwar vorwiegend

- auf Plattenbaustoffen, vor allem um die Rissbildung längs der Stöße zu vermeiden;
- auf weichen oder labilen Untergründen;
- bei starken Unebenheiten, Materialwechsel etc.;
- auf Bauteilen, die verstärkt der Bewegung ausgesetzt sind (z.B. Decken).

Ein zweilagiger Putz ist auch empfehlenswert, wenn eine sehr gute Oberflächenqualität erwünscht ist. Putzaufbauten mit mehr als zwei Lagen sind notwendig:

Tabelle 2.8
Bewährte Putzsysteme im Lehmbau

	Putze					Dünnlagenputze			
Putzgrund	Spritzbewurf / Grundierung	Putzträger	einlagig	zwei- oder mehrlagig	Armierung	Grundierung	einlagig	zweilagig	Armierung
Lehmbaustoffe									
Stampflehm			■	■					
Wellerlehm				■					
Lehmsteine			■	■					
Gestapelte Lehmwände		■		■	■ V				
Strangepresste Lehmsteine/ Grünlinge			■	■					
Strohlehm			■	■					
Leichtlehm				■	■ V				
Lehmplatten							■	■	■ F oder V
Mauerwerk									
Natursteine	■			■					
Mauerziegel			■	■					
Kalksandsteine			■	■					
Porosierte Ziegel			■	■					
Porenbeton	■		■	■					
Beton	■ D		■	■		■ D	■	■	
Strohballen				■ Mehr als 2 Lagen	■ Faserreicher UP				
Platten									
Schilfrohrplatten				■	■ V				
Holzwolleleichtbauplatten				■	■ F oder V				
Harte Holzwerkstoffplatten		■		■	■ V				
Holzfaserdämmplatte Poröse Faserplatten SB				■	■ V			■	■ F oder V
Gipsplatten (= Gipskartonplatten)						■	■	■	■ F *
Gipsfaserplatten						■	■	■	■ F *
Calciumsilikat-Dämmplatte				■	■ V				
Altputze									
Alt-Kalk(zement)putze	■		■	■		■	■	■	
Alt-Gipsputze	■		■	■		■	■	■	

■ Bewährte Lösung; F Fugenarmierung; F* Fugenarmierung nach Angaben der Platterhersteller; V Vollflächige Armierung; D Grundierung mit Dispersionsanteil (bei sehr glatten Betonbauteilen)

2-56
Gewebeeinlagen für Putzbewehrung: Glasfaser, Hanf, Jute (von oben nach unten).

- auf Strohballen,
- auf Wandheizungsflächen,
- auf extrem unregelmäßigen Putzgründen,
- wenn große Putzdicken erforderlich sind.

- **Eineinhalblagige Putze**

Ein mehrlagiger Putz erfordert mehr Arbeitsaufwand und führt damit zu höheren Kosten. Deshalb hat sich im professionellen Lehmbaubereich noch eine dritte Alternative entwickelt, nämlich die Wand mit einem dünnflüssigen Lehmmörtel vorzuspritzen. Nachdem dieser Vorspritz ausreichend angezogen oder getrocknet ist, wird einlagig geputzt. Diese Variante ist z.B. auf einem saugfähigen, relativ glatten Untergrund (z.B. Kalksandstein) möglich. Dies wird auch als eineinhalblagiger Putz bezeichnet. Kleinere Unebenheiten oder Materialwechsel lassen sich damit ausgleichen und die Saugfähigkeit kann verbessert werden.

Kommen in der Fläche vereinzelt andere Baustoffe vor (z.B. Sturz aus Holz oder Beton), ist es häufig möglich, sie so vorzubereiten, dass nach dem Trocknen einlagig geputzt werden kann.

Materialien für Putzbewehrungen

Gebräuchliche Putzbewehrungen sind Gewebe aus Jute-, Flachs- und kunststoffummantelter Glasfaser. Die Gewebe unterscheiden sich auch in der Fadenstärke und Maschenweite. Eine Maschenweite von ca. 5 mm ist im Innenbereich meist ausreichend. Im Außenbereich werden stabilere Gewebe eingesetzt als im Innenbereich. Häufig werden kunststoffummantelte, bei Kalkputzmörtel alkaliresistente Glasfasergewebe verwendet.

Eine ökologische Alternative sind Jute- und Flachsgewebe, die vorwiegend bei Lehm-Innenputzen Anwendung finden. Jutegewebe ist außer im Lehmbaufachhandel auch als Ballengewebe im Forst- und Gartenbedarf erhältlich. Ballengewebe ist weniger stabil, kann aber dennoch für viele Anwendungsbereiche ausreichend sein.

Putzmörtelgruppen

Mineralische Putze werden entsprechend ihrer Mörtelart nach DIN V 18550 in Putzmörtelgruppen PI bis PIV zusammengefasst (siehe Tabelle 2-9). Man nennt sie mineralisch, weil sie mineralische Stoffe wie Kalk, Zement oder Gips als Bindemittel (s. Kap. 4) enthalten.

Im Gegensatz zu mineralischen Putzen beinhalten *Kunstharzputze* (Kurzbezeichnung P Org) organische Bindemittel. Früher wurden organische Verbindungen aus Pflanzen und Tieren gewonnen, heute werden sie chemisch aus Erdöl hergestellt.

Tabelle 2-9 Putzmörtelgruppen nach DIN V 18550.

Putzmörtel-gruppe	Bezeichnungen für mineralische Putze
P I	Luftkalkmörtel, Wasserkalkmörtel, Mörtel mit hydraulischem Kalk
P II	Kalkzementmörtel, Mörtel mit hochhydraulischem Kalk oder Mörtel mit Putz oder Mauerbinder
P III	Zementmörtel mit oder ohne Zusatz von Kalkhydrat
P IV	Gipsmörtel oder gipshaltige Mörtel

Den geeigneten Mörtel auswählen

Der Putzmörtel ist so auszuwählen, dass die fertige Putzlage die an sie gestellten Anforderungen erfüllt: In erster Linie sind das die ausreichende Stabilität des Putzgefüges und die Festigkeit der Oberfläche. Allerdings können je nach Anwendungsbereich auch eine erhöhte Witterungs- und Feuchtebeständigkeit sowie bauphysikalische, baubiologische und ästhetische Eigenschaften für die Auswahl des Mörtels ausschlaggebend sein.

Bei werkseits hergestellten Kalkputz-(trocken) –mörteln und inzwischen zunehmend auch bei Lehmputzprodukten können die Werte für die Festigkeit (siehe Tab. 2-2) den entsprechenden technischen Merkblättern entnommen werden. Die erfahrene Handwerkerin kann auch auf der Baustelle einen Putzmörtel (Baustellenmörtel) in der gewünschten Festigkeit mischen. Dabei kommt es auf die richtige Auswahl der Zuschlagstoffe und Bindemittel an. Lehm- und Kalkputze haben je nach Zusammensetzung ihrer Bindemittel – bei Lehm sind es die darin enthaltenen Tonmineralien, bei Kalk die mineralische Zusammensetzung des Kalkbindemittels – unterschiedliche Eigenschaften. Die Eigenschaften lassen sich zudem durch die Auswahl der Sande und Kiese (Zuschlagstoffe) und durch weitere Zusätze einstellen.

Die Kalkmörtel werden unterschieden in Luftkalkmörtel, Wasserkalkmörtel und hydraulische oder hochhydraulische Kalkmörtel (siehe Kap. 4 Kalkputzmörtel herstellen). Wird einem Kalkmörtel Zement zugesetzt, so wird er als Kalkzementmörtel bezeichnet. Gibt man allerdings nur die berühmte Schippe Zement zu, spricht man weiterhin von einem Kalkputz. Je mehr Hydraulefaktoren in einem Kalkmörtel enthalten sind, desto höher ist die Festigkeit. Für Lehmmörtel gibt es bislang keine vergleichbare Klassifizierung. Zu komplex und zu unterschiedlich ist die Zusammensetzung der Tonminerale in verschiedenen Lehmvorkommen.

In den folgenden beiden Kapiteln werden Lehm- und Kalkmörtel unter diesen Gesichtspunkten ausführlich dargestellt.

Für die Einhaltung des Festigkeitsgefälles nach der alten Putzregel „von hart zu weich" müssen die Mörtel innerhalb eines Putzaufbaus in ihrer Festigkeit aufeinander abgestimmt werden. Der Unterputz ist häufig bindemittelreicher als der Oberputz und seine Zuschlagstoffe sind gröber.

In der Regel werden alle Lagen eines Putzaufbaus in ein- und derselben Putzmörtelart ausgeführt: entweder als Lehm- oder Kalkmörtel. Allerdings gibt es auch Ausnahmen (siehe z.B. Seite 26: Kalkfeinputz auf Lehmunterputz).

Putzsystem für einen Innenputz aus Luftkalk			
	Putzmörtelart	Mörtelbestandteile	
Spritzbewurf (falls erforderlich)	Kalk	1 Teil Kalkbindemittel	: 3 Teile Sand/Zuschläge
Unterputz	Luftkalk	1 Teil Kalkbindemittel	: 3 - 4 Teile Sand/Zuschläge
Oberputz	Luftkalk	1 Teil Kalkbindemittel	: 4 - 5 Teile Sand/Zuschläge

Tabelle 2-10
Beispiel für ein Kalk-Innenputz üblicher Beanspruchung nach [Höpfer 2011]. Der Mörtel wird von innen nach außen weicher eingestellt.

Putzsystem für einen Kalkinnenputz					
Innenputz	Putz-mörtelart	Dicke der Putzlage	Mörtelbestandteile Bindemittel 1	: Bindemittel 2	: Sand/Kies
Spritzbewurf (falls erforderlich)	Kalkzement	dünnflüssig*, 50% deckend	1 Teil Zement	: 0,25 Teile Luftkalk	: 2 Teile Kies 0/4 mm
Unterputz	Kalk	10 - 20 mm	0,5 Teile NHL 2 (Hydraul.Kalk)	: 0,5 Teile CL 90 (Luftkalk)	: 3 Teile Kies 0/4 mm
Oberputz	Kalk	7 - 10 mm	0,5 Teile NHL 2 (Hydraul.Kalk)	: 0,5 Teile CL 90 (Luftkalk)	: 3 Teile Sand 0/2 mm

Tabelle 2-11
Beispiel für einen bewährten Kalkinnenputz auf Mauerwerk; Mörtel aus Luftkalk und natürlichem hydraulischem Kalk; Oberfläche gerieben.

Putzsystem für einen Kalkaußenputz auf neuem Ziegelmauerwerk, Oberfläche gerieben			
	Dicke der Putzlage	Bindemittel	Sand-körnung
Spritzbewurf	dünn, nicht deckend	Zement / Kalk	0/4mm
Unterputz	10 mm	Hochhydraulischer Kalk	0/4 mm
Oberputz	10 mm	Hochhydraulischer Kalk	0/2 mm

Putzsystem für einen Kalkinnenputz auf altem, ungleichmäßigem, festen Ziegelmauerwerk			
	Dicke der Putzlage	Bindemittel	Sand-körnung
Spritzbewurf	dünn, voll deckend	Kalk, Zement	0/2 mm
Unterputz	10 mm	Luftkalk + 1 %Vol Zement	0/2 mm
Oberputz	5 mm	Luftkalk	0/2 mm

Tabelle 2-12
Putzaufbauten nach Schönburg [Schönburg 2011].

Putzsystem für einen Außenputz					
	Mörtelart	Dicke der Putzlage	Mörtelbestandteile Bindemittel 1	: Bindemittel 2	: Sand/Kies
Spritzbewurf	Kalk-zement	dünnflüssig*, 50% deckend	1 Teil Zement	: 0,25 Teile Luftkalk	: 2 Teile Kies
Unterputz	Kalk	10 - 20 mm	0,5 Teile NHL 5 (Hydraul.Kalk)	: 0,5 Teile CL 90 (Luftkalk)	: 2,5 Teile Kies 0/4 mm
Oberputz	Kalk	10 mm	0,3 Teile NHL 5 (Hydraul.Kalk)	: 0,7 Teile CL 90 (Luftkalk)	: 2,5 - 3 Teile Sand 0/2 mm

Putzsystem für einen Außenputz (Luftkalk mit geringer Zementzugabe)						
	Mörtelart	Dicke der Putzlage	Mörtelbestandteile Bindemittel 1	: Bindemittel 2	: Sand/Kies	+ Zementzugabe
Spritzbewurf	Kalk-zement	dünnflüssig*, 50% deckend	1 Teil Zement	: 1 Teil Luftkalk	: 2 Teile Kies	
Unterputz	Luftkalk	10 - 20 mm	1 Teil CL 90 (Luftkalk)		: 2,5 Teile Sand 0/4 mm	+ 2 l auf 150 l Fertigmischung
Oberputz	Luftkalk	10 mm	1 Teil CL 90 (Luftkalk)		: 2,5 -3 Teile Sand 0/2 mm	+ 2 l auf 150 l Fertigmischung

Tabelle 2-13
Beispiel für ein bewährtes Kalk-Außenputz-System bei üblicher Beanspruchung auf Mauerwerk, Mörtel aus Luftkalk und natürlichem hydraulischem Kalk; Oberfläche gerieben.
Der Putz wird von innen nach außen weicher eingestellt durch den geänderten Anteil an Bindemitteln bzw. durch die gewählte Sandkörnung.
* Bei diesem hohen Bindemittelanteil wird der Mörtel für den Spritzbewurf sehr dünnflüssig aufgebracht.

Lehmbauregeln und Putznormen

Die Lehmbauregeln [Dachverband Lehm 2009] dokumentieren den Stand der Technik im Lehmbau, geben Anleitungen zur Anwendung und Qualitätsüberprüfung von Lehmbaustoffen, darunter auch von Lehmputzen. Außerdem beinhalten sie Regeln für Putze auf Lehmuntergründen und speziell Besonderheiten beim Außenputz von Sichtfachwerk.

Kalkputze werden in der DIN EN 998-1 (Putzmörtel) und DIN V18550 (Putze und Putzsystem) behandelt. Allerdings gelten die entsprechenden Regeln der Putznormen auch für Lehmputze, falls in den Lehmbauregeln nicht gesondert geregelt. Eine Zusammenfassung zu den für Lehm- und Kalkputzarbeiten relevanten Regelwerken findet sich im Anhang dieses Buches.

Bewährte Kalkputzaufbauten

In den Tabellen 2-10 bis 2-13 zeigen wir einige bewährte Beispiele gebräuchlicher Putzaufbauten für einen auf der Baustelle gemischten Kalkinnenputz oder Kalkaußenputz. Die angegebenen Mischungsverhältnisse sind auf die Zusammensetzung des verwendeten Sandes abgestimmt und sind daher im Bedarfsfall zu variieren (Probeflächen anlegen).

Sind bei einem Außenputz wasserhemmende oder wasserabweisende Eigenschaften gefordert, werden oft hochhydraulische Kalk- oder Kalkzementmörtel gewählt. Will man jedoch Zement vermeiden und/oder möglichst weichere Putze einsetzen, z.B. in der Denkmalpflege oder auf weichen Putzgründen, können die wasserhemmenden Eigenschaften eines Kalkputzmörtels durch Zugabe von wasserabweisenden Zusätzen verbessert werden.

Putzaufbauten an Außenwänden aus Lehmbaustoffen

Für Außenflächen, eigentlich hauptsächlich für wettergeschützte, sind Lehmputze bedingt geeignet.

Bei einem Putzaufbau mit Kalkputz muss besonders auf das Festigkeitsgefälle zwischen Putzgrund und Putz geachtet werden. Daher sind die weicheren Luftkalkputze zu empfehlen, Zementputze sind ungeeignet, wie die Abb. 2-57 und 2-58 zeigen.

Geringe Zugaben von hydraulischem Kalk sind möglich. Es sollten aber Putzproben hierzu angelegt werden. Beim Einsatz von (hoch-) hydraulischen Kalkputzen muss der Untergrund ggf. entsprechend vorbereitet werden, z.B. durch Anbringen eines geeigneten Putzträgers.

- **Ein- oder zweilagige Lehmputze**

Der Putzmörtel sollte (Fein-)fasern enthalten sowie Zusätze wie Dung oder Kasein, welche die Wetterbeständigkeit erhöhen. Die Ausführenden müssen über ausreichende Erfahrung verfügen. Die konkreten Witterungsbedingungen sollten berücksichtigt werden, eventuell kann die Wetterseite durch eine Verschalung geschützt werden, wie das Beispiel „Sommerhaus in Geltow" (s. Seite 86 ff.) zeigt.

- **Zweilagige Kalkputze**

Es sind Putzmörtel aus Luftkalk, hydraulischen und hochhydraulischen Mörteln möglich. Die weicheren Putze sind zu bevorzugen und sollten zumindest an wettergeschützten Fassaden zum Einsatz kommen. Nach den Lehmbauregeln empfiehlt sich eine Putzdicke von mindestens 20 mm [Dachverband Lehm 2009]. Die wasserabweisenden Eigenschaften von hydraulischen und Luftkalkputzen können verbessert werden, wenn sie eine Oberflächenbeschichtung aus Kalk- oder Silikatfarben erhalten (s. Kap. 6).

- **Gefachputze**

In den Lehmbauregeln wird auf besondere Putzsysteme für Gefacheputz verwiesen [Dachverband Lehm 2009]. Folgende Putzsysteme sind hier möglich:

- Zweilagiger Kalkputz auf Lehmuntergrund: Die Putzdicke beträgt hier nur maximal 15 mm, um die Haftung nicht durch zu großes Eigengewicht des Putzes zu gefährden. Eine zusätzliche Putzbewehrung ist empfehlenswert.
- Zweilagiger Kalkputz auf Putzträger, der im Gefach befestigt wird (nicht an den Balken, korrosionsfreie Befestigungsmittel benutzen!). Eine zusätzliche Putzbewehrung ist empfehlenswert.
- Kalkfeinputz auf Lehmunterputz. Die Kalkputzdeckschicht ist ca. 5 mm dick (siehe Abb. 2-59 und Seite 94 ff. Baudenkmal).

2-57 a + b
Das Festigkeitsgefälle wurde nicht beachtet. Zementhaltiger Putz auf Lehmuntergrund schert flächig ab (rechts).

Außenputz auf Strohballen – ein Beispiel

Das folgende Beispiel wurde in Portugal vor einigen Jahren ausgeführt und dient als Langzeitexperiment in puncto Wettertauglichkeit.

Unterputz	fetter, faserhaltiger Lehmunterputz; Putzdicke: min. 15 mm
Zwischenputz	1 Teil Lehmunterputzmörtel + 1 Teil Kalkputzmörtel Putzdicke: 8 - 12 mm
Oberputz	wasserabweisender Kalkputz, Putzdicke: 8 mm

Wasserabweisender Kalkputz:

Baustellenmörtel aus Kalkbrei und Sand. Mischungsverhältnis: 1:3 bis 1:4. Der Kalkbrei ist das Produkt eines portugiesischen Herstellers, das hohe Anteile von Puzzolan (Silikat, Kaolin) enthält, die als Hydraulefaktoren wirken. Um die wasserabweisende Wirkung zu erhöhen, wurde dem Kalkbindemittel bereits beim Kalklöschen Olivenöltrester beigegeben.

Der Kalkputz erhielt zur Erhöhung der Wetterbeständigkeit einen Silikatfarbenanstrich. Dazu ist vorher spätestens am Tag nach dem Verputz die Sinterschicht*) abzubürsten.

1. Anstrich	Kalksinterwasser**), Kalk, Pigment (1 - 2 Tage nach dem Verputz)
2. Anstrich	1 Teil wie 1. Anstrich + 1 Teil Farbenwasserglas
3. Anstrich	Farbenwasserglas ohne Pigmente

*) Anreicherung der Oberfläche mit Bindemittelanteilen. Eine Sinterschicht kann sich beim Glätten der Putzlage bilden.

**) Wasser, das sich über dem Sumpfkalk absetzt

Alle Angaben nach Burkard Rüger, Fachverband Strohballenbau Deutschland

2-58
Lehm-Kalkputzaufbau auf Strohballen nach nebenstehendem Rezept. Aldeia da Luz, Alentejo/Portugal. Die Putzarbeiten wurden von Burkard Rüger angeleitet.

Außenputze auf Strohballen

Da der Strohballenbau eine junge Bauweise ist – erst in den letzten Jahren werden vermehrt Strohballenhäuser in Europa gebaut –, gibt es wenig Langzeiterfahrungen mit den verschiedenen Putzsystemen. Angewandt werden:

- Mehrlagige Lehmputze an wettergeschützten Seiten. Sie sind an regenbeanspruchten Flächen nur bedingt möglich. In jedem Fall sollten Mörtel mit Zusätzen zur Verbesserung der Witterungsbeständigkeit eingesetzt werden.
- Mehrlagige Kalkputze mit faserarmierten Mörteln und Silikatanstrichen.
- Mehrlagige Putze: Lehmunterputz, Kalk-Lehm-Zwischenputz, Kalkoberputz

Für das Verputzen von Strohballen gibt es noch keine erprobten Putzregeln. Wegen der Feuchtigkeitsanfälligkeit der Strohballenwände ist darauf zu achten, dass die Wasseraufnahmefähigkeit des Putzes sehr gering ist und Durchfeuchtungen vermieden werden. Wir empfehlen, bei der Planung des Putzsystems erfahrene Fachleute zu Rate zu ziehen.

2-59
Kalkfeinputz aus eingesumpftem Weißkalkhydrat (5 - 7 mm dick) auf Lehmunterputz; mehrmaliger Kalkanstrich, der in den obersten Schichten mit Terra di Siena eingefärbt wurde. Kalkputzarbeiten. Eigenleistung unter Anleitung von Irmela Fromme

2-60
Strohballenhaus mit Kalkaußenputz, mit Kalkfarbe gestrichen, Hotnitsa /Bulgarien. Ausführung: Eigenleistung

2.5 Kosten kalkulieren

Sobald der konkrete Putzaufbau geplant ist, können auch die Kosten der Putzarbeiten kalkuliert werden. Die Kosten setzen sich aus Material- und Arbeitskosten zusammen. Um den Arbeitsaufwand zu kalkulieren, können Arbeitszeitrichtwerte zu Grunde gelegt werden. Für Lehmbauarbeiten hat der Dachverband Lehm e.V. Richtzeitwerte zusammengestellt (Tab. 2-14) [Schroeder 2010]. Richtzeitwerte für Putzarbeiten im Allgemeinen finden sich in einschlägigen Handbüchern (vgl. ARP Handbuch Arbeitszeitwerte Putzarbeiten [Handbuch ARP]). Diese Werte sind Durchschnittswerte, die von einer zweckmäßigen Arbeitsvorbereitung und -organisation ausgehen, und können selbstverständlich im konkreten Fall abweichen. Sie bieten jedoch einen bewährten Anhaltspunkt und können als Grundlage für die Kalkulation der Arbeitskosten und für die Arbeitszeitplanung auf der Baustelle herangezogen werden.

Durchschnittspreise für Lehm- und Kalkputze, die der Architektin als Grundlage zur Kostenberechnung eines Bauvorhabens dienen, wurden von Dahlhaus /Kortleppl veröffentlicht [Dahlhaus, Kortleppl 2004], [Dahlhaus, Meisel 2009]. Tabelle 2-16 zeigt Durchschnittspreise von Lehm- und Kalkputzen im Vergleich zu gebräuchlichen Putzen. Diese Preise können lediglich als Anhaltspunkt dienen. Im Einzelfall können die Angebotspreise jedoch auch erheblich davon abweichen, die Preise schwanken auch nach Region und Konjunkturlage (siehe Tabelle 2-15).

Tabelle 2-14
Richtzeitwerte für Lehmputzarbeiten [Schroeder 2010]

Tätigkeit	Arbeitszeit Min/m² bzw. Min/lfm
Sumpfkalk-Außenputz, zweilagig	40
Zulage: Sichtfachwerk außen	25
Grundierungen	6 - 8
Schlämmen	6 -12
Vorspritzen	6
Lehmunterputz, Wand	13 - 17
Lehmoberputz, Wand	14 -19
Lehmputz, Wand, einlagig	20 - 25
Lehmfeinputz, Wand	12 – 17
Lehmfarbputz	19 - 25
Ausgleichsschichten, Wand	12 - 16
Rohrgewebe auf Wandbalken	6
Rohgewebe, Wand	11 - 16
Armierung flächig Jute	8 - 10
Armierung flächig Glasgewebe	3 - 7
Putzeckleisten	7
Kanten ausarbeiten	15 (– 30)
Zulage: Flächen als Sichtfachwerk	5 – 7
Zulage: Oberflächen besondere Ausführung	5 – 7

Tabelle 2-16
Durchschnittspreise für Lehm- und Kalkputze, Stand 2008/2009 [Dahlhaus, Meisel, 2009]. Die Preise beinhalten erforderliche Vorarbeiten.

Bauteil	Preise (Brutto!)
Lehmputz Glattstich, außen	44,00 €/m²
Kalkputz Glattstrich, außen	49,00 €/m²
Kalkschlämme außen	14,50 €/m²
1- lagiger Lehmputz, innen	20,50 €/m²
2- lagiger Lehmputz, innen	32,00 €/m²
Lehmfein/-finishputz, farbig, innen	33,00 €/m²
1-lagiger Kalkputz, innen	19,00 €/m²
2-lagiger Kalkputz, innen	29.00 €/m²
Kalkzementputz	20,50 €/m²
Gipsputz	18,50 €/m²

Tabelle 2-15
Angebotspreise verschiedener Lehmbaufirmen für Arbeiten im Einfamilienhaus-Bereich; in Berlin, Brandenburg und Mecklenburg; März 2021.
Alle Preise sind Nettopreise.

Position	Einheit	Firma A	Firma B	Firma C
Abkleben von Fenstern und Holzbalken	lfm	Keine Angabe	4,70 €	Stundensatz
Lehmputz, 2-lagig, auf Innenwänden ausführen	m²	31,00 €	30,20 €	39,00 €
Putzarmierung einbringen, Jutegewebe in Wänden	m²	4,90 €	Keine Angabe	3,50 €
Putzarmierung einbringen, Glasfasergewebe in Wänden	m²	2,60 €	6,80 €	2,50 €
Fensterlaibung putzen, 2-lagig mit Gewebeeinlage	lfm	25,80 €	18,80 €	Stundensatz
Balken einputzen	lfm	+ 12% Aufschlag	6,20 €	Stundensatz
Putzträger anbringen, Schilfrohrmatte an Dachschrägen	m²	11,50 €	16,30 €	9,50 €
Putzträger anbringen, Schilfrohrmatte in Streifen auf Holzbauteilen	lfm	6,70 €	7,10 €	4,50 €
Kellenschnitt	lfm	Keine Angabe	1,10 €	1,50 €
Kalkputz, 2-lagig auf Innenwänden ausführen	m²	37,50 €	23,80 €	Keine Angabe

3 Lehmputzmörtel herstellen

Lehm besteht aus Schluff, Sand, Kies und Steinen verschiedener Körnung und aus Ton als Bindemittel. Insofern ist Lehm ein natürlicher Mörtel. Dennoch kann er nicht ohne weiteres als Mauer- oder Putzmörtel verwendet werden. Denn die Zusammensetzung und Qualität von Lehm unterscheidet sich je nach Herkunft in verschiedenen Regionen z.T. erheblich.

Daher ist zunächst zu prüfen, ob ein Lehm zur Herstellung von Lehmbaustoffen geeignet und damit als Baulehm verwendbar ist. In der Regel werden Baulehme mit verschiedenen mineralischen und pflanzlichen Zuschlägen und eventuell weiteren Zusätzen gemischt, um sie als Putzmörtel verarbeiten zu können. Mörtel, die aus Lehm, Zuschlagstoffen und Wasser auf der Baustelle gemischt werden, werden als Baustellenmörtel bezeichnet.

Mörtel, die im Werk hergestellt und auf der Baustelle lediglich mit Wasser angerührt werden, heißen Werkmörtel.

3-1 Lehmputzmörtel wird in einem Kölner Hinterhof gemischt.

3.1 Baulehm - woher?

Lehmvorkommen sind weit verbreitet. Wer Lehm aus der Region verwenden will, sollte bei der Planung berücksichtigen, wie der Lehm geborgen und auf die Baustelle geliefert werden kann. Baulehm kann auf verschiedene Art gewonnen werden.

Grubenlehm

Grubenlehm wird direkt dem Boden entnommen. Er sollte aus hinreichender Tiefe ausgegraben werden, damit er humusfrei ist. Grubenlehm kann z.B. als Bodenaushub von Baustellen gewonnen werden; traditionell wurde vielfach der Kelleraushub für den Hausbau verwendet. Häufig finden sich Lehmschichten auch in Sandgruben.

Eine klassische Quelle für Grubenlehm sind Tongruben. Sie befinden sich häufig in der Nähe von Ziegeleistandorten. Aus manchen, meist kleineren Ziegeleien kann Lehm bezogen werden, der bereits durch den Kollergang zerkleinert wurde und dadurch leichter aufzubereiten

3-2
Der Idealfall: Der Lehm für den Baustellenmörtel wird auf dem eigenen Grundstuck abgegraben.
Lehmbau- und -putzarbeiten: E.Beuchel

3-3
Selektiver Ton- und Sandabbau, Grube Treis.

3-4
Hier baut das Ziegelwerk Huber, Leuben-Schleinitz, Lehm ab. Erst unter dem Lehm liegen die Tonschichten, aus denen Ziegel gebrannt werden.

3-5
Gewinnung rot- und gelb- brennender Tone. Ton- und Lehmgrube Schönbach /Westerwald mit Aufbereitungsanlage.

ist. Manchmal verfügen Ziegeleien auch über Lehm, der für die Ziegelproduktion zu sandig ist und als sogenannter Abraum beiseitegelegt wurde. Für den Lehmbau kann so ein Lehm durchaus geeignet sein. In alten Tongruben ist der weitere Abbau häufig nicht mehr gestattet, vor allem, wenn sie unter Naturschutz stehen.

Auch bei der Kieswäsche fällt Lehm an, wenn Ton und Schluff ausgefällt werden. Lehm aus der Kieswäsche wurde von Lehmbauern vereinzelt als Putzmörtel eingesetzt. Vor der Nutzung dieses Lehms sollte man zum einen darauf achten, dass er frei von organischen Bestandteilen ist, da auch Humus aus dem Kies ausgewaschen wird. Zum anderen sollte man nachfragen, ob Ausflockungsmittel eingesetzt wurden – was nicht grundsätzlich der Fall ist. Deren Auswirkungen auf die Qualität dieses Lehms wurden bisher nicht untersucht.

Im Handel werden auch gering bearbeitete Grubenlehme als Baulehm angeboten. Diese sind in der Regel gebrochen oder gemahlen und werden erdfeucht angeliefert.

Lehmpulver und Tonmehl

Tonmehl entsteht, indem der Ton aus Tongruben getrocknet und gemahlen wird. Lehmpulver kann sowohl aus Tongruben gewonnen als auch aus Baulehm aufbereitet werden. Es weist eine Körnung von < 5mm auf. Baustofflieferanten liefern für ihr Tonmehl bzw. Lehmpulver manchmal auch eine Rezeptur zur Herstellung von Putzmörtel mit, was bei Tonmehlen, die aus dem Töpfereibedarf bezogen werden, nicht der Fall ist. In diesem Fall müssen die Mischungsverhältnisse für den Putzmörtel selbst ermittelt werden.

Tonmehle werden für die Herstellung von verschiedenfarbigen Lehmfein- und -edelputzen eingesetzt. Töpfer benennen sie oft nach der Farbe, die der Ton nach dem Brand annimmt. In der Naturfarbe gelbes Tonmehl ist z.B. rot-brennend. Die Tongruben im Westerwald verfügen über viele helle Tonmehle, während der rotbraune Ton aus dem Odenwald bezogen wird.

3-6 Gelbes Tonmehl.

3-7 Lehmpulver.

3-8
Abgeschlagene Putze und alte Lehmsteine sind hier trocken gelagert, um sie später als Baulehm wieder zu verwenden.

Recyclinglehm

Alte Lehmbauteile können nach dem Abriss eingeweicht und zu neuen Mischungen verarbeitet werden. Auch Reste von Lehmsteinen sind verwendbar. Die Lehmteile müssen allerdings frei von Salz oder Hausschwammsporen sein. Deshalb sollte z.B. Lehm aus dem Stallbereich nicht eingesetzt werden. Ob es notwendig ist, Zuschlagstoffe unterzumischen, muss vor Ort bestimmt werden.

Tabelle 3-1: Wo wird Grubenlehm gefunden?

Quellen für Grubenlehm	
Bauaushub	Baugruben für Neubau oder Straßenbau prüfen, ob humusfrei; Lehm wird oft günstig angeliefert.
Sandgruben	verfügen oft über einzelne Lehmschichten. Lehm kann meist angeliefert werden.
Alte Lehm- und Tongruben	häufig zugewachsen; dadurch schwer zu bergen und zu transportieren
Ziegeleien	- Abraum von magerem Ton / Lehm - im Kollergang aufbereiteter Ton
Kieswäsche	Anfallender Lehm kann Zusätze vom Ausfällen enthalten
Erdwirtschaft	entsorgte Lehme prüfen, ob humusfrei oder verunreinigt.
Wer kann Auskunft geben?	
Landesämter für Bodenforschung	siehe auch: Geologische Übersichtskarten der Bundesrepublik Deutschland 1:200.000 (GÜK) [http:/www.geoshop-hannover.de]
Lokale Tiefbaufirmen	

3.2 Grubenlehm testen

Handprüfverfahren dienen der ersten Einschätzung, ob ein Lehm als Baulehm geeignet ist. Dazu sollte man möglichst mehrere Proben testen, die von verschiedenen Stellen des Fundortes stammen. Die Proben sollten humusfrei sein. Dunkle Verfärbungen und ein erdiger Geruch deuten auf organische Bestandteile hin. Der Geruch von reinem Lehm ist eher nussartig.

Vier grundlegende Handprüfverfahren sind in den Abb. 3-9 bis 3-12 dargestellt. Weitere Handprüfverfahren werden in den Lehmbauregeln beschrieben [Lehmbauregeln 2009].

Ergebnisse

Egal ob Laie oder Fachkraft – jeder und jede kann sehr wesentliche Unterschiede zwischen verschiedenen Lehmsorten mit diesen einfachen Handprüfverfahren erfühlen:

- Ein Lehm kann sehr klebrig und damit auch plastisch formbar sein, wie man es von der Töpferei her kennt. Dieser Lehm wird als fett bezeichnet. Er verfügt über einen hohen Tongehalt und damit über eine hohe Bindekraft.
- Wenn der Lehm wenig Klebkraft und Plastizität besitzt und sich sandig anfühlt, wird er als mager bezeichnet. Ein solcher Lehm verfügt über einen hohen Sandanteil.
- Außerdem kann man erfühlen, ob und in wie starkem Maße ein Lehm fein- oder grobkörnige Bestandteile enthält.

Es ist einleuchtend, dass ein zu magerer Lehm als Baulehm nicht geeignet ist. Aber auch ein zu fetter Lehm kann seine Tücken haben und ist nicht unbedingt der ideale Ausgangsstoff für

AUSSEHEN UND ANFASSEN

ZIEL
Bindigkeit (Tongehalt) und Mineralgerüst kennenlernen

NOTIEREN
Ist der Lehm:
- fein, klebrig, einfach in Wasser aufzulösen? –> SCHLUFFIG
- fein, klebrig und nimmt das Wasser sehr langsam auf? –> FETT (sehr tonhaltig)

WICHTIG
Wählen Sie einen Lehm aus, der für die geplanten Arbeiten in ausreichender Menge und gleichbleibender Konsistenz geliefert werden kann.

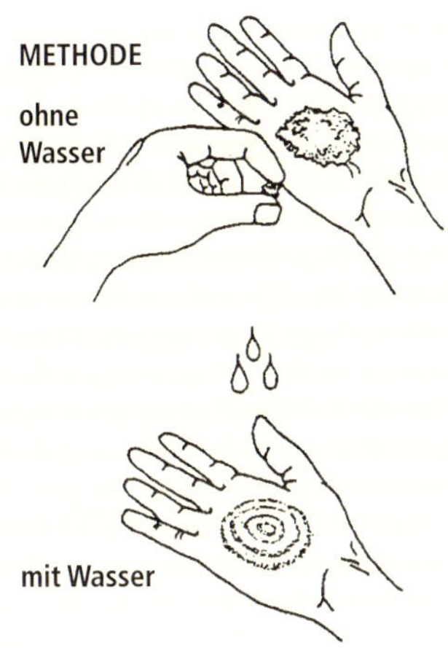

3-9 Handprüfverfahren: Aussehen und Anfassen.

ZIGARRENTEST

ZIEL
Bindigkeit (Tongehalt) und Mineralgerüst kennen lernen

VORGEHEN
- Entfernen Sie groben Sand (> 5 mm)
- Bringen Sie die Probe in einen plastischen Zustand.
- Rollen Sie eine Zigarrenform von 3 cm Dicke, die Sie über die Hand oder eine Tischkante schieben.

MESSEN der Länge L:
- Wenn die Länge weniger als 5 cm ist: MAGERER LEHM
- Wenn die Zigarre länger als 20 cm ist: FETTER LEHM

WICHTIG
Bereiten Sie den Lehm in einen plastischen Zustand vor und lassen Sie ihn einen halben Tag lang mauken, um ihm genug Zeit zugeben, mit den anderen Partikeln und dem Wasser zu reagieren.

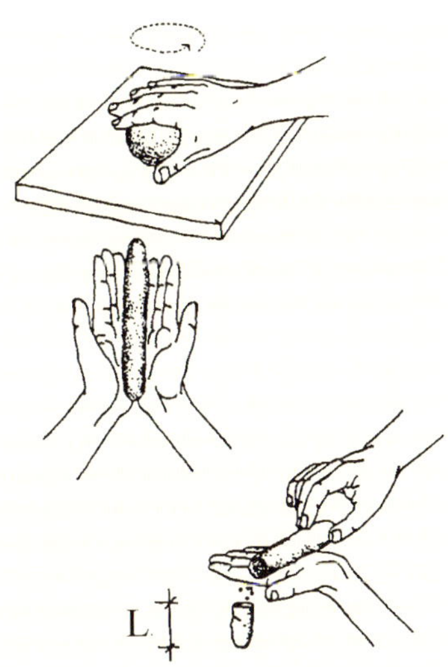

3-10 Handprüfverfahren: Der Zigarrentest.

KUGELFALLPROBE

ZIEL: Bindekraftprüfung

VORGEHEN

Fest-plastischer Lehm, Steine über 1 cm auslesen,
Kugel von 5 cm Durchmesser formen, durchtrocknen lassen
Die Kugel aus 1 m Höhe auf festen Boden fallen lassen.

ERGEBNIS

- Kugel zerfällt zu Krümeln und Sand: -> Lehm zu mager und unbrauchbar
- Kugel zerspringt in mehrere Teile, ohne zu zerfallen: -> Lehm mittelfett und brauchbar
- Kugel bleibt ganz: -> Lehm fett bis sehr fett, brauchbar, doch schwierig aufzubereiten

Der Lehm darf nicht ganz weich sein und er muss vor allem gut durchgearbeitet werden, bevor man ihn formt.
Die Kugel kann im Ofen getrocknet werden (bis 60°C).

3-11 Handprüfverfahren Kugelfallprobe

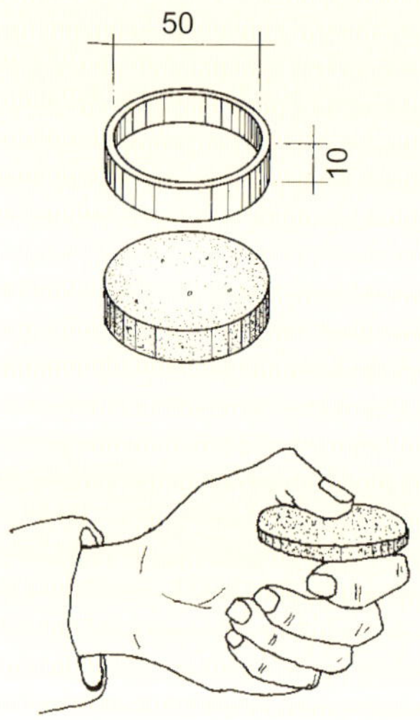

SCHEIBENTEST

ZIEL: Trockenfestigkeit und Schwindmaß des Lehms testen

VORGEHEN

- Entfernen Sie groben Sand (> 5 mm) aus der Lehmprobe und bringen Sie den Lehm in einen plastischen Zustand.
- Schneiden Sie zwei Ringe mit einem PVC-Rohr o.ä. und füllen Sie sie mit dem Lehm.

Nach dem Trocknen:

- Beobachten Sie das eventuelle Schwindverhalten.
- Testen Sie den Widerstand des Lehms gegen Reißen und Zerbrechen, indem Sie ihn zwischen Daumen und Zeigefinger nehmen.

ERGEBNIS

- Kein Schwinden, einfach in Pulver zu zerschlagen: -> MAGERER LEHM
- Schwinden, einfach zu Pulver zu zermahlen: -> SCHLUFFIGER LEHM
- Großes Schwinden, schwer in Pulver zu zermahlen: -> FETTER LEHM

WICHTIG: Bringen Sie den Lehm in einen plastischen Zustand und lassen Sie ihn einen halben Tag lang mauken, damit er Zeit hat, mit den anderen Partikeln und dem Wasser zu reagieren.

3-12 Handprüfverfahren: Scheibentest.

Lehmputzmörtel, da er schwieriger aufzubereiten ist.

Achtung: Schluffiger Lehm fühlt sich im feuchten Zustand ähnlich an wie fetter Lehm. Erst im trockenen Zustand zeigt sich, dass er wesentlich weniger stabil ist.

Bei den Ergebnissen der Prüfverfahren muss immer auch berücksichtigt werden, für welche Lehmbautechnik der untersuchte Baulehm verwendet werden soll. Putzmörtel erfordern relativ magere Mischungen im Vergleich zu konstruktiven Lehmbauteilen. Dennoch sollte für die Herstellung von Lehmputzmörtel kein zu magerer Lehm ausgewählt werden. Üblich ist es, die richtige Mischung durch Sand- und Strohzugabe zu steuern.

Was ist eigentlich Lehm?

Lehm ist ein Gemisch aus Ton, Schluff und sandigen bis steinigen Bestandteilen, die durch die Verwitterung von Gesteinen entstanden sind. Während *Berglehm* noch an Berghängen lagert und oft sehr grobkörnige, kantige Zuschläge enthält, ist der *Geschiebelehm* durch eiszeitliche Einwirkungen und Verschiebungen entstanden und enthält eher runde Körner. Der *Schwemmlehm* wurde durch Wasser und der sehr feine, häufig stark schluffige *Lößlehm* durch Wind transportiert und abgelagert.

Während der Tonanteil das Bindemittel darstellt, werden die übrigen Anteile als Mineral- oder Korngerüst bezeichnet. Durch eine Sieb- und Schlämmanalyse kann die Sieb- oder Körnungslinie bestimmt werden.

Diese Körnungslinie eines norddeutschen Lehms gibt Aufschluss über die Anteile der Korngrößen im Lehm. Je nach Korngröße unterscheidet man Schluff (0,002 - 0,02 mm), Sand (0,02 - 2 mm) und Kies (2 - 60 mm). Die Korngröße von Ton ist kleiner als 0,002 mm.

3-13 bis 3-15 Ein Zigarettentest für drei verschiedene Lehme.

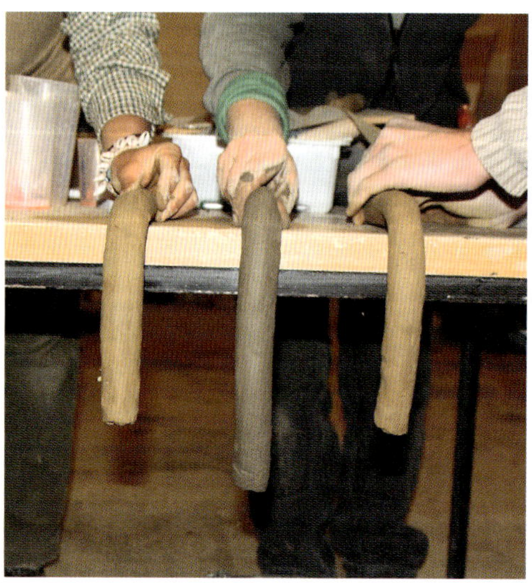

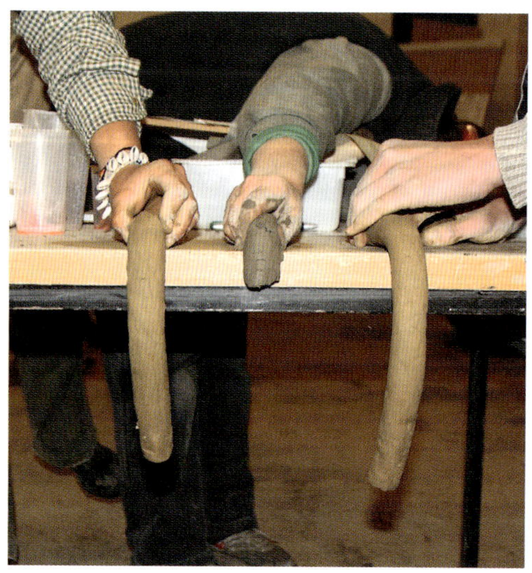

Wie gut die Körner durch den Ton miteinander verklebt werden, hängt von der Gesamtoberfläche der Körner ab. Je größer diese ist, desto mehr Bindemittel ist notwendig, um die Körner zu verbinden. Viele kleine Körner (Schluff, Feinsand) haben eine wesentlich größere Oberfläche als große Körner (Sand und Kies) und erfordern entsprechend viel Bindemittel. Bei gleichem Tongehalt ist ein stark schluffiger, feinsandiger Lehm weniger gut gebunden als ein Lehm mit einem hohen Anteil an mittelgrobem und grobem Sand und Kies.

Die Hohlräume zwischen den verschiedenen Körnern sollten möglichst klein sein. Ideal ist es, wenn die Hohlräume zwischen den groben Körnern durch feinere Körner unterschiedlicher Größe weitestgehend gefüllt sind. Denn dadurch werden die Körner gut miteinander verbunden, was eine optimale Lastabtragung über das Korngerüst ermöglicht. Bei gleichem Tongehalt ist ein Lehm mit einer ausgewogenen Sieblinie dadurch stabiler als ein Lehm mit einem zu hohen Anteil einer bestimmten Kornfraktion.

Außerdem hat die Beschaffenheit der Körner einen Einfluss auf die Stabilität. Scharfkantige Körner, die aus gebrochenem Gestein entstanden sind, können sich besser ineinander verhaken als runde Körner, die durch Wind und Wasser „rund geschliffen" wurden.

Insgesamt hat das mineralische Korngerüst also großen Einfluss auf die Festigkeit des Lehms im trockenen Zustand. Eine ausgewogene Sieblinie mit Sand und Kies verschiedener Körnungen bewirkt eine gute Stabilität.

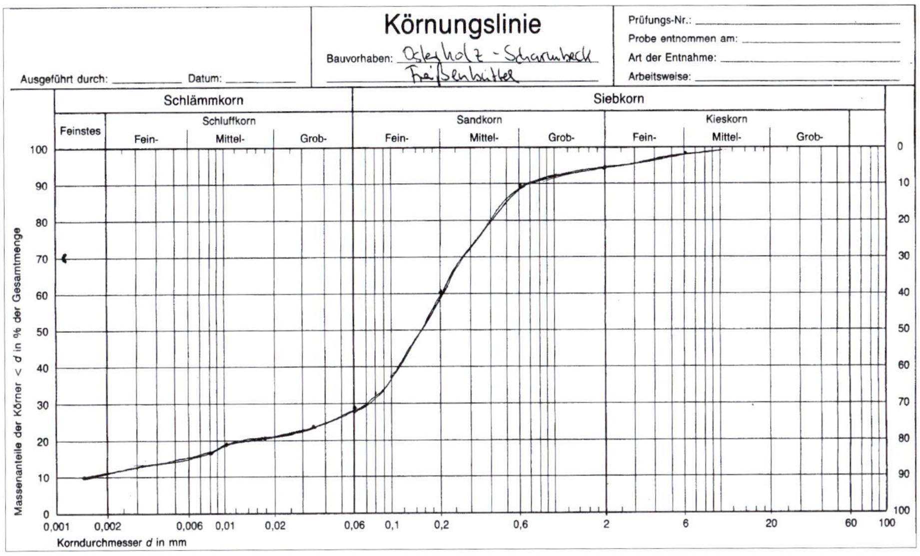

3-16
Diese Körnungslinie eines norddeutschen Lehms gibt Aufschluss über die Anteile der Korngrößen im Lehm.

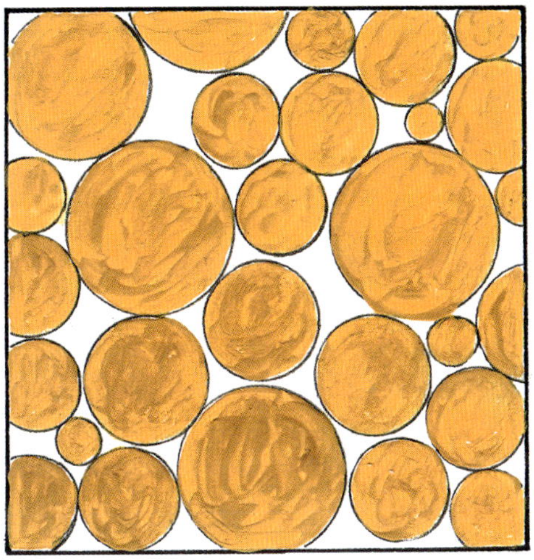

3-17
Korngerüst: Die Hohlräume zwischen den großen Körnern sind mit kleineren Körnern gefüllt.

Tonminerale

Der Tonanteil im Lehm ist je nach Lehmvorkommen unterschiedlich groß. Der Ton setzt sich dabei aus verschiedenen Tonmineralen zusammen, die durchweg eine kristalline, plättchenförmige Struktur aufweisen. Je nach Tonmineral bestehen die Plättchen aus mehreren Schichten. Man unterscheidet vor allem zwischen den Zweischichtmineralen wie Kaolin und den Dreischichtmineralen wie Illit und Montmorillonit.

In jedem Lehm liegen in der Regel mehrere Tonminerale in einer Mischung vor. Die genaue Zusammensetzung kann nur in einem Fachlabor bestimmt werden. In Baulehmen sind am häufigsten Illite vertreten [Figgemeier, 2010].

Wird dem Lehm Wasser zugegeben, werden die Kristallplättchen von einem Wasserfilm umhüllt. Beim Kneten gleiten sie dann aneinander vorbei, was die Plastizität des Lehms bewirkt. Durch einen intensiven Mischprozess (durch Kneten, Rührgeräte) können die Tonplättchen gleichmäßiger zueinander ausgerichtet werden, was die Bindekraft des Lehms erhöht.

Je tonhaltiger ein Lehm ist und je mehr quellfähige Tonminerale er enthält, desto mehr Wasser nimmt er auf, um eine bestimmte Konsistenz zu erreichen (plastisch formbar, cremig, flüssig). Durch die Wasserzugabe wird das Volumen vergrößert, während es beim Trocknungsprozess wieder schrumpft. Kaoline sind nicht quellfähig, Montmorillonite hingegen extrem stark. Illite sind an den Kanten bedingt quellfähig und können dort Wassermoleküle einlagern.

Quellfähige Tonminerale haben zwar ein hohes Schwindmaß, sie bewirken andererseits aber eine hohe Stabilität des Lehmbaustoffes. Dessen Gefüge wird dadurch bestimmt, wie stark die Bindefähigkeit der Tonminerale ist und wie die Zuschlagstoffe eingelagert und gebunden werden. Die Festigkeit eines stark kaolinhaltigen Lehms mit überwiegend flächiger Verknüpfung

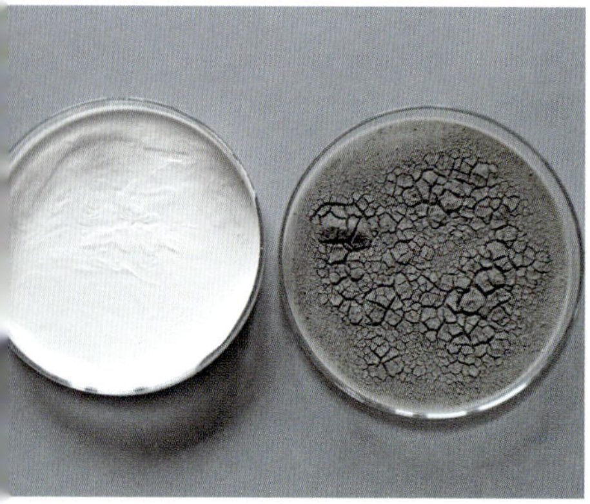

3-18
Kaolin (links) und montmorillonithaltiger Ton (rechts) im Vergleich. Das weiche Kaolin reißt nicht im Gegensatz zum sehr quellfähigen Ton, der eine starke Schwindrissbildung aufweist.

3-19 a + b
Unterschiedliche Quellfähigkeit: 40 ml von jeder Tonprobe wurde 20 ml Wasser zugefügt. Die rechte Tonprobe aus Montmorillonit ist bedeutend quellfähiger, man kann eine feste Spitze daraus formen, während die Kaolinprobe links plastisch bleibt.

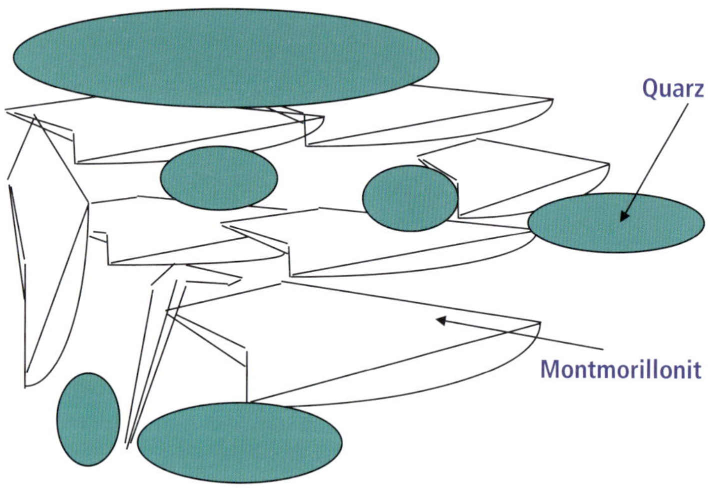

Montmorillonit: $(Al, Mg)_3[(OH)_2/Si_4O_{10}](Na, Ca)0{,}3\ nH_2O$

3-20
Dreidimensionales Strukturbild des Illit mit Kanten- und Flächenverknüpfungen (nicht maßstabsgetreu) nach [Figgemeier 2010].

3-21 Rasterelektronenmikroskopische Aufnahmen nach [Figgemeier 2010].
a) Lehmmischung aus Kaolinit und Quarzsanden mit überwiegender Flächenverknüpfung,
b) illitischer Lehmbaustoff mit Kanten zu Kanten und Flächenverknüpfung,
c) Montmorillonit-Lehmbaustoff mit unterschiedlichen Schichtverknüpfungen und großem Porenraum.

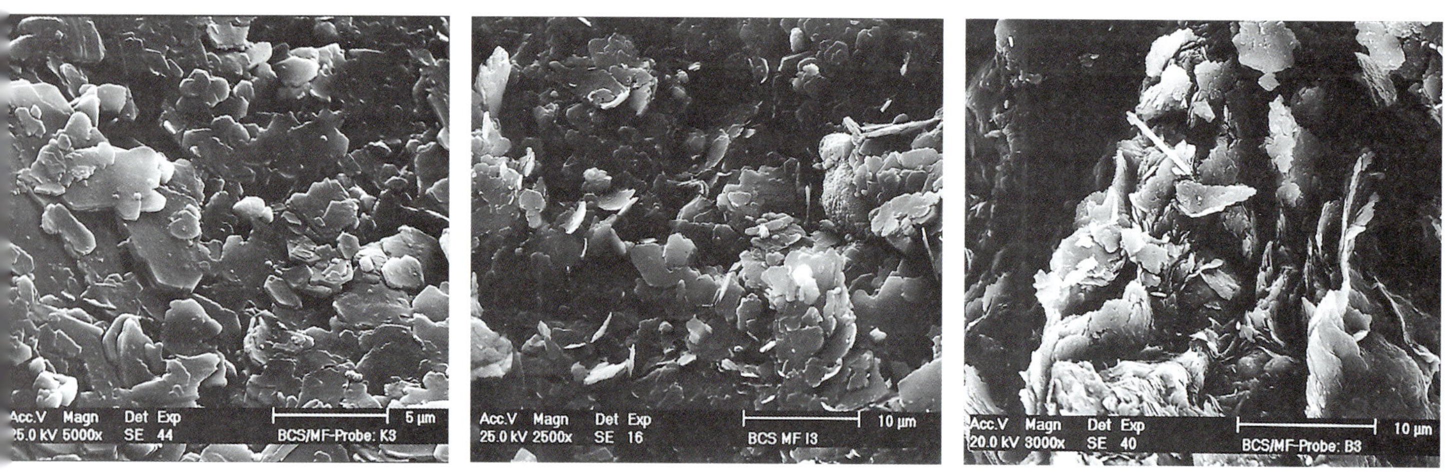

und geringem Porenraum ist sehr gering, verglichen mit der eines illitischen Lehmbaustoffes, der über die Flächen und Kanten verknüpft und poröser ist.

Obendrein ist die Sorptionsfähigkeit, die bei Lehmputzen aus raumklimatischen Aspekten ja sehr erwünscht ist, bei Dreischichttonmineralen höher als bei Zweischichttonmineralen

Die Quellfähigkeit der Tonminerale hat auch Auswirkungen auf die Verarbeitbarkeit eines Baulehms. So kann sich die Aufbereitung von Lehm mit hohem Anteil an quellfähigen Tonmineralen recht schwierig gestalten, da der Lehm das Wasser nur langsam aufnimmt. Auch das gleichmäßige Vermengen mit den Zuschlagstoffen zu einer homogenen Masse ist dann aufwändig.

Insgesamt ist das Zusammenwirken von Mineralgerüst und Tonmineralen sehr komplex und variantenreich, was in der Vielzahl von sehr unterschiedlichen Lehmqualitäten zum Ausdruck kommt. Lehm ist nicht gleich Lehm!

Schlussfolgerungen für die Anwendung

- In der Regel ist dem Anwender erst einmal nicht bekannt, welche Tonminerale in regionalen Lehmen oder in Lehmprodukten enthalten sind und welche Korngrößenverteilung ein Lehm hat. Einfache Siebungen mit unterschiedlichen Maschenweiten können aber Anhaltspunkte geben, wie groß die Fein- und Grobsandanteile sind.
- Verschiedene Lehme mit gleichem Tongehalt können unterschiedliche Festigkeiten im trockenen Zustand aufweisen – je nach Zusammensetzung des mineralischen Korngerüsts und nach Art der Tonminerale. Insofern gibt eine ausschließlich mengenmäßige Analyse allein in der Praxis keine ausreichenden Hinweise, ob ein Lehm für den betreffenden Verwendungszweck gut geeignet ist. Dennoch gilt die Faustregel: Lehm mit einem Tongehalt von ca. 10% ist als Baulehm für die meisten Lehmbautechniken gut geeignet.
- Laboruntersuchungen sind für die praktische Anwendung von Lehmputzen nicht notwendig. Sie sind für Produkthersteller und für die Forschung relevant. Der Praktiker prüft die Gebrauchstauglichkeit für die gewünschte Anwendung durch Handprüfverfahren und andere praktische Tests.
- Ein gründliches Durcharbeiten des Lehms (Kneten, Einsatz von Rührwerken) ist wichtig, um eine optimale Ausrichtung der Tonminerale zu erreichen und so die Bindekraft zu erhöhen. Die gleichmäßige Verteilung des Wassers im Lehm wird durch Einsumpfen des Lehms unterstützt.
- Rein kaolinhaltiger Lehm ist als Putzmörtel nicht stabil genug. In Lehmedelputzen wird er manchmal – unter Zugabe von stabilisierenden Zusätzen wie Zellulose - eingesetzt, da er helle Farbtöne ermöglicht.

3.3 Mischungsverhältnisse testen

Lehmputzmörtel müssen so eingestellt werden, dass die Oberfläche der obersten Putzschicht nach dem Trocknen so stabil wie möglich ist, ohne dass sich Risse bilden. Unterputze dürfen Risse aufweisen, die aber eher fein sein sollten, und die Haftung des Putzes am Untergrund muss erhalten bleiben.

Mischungen für Unter- und Oberputz testen

Um eine gute Mischung für Lehmputzmörtel zu ermitteln, werden auf einem mäßig bis gut saugenden, etwas rauen, ebenen und sauberen Untergrund probeweise ca. 40x40 cm große Felder in gleicher Putzdicke (1 cm) aufgezogen, und zwar mit Mörteln gleicher Konsistenz und verschiedener Zusammensetzung. Die Mörtel werden im ersten Durchgang unterschiedlich stark mit Sand gemagert oder mit Strohhäckseln versetzt:

- Zu grobkörniger Lehm muss ausgesiebt werden (4 – 5 mm).
- Vor allem fetter Lehm wird mit wenig Wasser am besten ein oder mehrere Tage lang eingesumpft.
- Der Sand sollte eine Körnung 0/2mm, maximal 0/4 mm haben.
- Länge der Strohhäcksel max. 3 cm.

Im zweiten Durchgang können die Proben dann sowohl mit Sand als auch mit Faserstoffen getestet werden.

Bei und nach dem Verarbeiten sollte das Verhalten des Mörtels in den verschiedenen Etappen beobachtet und beurteilt werden:

Testreihe zur Ermittlung des besten Mischungsverhältnisses	
Feld	Magern mit Sand
1	Lehm pur
2	2 Teile Lehm + 1 Teil Sand
3	1 Teil Lehm + 1 Teil Sand
4	1 Teil Lehm + 2 Teile Sand
5	1 Teil Lehm + 3 Teile Sand
	Zugabe von Stroh
6	Lehm pur
7	1 Teil Lehm + 0,2 Teile Stroh
8	1 Teil Lehm + 0,5 Teile Stroh
9	1 Teil Lehm + 1 Teil Stroh

Tabelle 3-2 Beispiel für eine Testreihe.

3-22 Für die Testreihe werden gleichgroße Testfelder angelegt.

3-23
Strohhäcksel, Lehm und Sand. Der Messbecher zum Abmessen für die Testreihe ist bereitgelegt.

- **Verarbeitbarkeit**
  - Wie gut lässt sich der Mörtel zu einer homogenen Masse in Putzkonsistenz mischen?
  - Wie gut geht er von der Kelle?
  - Wie gut lässt er sich aufziehen?
  - Wie gut lässt er sich reiben? (Dies kann am besten bei der Arbeitsprobe für einen Oberputz beobachtet werden.)
- **Trocknungsprozess**
  - Wie schnell trocknet der Putz?
- **Haftung und Qualität der trockenen Oberfläche**
  - Wie stark ist die Rissbildung?
  - Hat der Putz genug Haftung?
  - Wie abriebfest ist der Putz?

Wichtigstes Kriterium für die Wahl der Mischung ist die Qualität des getrockneten Putzes.

Bildung von Schwindrissen und Haftung am Untergrund

Meist ist am folgenden Tag bereits zu erkennen, wie stark welche Mischung reißt. Der Test zeigt:

- Je fetter der Lehm ist, desto mehr Schwindrisse hat er; er kann u.U. sogar als Platte vom Untergrund abfallen.
- Je magerer der Lehm ist, umso geringer ist die Rissbildung.
- Je mehr gemagert wird, umso weniger abriebfest wird die Oberfläche. Das heißt, der Putz kann absanden, wenn man etwas fest über die getrocknete Oberfläche reibt.
- Die Schwindrissverteilung bei Faserzugabe ist eine andere als bei mit Sand gemagertem Mörtel. Statt weit verteilter größerer Risse entstehen hier kleinere, eng verteilte Risse und die Haftung ist besser gewährleistet.

3-24
Die Testergebnisse zeigen die Wirkungsweise von Sand- und Strohzugaben.
Linke Reihe (von oben nach unten):
Lehm pur; 2 Teile Lehm + 1 Teil Sand;
1 Teil Lehm + 1 Teil Sand; 1 Teil Lehm + 2 Teile Sand.
Rechte Reihe (von oben nach unten):
Lehm + 20 Vol.% Stroh; Lehm + 50 Vol.% Stroh;
1 Teil Lehm + 1 Teil Stroh

Was Sand und Fasern bewirken

Starke Rissbildung weist in erster Linie auf einen hohen Tongehalt hin. Da der Putz einerseits am Untergrund haftet, andererseits beim Trocknen schwindet, entsteht eine Spannung an der Oberfläche, die zur Rissbildung führt. Dabei spielt natürlich eine Rolle, wie quellfähig die im Lehm enthaltenen Tonminerale sind. Diese sogenannten Schwindrisse verlaufen netzartig im Gegensatz zu den sehr geraden Rissen, die meist auf Bewegungen im Untergrund zurückzuführen sind.

In extremen Fällen wird der Putz dabei sogar vom Untergrund gelöst; die Putzschicht wölbt sich als Schale nach vorne und verliert die Haftung zum Untergrund.

Durch die Zugabe von mineralischen Zuschlagstoffen kann der relative Tonanteil in der Mischung gezielt verringert werden. Das wiederum bewirkt ein geringeres Quellen und Schwinden beim Austrocknen. Da damit aber auch eine geringere Festigkeit des getrockneten Putzes einhergeht, heißt die Empfehlung: Magern ja, aber so wenig Sand wie nötig zusetzen.

Es wurde bereits dargelegt, dass das Korngerüst eines Lehmmörtels umso stabiler ist, je ausgewogener die Sieblinie ist. Wenn Sand- und Kieskörner unterschiedlicher Größe in einer dichten Packung nebeneinander liegen, bleiben kaum Zwischenräume. Die Kornoberflächen können dann optimal vom Ton verklebt werden, wobei es auch noch eine Rolle spielt, ob die Sandkörner entstehungs- bzw. herkunftsbedingt rundgewaschen oder scharfkantig gebrochen sind. Durch Sandzugaben kann die Korngrößenverteilung jedenfalls beeinflusst und ggf. verbessert werden, z.B. durch Zugabe von grobem, scharfkantigem Sand zu feinsandigem Lehm. Der Handel bietet hierfür entsprechende Sande mit bestimmten Kornfraktionen an: z.B. 0/2 mm, 0/4 mm etc.

Neben Sand und Kies können noch andere mineralische oder auch keramische Zuschlagstoffe eingesetzt werden, wie z.B. Gesteinssplitt aus Granit oder Marmor oder Ziegelmehl.

Die Zugabe von Faserstoffen hilft, die Rissbildung zu minimieren bzw. zu verhindern, ohne dass der Putz dadurch wesentlich magerer und auch weicher wird. Relativ fette, faserreiche Putze weisen eine hohe Stabilität auf, wobei die Fasern wie eine Gewebearmierung wirken. Obendrein bringt ein faserhaltiger Lehmputz – quasi wie ein Verbundbaustoff – eine bessere Schwingungsfestigkeit auf Bauteilen, die aufgrund von kleinsten Bewegungen rissgefährdet sind (z.B. Holzbalkendecken).

Pflanzliche Fasern sollten nicht erntefrisch zugesetzt werden, sondern abgelagert sein. Denn die Außenwand von Strohhalmen besteht aus einer Wachs-Pektin-Schicht, die erst durch Fermentations- und andere Prozesse soweit angelöst wird, dass sich die in der Faser enthaltene Zellulose gut mit den Tonteilchen verbinden kann. Gefördert wird dieser Prozess, wenn strohhaltige Mischungen über einen längeren Zeitraum „mauken" können. Dies wird z.B. in Japan praktiziert, während diese Technik in Deutschland nur vereinzelt angewandt wird, zum einen, weil das Stehenlassen nicht so recht in die Bauabläufe passt, zum anderen, weil die maukende Mischung einen sehr unangenehmen Geruch entwickelt.

Neben pflanzlichen Fasern wie Heu, Hanf-, Flachsschäben etc. können auch Tierhaare als Faserzusatz verwendet werden.

Verarbeitbarkeit und Ausführungsbedingungen

Der Mörtel muss sich in der gewählten Putztechnik gut verarbeiten lassen.
Der Test zeigt:

- Je fetter der Lehm ist, desto stärker klebt der Mörtel am Werkzeug. Zu fetter Lehm ist zäh und lässt sich nur schwer aufziehen und auf der Fläche verteilen.
- Faustregel für den Mörtel-Test beim Mischen im Kübel: Der Mörtel soll sich beim Anwurf gut von der Kelle lösen und an der Wand des Mörtelkübels gut haften.

Die Art der Verarbeitung und ggf. die technischen Hilfsmittel, die eingesetzt werden, sind bei der Entscheidung für eine Mischung ebenfalls in Betracht zu ziehen. So können sehr fette, strohhaltige Mörtel nicht maschinell angespritzt werden. Sie lassen sich auch nur schwer abziehen und bearbeiten und eignen sich daher am besten für Handputze.

Auch die Trocknungsbedingungen gilt es zu bedenken. Wie der Test zeigt, trocknen nur mit Sand abgemagerte Putze schneller als fette strohhaltige Putze. Bei letzteren sollte daher für eine besonders rasche Austrocknung gesorgt werden, da ein nur sehr langsam trocknender Putz anfällig ist für Schimmelbildung, vor allem bei hohem Strohanteil im Mörtel.

Auswahl eines geeigneten Unterputzmörtels

Ein Unterputz wird meist fetter eingestellt als der Oberputz. Der Unterputz erreicht dadurch eine höhere Festigkeit, wobei Risse im Unterputz in begrenztem Umfang zulässig sind. Eine ausreichende Haftung am Untergrund muss natürlich gewährleistet sein.

Um einen stabilen Putz mit geringer Rissbildung herzustellen, werden dem Lehm häufig sowohl Sand als auch Faserstoffe zugleich zugesetzt.

- **Beispiel 1**

Ein fetter (toniger) Lehm (Zigarrentest = 15 cm) wird mit verschiedenen Anteilen eines auf 5 mm gesiebten Sandes gemischt. Wie in den Bildern Abb. 3-26 zu sehen ist, zeigt in diesem Beispiel die Mischung aus 1 Teil Lehm und 1 Teil Sand

3-25 Schwindrisse.

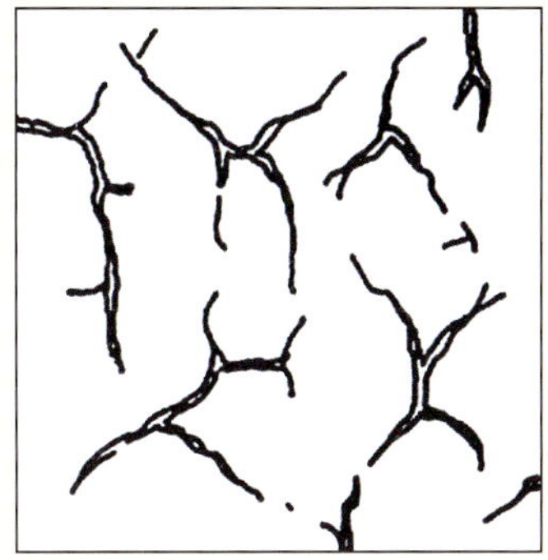

1 Teil Lehm

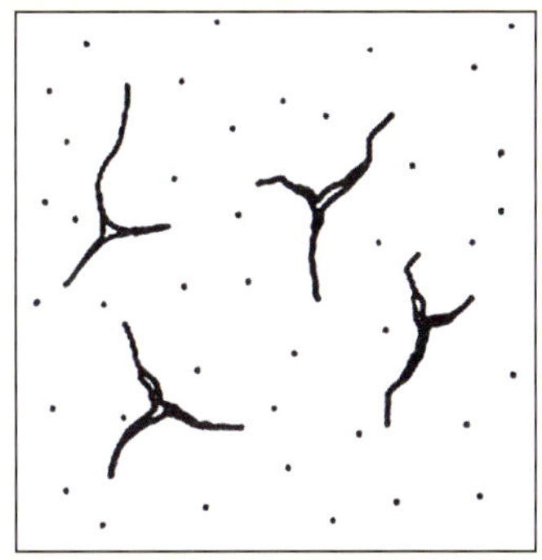

2 Teile Lehm / 1 Teil Sand

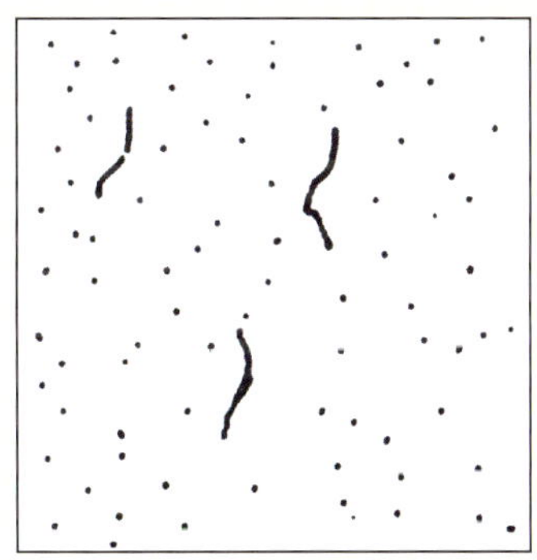

1 Teil Lehm / 1 Teil Sand

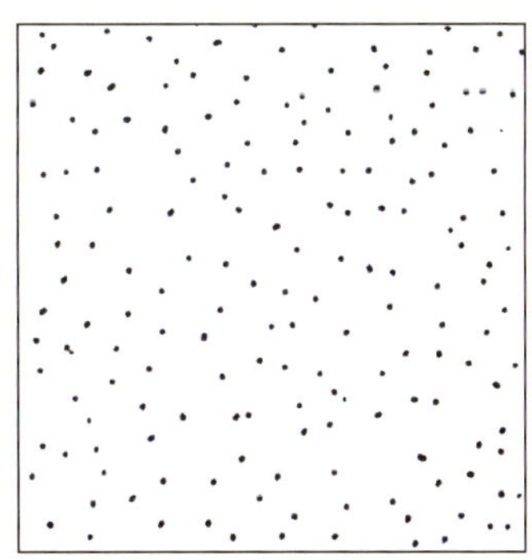

1 Teil Lehm / 2 Teile Sand

3-26 Ergebnisse der Testreihe von Beispiel 1

die besten Eigenschaften: Bei gutem Abriebwiderstand sind die aufgetretenen Risse zu vernachlässigen (3 cm lang, nicht sehr tief).

Mit diesem Ergebnis können jetzt auch Proben mit Sand *und* Faserzugabe getestet werden.

• **Beispiel 2**

Der gleiche Test wird nun mit Mischungen durchgeführt, bei denen auch noch Strohhäcksel (1 bis 3 cm lang) anstelle von Sand hinzugefügt werden. Das Stroh sollte 10% des gesamten Volumens der Mischung betragen. In diesem Fall verringern die Strohhalme die Rissbildung deutlich.

Als beste Mischung für einen Unterputz erweist sich in diesem Beispiel ein Mörtel aus 2 Teilen Lehm, 1 Teil Sand und 10 % Stroh.

Auswahl eines geeigneten Oberputzmörtels

Für den Oberputz sollte die fetteste Mischung gewählt werden, die noch rissefrei trocknet. Darüber hinausgehend sollte sie nicht weiter gemagert werden, da dann auch die Festigkeit des Putzes verringert wird. Bei der Beurteilung spielt auch die gewünschte Oberflächenbearbeitung eine Rolle: Fette Putze reißen eher, wenn sie stark geglättet werden, und weniger, wenn sie leicht gerieben oder mit einem Schwamm bearbeitet werden, da durch das Glätten der Ton an der Oberfläche konzentriert wird und beim Trocknen dort erhöhte Spannungen entstehen.

Eine Arbeitsprobe anlegen

Nach der Wahl einer geeigneten Mischung für den Unter- oder Oberputz empfiehlt es sich, auf dem zu putzenden Untergrund eine größere Probefläche anzulegen, in der entsprechenden Putzdicke und ggf. mit der gewünschten Oberflächenbearbeitung. Nach dem Trocknen und Beurteilen der Arbeitsprobe kann die Rezeptur ggf. nochmals korrigiert werden.

Diese Tests zur Ermittlung des besten Mischungsverhältnisses können auch auf andere Putzdicken sowie auf Mischungen mit anderen Zuschlägen übertragen werden.

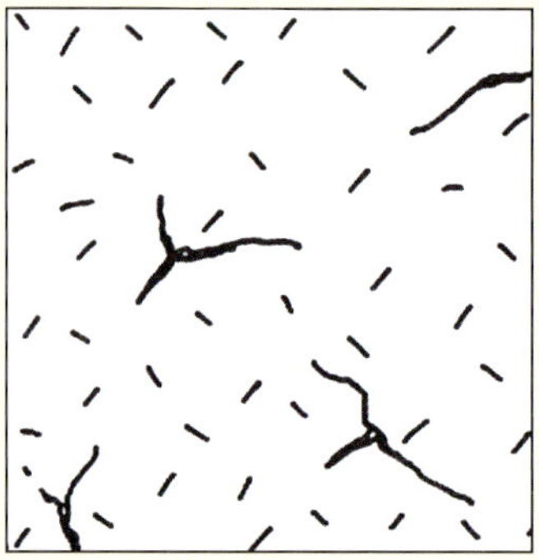

1 Teil Lehm + 10% Stroh

2 Teile Lehm/ 1 Teil Sand + 10% Stroh

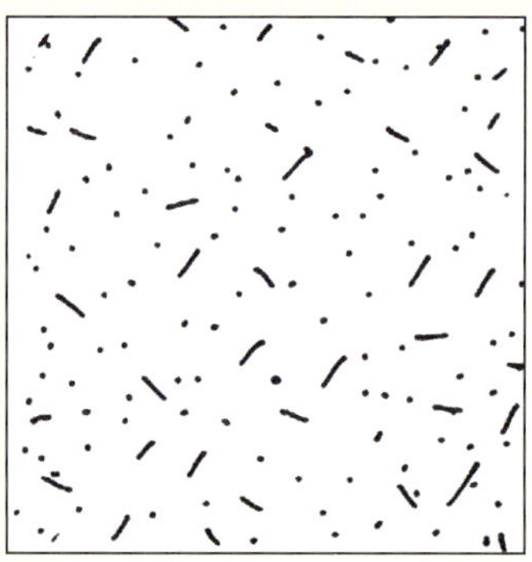

1 Teil Lehm / 1 Teil Sand + 10% Stroh

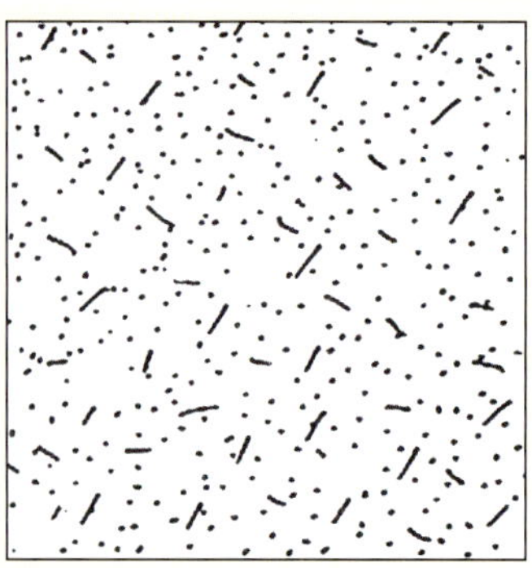

1 Teil Lehm/ 2 Teile Sand + 10% Stroh

3-27 Ergebnisse der Testreihe von Beispiel 2

3.4 Grubenlehm für Putzmörtel aufbereiten

Vor dem Herstellen des Mörtels müssen die meisten - in der Regel erdfeuchten - Grubenlehme aufbereitet werden. Das erleichtert das spätere Mischen, was besonders wichtig ist, wenn mit geringem Maschineneinsatz gearbeitet wird. Außerdem ist Grubenlehm oft zu grobkörnig für Putze und muss deshalb gesiebt werden.

Im Folgenden werden einige Verfahren der Lehmaufbereitung beschrieben.

3-28 Der Grubenlehm wird im Erdwolf aufbereitet.

Zerkleinern

Traditionellerweise wurde der Lehm des Erdaushubs für einen Lehmneubau vor dem Winter draußen zum „Auswittern" ausgebreitet (ca. 50 cm hoch). Durch den Frost und den Wechsel von Trockenheit und Feuchtigkeit wird der Lehm zerkleinert. Günstig ist, die größeren Tonklumpen vorher mit einem Spaten zu zerstoßen.

Heute können zum Zerkleinern Maschinen eingesetzt werden, z.B. Bodenfräse oder Erdwolf. Letzterer zerstößt den Lehm und trennt auch Grobkörniges vom Feinkörnigen.

Sumpfen

Der Lehm wird in Wannen – z.B. alten Badewannen – in Wasser eingeweicht einige Zeit stehen gelassen. Zu beachten ist, dass der Lehm nicht sofort gerührt wird. Die Tonklumpen brauchen Zeit, um das Wasser langsam wie ein Schwamm aufzusaugen. Sie sollten allenfalls mit einem Spaten kleiner gestochen werden, so dass das Wasser gut in die Zwischenräume eindringen kann. Dies ist besonders wichtig bei fetten Lehmen. Je magerer der Lehm ist, desto vorsichtiger sollte man mit der Wasserzugabe verfahren. Denn wenn sehr feuchtem Lehm nur wenig Sand zugegeben wird, gerät die Konsistenz eventuell zu flüssig für einen Mörtel.

Trocknen

Trockener Lehm nimmt Wasser wesentlich leichter auf als erdfeuchter. Allerdings lässt sich eine Trocknung unter Baustellenbedingungen nicht so einfach durchführen. Von Vorteil ist, wenn der Lehm gut ausgebreitet unter einer Überdachung liegt, und zwar so, dass er dem Wind und möglichst viel Sonneneinstrahlung ausgesetzt ist.

Sieben

Trockener Lehm sollte vor dem Sieben möglichst gut zerkleinert werden. Ansonsten besteht die Gefahr, dass wertvolle Tonklumpen ebenfalls ausgesiebt werden. Wird er erdfeucht gesiebt, so empfiehlt es sich aus dem gleichen Grund, ihn gut durchzudrücken, was relativ arbeitsaufwändig ist. Nach dem Sumpfen kann er mit einem Rührgerät durchgerührt werden, so dass eine homogene plastische Masse entsteht, die dann gesiebt wird. Je flüssiger die Masse ist, desto leichter das Sieben, da der Lehm nicht mehr so stark an den Maschen festklebt. Allerdings muss er dann eine Weile ruhen, damit sich das überschüssige Wasser absetzt und abgeschöpft werden kann. Dies ist besonders wichtig bei mageren Lehmen.

Die Maschenweite richtet sich nach der Putzdicke. Für einen Unterputz sind 4 mm, für einen Oberputz 2 mm Maschenweite ideal. Eine so feine Siebung wäre allerdings unter Baustellenbedingungen sehr arbeitsaufwändig. Es kann oft wesentlich gröber gesiebt werden, z.B. 8 - 12 mm für Unterputz und 6 mm für den Oberputz, wenn z.B. die Kornfraktion 4 - 10 mm bzw. 2 - 6 mm nur gering vertreten ist und/oder beim Putzauftrag und der Oberflächenbearbeitung nicht stört. Diese Siebungen waren z.B. bei Geschiebelehmen in Norddeutschland ausreichend.

Siebe kann man selbst anfertigen. Drahtgewebe in Maschenweiten (Mw) von 1 mm bis ca. 3 -4 mm und die stabileren punktgeschweißten Drahtgitter in Maschenweiten von ca. 4, 6, 8, 10 und 12 mm – beide aus Stahl – sind im Fachhandel als Meterware erhältlich.

Es kann vorkommen, dass es extrem schwierig ist, einen Lehm aufzubereiten. Das trifft besonders für fette Lehme zu. Um den Aufwand der Aufbereitung zu beurteilen, bietet sich in Anlehnung an die Schlämmprobe nach Volhard [Volhard 1995] folgender Test an: Lehm wird mindestens einen Tag in Wasser eingesumpft. Wenn sich die Klumpen erst nach Stunden bzw. Tagen oder gar nicht lösen, könnte die Aufbereitung zu schwierig werden.

3-29
Fetter gesiebter Lehm, eingesumpft in einer großen Wanne.

3-30
Siebe verschiedener Maschenweite zum Durchsieben kleinerer Mengen Lehm.

3-31
Lehm sieben auf einer Baustelle in den Rhodopen/Bulgarien …

3-32
… und in Mecklenburg.

3.5 Zuschlagstoffe für Lehmputzmörtel auswählen

3-33
Strohhäcksel aus dem Gartenhäcksler für Unterputze.

Je nach Putzdicke werden Sand, Kies und Fasern in unterschiedlicher Körnung bzw. Länge dazu gegeben (siehe Tabelle 3-3).

Mineralische Zuschlagstoffe

In der Regel kommen regionale gewaschene Sande als Zuschlagstoff zum Einsatz. Sie sind im Baustoffhandel oder direkt bei den Sandgruben erhältlich. Ungewaschene Sande können auch verwendet werden, sofern sie nur Lehm-, aber keine Humusanteile enthalten.

Als Faustregel für die Korngröße der mineralischen Zuschläge kann gelten:

- Größtkorn x 2,5 = Putzdicke
- Beispiel: Unterputz, Größtkorn: 4 mm Größtkorn x 2,5 = 10 mm Putzdicke.

Ausnahmen bilden bestimmte Strukturputze, bei denen eine größere Körnung bewusst zur Oberflächengestaltung eingesetzt wird (siehe Kap. 7: Mit Putzen gestalten). Günstig ist es, eine dichte Packung von unterschiedlich großen, gerundeten Körnern zu erreichen. Das erlaubt auch einen optimal niedrigen Tonanteil, da das Bindemittel dann ausschließlich die Sandkörner ummantelt und verklebt und nicht die Hohlräume zwischen den Körnern füllen muss. Ein Anteil an scharfkantigen Körnern erhöht die Stabilität. Dieser sollte aber nicht zu hoch sein, da dies die Verarbeitbarkeit erschwert (s. Kap. 4: Einen Kalkmörtel herstellen).

Neben Sand und Kies können auch andere mineralische und keramische Zuschläge, z.B. Ziegelsplitt, eingesetzt werden (vgl. Kap. 3.6: Spezielle Putzmischungen).

Faserstoffe

Allen Putzen können pflanzliche Faserstoffe unterschiedlicher Feinheit zugesetzt werden – je nach Putzdicke. In farbigen Lehmedelputzen können sie durch ihre Textur auch sehr dekorativ wirken. Im Lehmbaufachhandel gibt es Strohhäcksel in einer Länge von ca. 3 cm, ausserdem Gerstenstroh mit 5 mm Faserlänge.

3-34
Strohhäcksel aus dem Viehfutterbedarf, Maximallänge von 30 mm.

3-35
Gerstenstroh aus dem Fachhandel, 5 mm Maximallänge.

3-36
Hanfschäben aus dem Viehfutterbedarf.

3-37 Chinagras.

3-38 Chinaschilf.

3-39 Bambusfaser, Maximallänge 60 mm.

Im Viehfutterbedarf sind kurzes Strohhäcksel und Hanfschäben erhältlich. Im Gartenhäcksler geschnittenes Stroh ist zwar länger; es kann aber für Unterputze verwendet werden, sofern der Putz nicht maschinell angespritzt werden soll. Andere Faserstoffe wie Heu, Hanf- und Flachsschäben, Chinaschilf, Bambusfasern u.a. können verwendet werden, ebenso auch Tierhaare.

Putz	Putzdicke	Körnung	Faserlänge
Unterputz	10 - 15 mm *	0/2 mm; 0/4 mm**	3 cm ***
Oberputz	5 - 8 mm	0/1 mm; 0/2 mm	3 cm
Feinputz	3 - 5 mm	0/1 mm	5 mm
Edelputz	2 - 3 mm	0/0,8 mm	5 mm

* je nach Mörtel auch Dicken bis zu 30 / 50 mm möglich; ** bei größerer Putzdicke größere Körnung möglich; *** längere Fasern sind möglich, wenn der Mörtel nicht maschinell angespritzt wird.

Tabelle 3-3 Richtwerte für Putzdicke, Körnung und Faserlänge für verschiedene Putze.

3.6 Spezielle Putzmischungen

Um Mischungen für einen speziellen Zweck einzustellen oder zu optimieren oder aus ästhetischen Gründen können noch weitere Stoffe zugesetzt werden.

Stabilisierende Zusätze

Ein traditionelles Mittel zur Erhöhung der Wetterbeständigkeit ist die Zugabe von (Kuh-) Dung. Die Wirkung resultiert aus dem im Dung enthaltenen Kasein und Ammoniak. Wird die fertige Mischung zudem mehrere Tage liegen gelassen, so entwickelt sich ein Fermentierungsprozess, der diese Wirkung durch einen erhöhten Ionenaustausch unterstützt. Auch der Feinfaseranteil ist von Vorteil. Ein Zusatz von 10 Vol% Dung zum Mörtel hat sich bewährt. Auch Zusätze von Kalk-Kaseinleim oder Molke können Außenputze gegen die Feuchteeinwirkung etwas stabilisieren. Durch diese Zusätze wird ein Lehmputz aber nicht wasserfest.

Um die Abriebfestigkeit von Lehmedelputzen zu erhöhen, werden den Produkten zunehmend Zusätze, derzeit vor allem Zellulose, beigemischt. Zukünftig sollte man auf Volldeklarationen achten, wenn es darum geht, die Produkte nach baubiologischen Gesichtspunkten auszuwählen.

Mineralische Bindemittel

Die Zugabe von Kalk, Zement, Gips und Wasserglas kann ebenfalls stabilisierende Wirkung haben. Allerdings verlassen wir damit das Gebiet der reinen Lehmputze, da es sich bei diesen Zusätzen um weitere Bindemittel handelt. Genau genommen müsste man von Lehm-Kalk-, Lehm-Zement-Putzen etc. sprechen. Es kommt zu verschiedenen Reaktionen zwischen der Art der Tonminerale und dem zugefügten Bindemittel. Kalk und Zement zerstören die Ton-Matrix. Die Stabilität des Lehms wird durch Zugaben von <5 % zunächst meist herabgesetzt. Die optimale Zugabe zur Erhöhung der Stabilität oder Witterungsbeständigkeit muss ausgetestet werden. [Minke 2009, S. 42 ff] Stabilisierte Lehmbaustoffe sind nicht mehr wasserlöslich.

In Japan werden hochwertige Lehm-Kalk-Putze ausgeführt, die bis zum spiegelnden Glanz poliert werden können.

Leichtzuschläge

Für wärmedämmende Putze können Zuschläge wie Blähton der Körnung 1/4 mm zugesetzt werden. Andere Zuschläge wie Kork sind ebenfalls möglich. Rezepturen hierfür finden sich bei Minke [Minke 2009].

Putze mit Leichtzuschlägen haben eine geringere Festigkeit und es ist schwierig, die Oberfläche zu bearbeiten. Deshalb empfiehlt es sich, die gewünschte Wärmedämmung durch Einbau eines geeigneten Wärmedämmstoffes zu realisieren, der dann mit einem normalen Lehmputz versehen werden kann.

Zusätze für dekorative Putze

Für verschiedene Gestaltungsaufgaben werden den Putzen farb- oder texturgebende Stoffe zugesetzt, so z.B. Farbpigmente oder Glimmer und Perlmutter für Glitzereffekte. Farbige Gesteinsgriese sind in verschiedenen Körnungen erhältlich. Werden diese später freigewaschen, so sind ihre farbigen Körner (z. B. roter Granit, gelber Baskensand) als Textur sichtbar. Auch werden in Edelputzmischungen oft sehr feine Füllstoffe wie Quarz- oder Marmormehle zugegeben (s. Kap. 7).

3-40
Fachwerkaußenwand. Der Lehmaußenputz wurde durch die Zugabe von Pferdedung stabilisiert.

3-41
Lehm-Kalk-Putze, ausgeführt in japanischer Putztechnik an der Europäischen Bildungsstätte für Lehmbau in Wangelin.

B2-1 Erdaufbereiter in Aktion. Links der angelieferte Grubenlehm.

Die Lehmschnecke

Nahe Potsdam, in Wilhelmshorst, wächst seit nunmehr drei Jahren die Lehmschnecke, ein Haus in Form einer Schnecke. Familie Heer errichtet es weitgehend in Eigenleistung. Torsten Heer, gelernter Maurer und Techniker, hat das Haus mit dem schneckenförmigen Grundriss entworfen und geplant. Lediglich der Keller, das Holzfachwerk und die Installationen wurden von Firmen ausgeführt bzw. begleitet.

150 m³ Grubenlehm sind bislang für Steinherstellung (leichte und schwere Lehmsteine) und Leichtlehmdämmung verbaut worden. Der Lehm stammt aus einem Baugrubenaushub im etwa 10 km entfernten Bornstedter Feld. Er wurde in einem sogenannten Erdaufbereiter vorbereitet. Dadurch wird der Lehm erschlossen und ist besser verarbeitbar. Der vorhandene Lehm war ausreichend mager, so dass lediglich Stroh zugesetzt werden musste.

Die Konstruktion besteht aus einem Holzfachwerk mit Leichtlehmdämmung. Innenseitig wurde eine Vorsatzschale aus schweren, 18 cm dicken Lehmsteinen zur Wärmespeicherung vor das Fachwerk gestellt.

Für die **Außenwände** im Erdgeschoss wurde eine Leichtlehmmasse, zusammengesetzt aus Holzhackschnitzel, Stroh und Lehm, in einer Schalung verdichtet. Im Obergeschoss wurden die Gefache mit Leichtlehmsteinen ausgemauert. Der Zwischenraum zu der schweren Vorsatzschale ist mit Strohleichtlehm ausgefüllt.

Alle Putze, sowohl der Innen- als auch der Außenwände, sind auf der Baustelle aus Grubenlehm selbst gemischt.

Der Mörtel für den **Außenwand-Unterputz** hat ein Mischungsverhältnis von 20 Schaufeln Lehm, 60 Liter Strohhäcksel und 5 bis 6 Schaufeln Pferdemist. Letzterer erhöht traditionell die Wetterbeständigkeit und verbessert die Verarbeitbarkeit. Das richtige Mischungsverhältnis wurde auf Probeflächen getestet.

Das Stroh wurde mit einer landwirtschaftlichen Strohhäckselmaschine auf rund 2 cm Länge zerkleinert. Die nötigen 22 großen Rollen Stroh brachte der Biobauer.

Der Lehmputzmörtel kam aus dem Freifallmischer frisch (hier wurde nicht gemaukt) auf die Leichtlehmdämmung (mit der Kelle angeworfen

B2-2
Der aufbereitete Lehm frisch aus dem Erdaufbereiter.

B2-3
Die durch den Erdaufbereiter geschickten Pferdeäpfel sehen aus wie Blumenerde.

B2-4 *unten links:* Außenwand im Obergeschoss. Putzgrund ist die Wandschale aus selbst hergestellten Lehmsteinen, die vor die Außenwand gesetzt werden.

B2-5 *unten rechts*
Wohnraum in der Schnecke. Die Wände sind noch lehmsichtig.

und mit der Holzkartätsche für besseren Halt der Decklage rau abgezogen). Die Gesamtputzstärke beträgt dann etwa 5 cm.

Der **Innenputz** wurde aufgebracht, nachdem die Wandheizung auf den Innenflächen aller Außenwände montiert war. Der Mörtel (aus 30 Schippen Lehm und 60 Litern Strohhäcksel, zuvor eingeweicht) ist ca. 2 bis 3 cm dick bis knapp über Rohrstärke aufgetragen. Der Putzgrund besteht aus selbst hergestellten Lehmsteinen.

Die Heizung wurde erst nach vollständiger Trocknung des Putzes angestellt. Aufgrund des hohen Faseranteils im Putzmörtel wurde hier auf ein Armierungsgewebe verzichtet. Der Putz trocknete rissfrei auf.

Der Oberputz ist als 0,5 cm dicker Feinputz ausgeführt. Auch hier brauchte der Lehm nicht gemagert werden. Der mit reichlich Wasser angereicherte Grubenlehm wurde im Freifallmischer angesetzt und dann durch ein 2-mm-Sieb gegossen. Der dünnflüssige Lehmmörtel wurde zur Herstellung der erforderlichen Putzstärke teilweise zweimal angeworfen, abgezogen, gefilzt und mit der Japankelle geglättet.

Obwohl noch nicht endgültig fertiggestellt, ist die Familie bereits in das Haus eingezogen. Ein Anstrich aus pigmentierten Kalkkaseinfarben soll noch folgen. Insgesamt war der Bau sehr zeitaufwendig. Ein guter Maschinenpark und eine klar strukturierte Baustelleneinrichtung haben hier immens geholfen.

Mehr Infos über das Projekt unter www.lehmschnecke.de.

B2-6

Oberste Geschossdecke. Putzgrund ist hier die mit Lehm verstrichene Staketendecke.

B2-7

Die selbstgefertigten Lehmsteine für die schwere Innenwandschale lagern zum Trocknen im zukünftigen Dachgeschoß der Lehmschnecke.

B2-8

Außenansicht der Lehmschnecke. Der Unterputz ist aufgebracht.

B2-9

Außenansicht nach der Fertigstellung.

3.7 Putzmörtel herstellen

Zur Herstellung des benötigten Putzmörtels muss der aufbereitete Grubenlehm bzw. das Lehm- oder Tonpulver in der berechneten Menge mit den mineralischen Zuschlägen, Faserstoffen und Wasser nach der ermittelten Rezeptur gemischt werden. Die Korngröße und Faserstofflänge wird bezogen auf die Putzdicke bestimmt (siehe Tabelle 3-3, Seite..47)

Beim Mischen ist darauf zu achten, dass die ermittelten Volumenangaben richtig übertragen werden. Am genauesten gelingt die Einhaltung der Mischungsverhältnisse, wenn der Mischer mit Eimern befüllt wird. Da dies aber sehr anstrengend ist, wird eher mit Schaufeln gearbeitet. Wichtig ist, dass die Schaufeln mit Lehm und mit Sand immer gleich voll sind und dass gesumpfter Grubenlehm möglichst immer die gleiche Konsistenz hat. Werkmörtel werden lediglich mit Wasser gemischt.

Den Mörtelbedarf ermitteln

Für 1 m² Putzfläche mit 1 cm Putzdicke werden 10 Liter gebrauchsfertiger Mörtel gebraucht, in der Regel etwas mehr. Entsprechend der Rezeptur muss der Anteil an Lehm und an mineralischen Zuschlägen berechnet werden.

Der Materialbedarf für Mörtel auf der Basis von Lehm- oder Tonpulver und Sand wird ähnlich berechnet wie für Kalk- oder Zementmörtel: Für 1 m² Putzfläche in einer Putzdicke von 1 cm werden ca. 12 Liter Sand zuzüglich Bindemittel dem Mischungsverhältnis entsprechend gebraucht. 25 kg Lehmpulver oder Tonmehl ergeben mit den Zuschlagstoffen ca. 30 - 35 Liter trockenes Pulver (ggf. durch Arbeitsprobe vorher genauer ermitteln!).

Ergiebigkeit und Reichweite für Werkmörteln werden vom Hersteller angegeben. Übliche Gebinde sind BigBags und Sackware á 25 oder 30 kg.

Tabelle 3-4
Materialbedarf für Mörtel aus Lehmpulver bzw. Tonmehl.

Materialbedarf für Mörtel auf der Basis von Lehmpulver oder Tonmehl Beispiel für ein Mischungsverhältnis: 1 Teil Lehm / Ton : 2,5 Teile Sand			
Lehmpulver / Tonmehl	Sand	Ergiebigkeit	Reichweite bei 1 cm Auftragsstärke
50 Liter	125 Liter	100 Liter	10 m²

Materialbedarf bei Verwendung von Werktrockenmörtel / Beispiel			
Produkt	Gebinde	Ergiebigkeit	Reichweite bei 1 / 1,5 cm Auftragsstärke
Lehmputz erdfeucht	Big Bag, 1 m³	750 Liter Mörtel	75 m² / 50 m²
Lehmputz trocken	Sack á 30 kg	25 Liter Mörtel	2,5 m² / 1,6 m²

Tabelle 3-5 Materialbedarf bei Verwendung von Werkmörtel.

Maschinen und Werkzeuge

Wurde früher von Hand gemischt, so trat man den Grubenlehm nach dem Sumpfen durch, um die Klumpen zu zerdrücken. Diese schwere Arbeit übernahmen häufig Tiere. Zuschläge und Wasser werden dann beim Mischen von Hand mit Schaufeln und Spaten eingearbeitet, besser noch mit sogenannten **Rührspaten** oder Weichmachern. Diese Spaten mit einer runden oder dreieckigen Aussparung dienen auch dazu, zu fest gewordene Mischungen im Kübel nochmals mit Wasser „weich" zu rühren.

Heute kommen in der Regel Maschinen zum Einsatz. Für kleine Mengen ist die Verwendung eines **Rührgerätes** möglich. Es sollte eine Leistung von min. 1.200 Watt haben und einen Rühraufsatz, der für schwere Mischungen geeignet ist. Es gibt auch Doppelrührgeräte mit zwei Rühraufsätzen, die aber anstrengender zu handhaben sind.

Die gebräuchlichsten Maschinen zum Mischen sind jedoch **Freifall- und Zwangsmischer.** Freifall- oder Trommelmischer haben eine schräg gestellte Trommel. Durch die Drehung der Trommel fällt die Mischung und vermengt sich dadurch. Im Zwangsmischer wird die Mischung durch Rührarme gerührt und dabei auch an die Wandung gedrückt – ein ähnliches Prinzip wie bei den **Teigknetmaschinen**, die häufig auf Selbsthilfebaustellen für Grubenlehmmörtel verwendet wurden. Da das Herausnehmen der Mischung bei diesen Maschinen sehr umständlich ist, sind sie inzwischen vom Freifall- oder Zwangsmischer verdrängt.

Bei Freifallmischern ist es günstig, sie zunächst mit Wasser und einem Teil Sand, dann mit Lehm bzw. Lehm-/Tonpulver, Sand und ggf. mehr Wasser zu befüllen. So klebt der Lehm nicht am Anfang an der Wandung fest.

Dies gilt auch für Zwangsmischer, sofern sie mit Lehm-/Tonpulver und Sand gefüllt werden. Wird damit jedoch eingesumpfter Grubenlehm verarbeitet, so empfiehlt sich, den Lehm zunächst homogen zu rühren, bevor Sand hinzugefügt wird. Hierfür sind Zwangsmischer besser geeignet als Freifallmischer, da sie Klumpen besser zerdrücken können. Sie eignen sich auch gut für schwere, d.h. sehr strohhaltige, grobkörnige und fette Mischungen.

Soll der fertige Mörtel allerdings nach dem Mischen durch eine daneben aufgestellte **Mörtelpumpe** an den Arbeitsplatz transportiert werden, so muss auch die Zusammensetzung des Mörtels darauf abgestimmt werden. So dürfen die mineralischen Zuschläge nicht größer als 6 - 8 mm sein, die Mischung darf nicht zu strohhaltig sein und die Faserlänge sollte maximal bei ca. 2 - 3 cm liegen. Eine fetter faserreicher Mörtel, wie es für den Verputz auf Strohballen oder für Handputze wünschenswert ist, kann mit dieser Technologie nicht befördert werden. Denn bei zu großen Kieskörnern oder zu langen Strohhalmen kann es zu sog. Stoppern im Schlauch kommen. Diese Verstopfungen zu entfernen ist aufwändig und kann den Arbeitsprozess erheblich behindern: die Putzer müssen warten, bis der Stopper entfernt ist.

Die Mörtelpumpen verschiedener Hersteller zeigen durchaus unterschiedliche Leistungsfähigkeit. Diese wird v.a. am Förderdruck in bar gemessen – mindestens 10 bar sollten es sein – und an der Fördermenge, gemessen in Liter pro Minute. Ebenfalls spielt eine Rolle, wieweit gepumpt werden kann. Die Reichweite hängt allerdings auch von der Zusammensetzung und Konsistenz der Mischung ab. Es muss auf ein ausgewogenes Korngerüst und den Tongehalt geachtet werden. Zu festen Mischungen muss ggf. noch etwas Wasser zugesetzt werden.

Zu grobkörnige, magere Mischungen sind schwerer zu pumpen als Mischungen mit ausreichendem Feinsand- und entsprechendem Tonanteil. Leider sind inzwischen einige Mörtelprodukte entwickelt worden, die auch für Unterputze sehr feinkörnig eingestellt sind, was sie zwar leicht maschinengängig macht, aber zu Lasten eines stabilen Korngerüstes geht. Auf jeden Fall ist es wichtig, dass ausreichend lange gemischt wird, damit der Mörtel sich beim Transport nicht entmischt.

Es gibt Mörtelpumpen mit Förderschnecke und Mörtelpumpen mit Kolbenpumpentechnik. Letztere können einen erheblichen Druck aufbauen und sind deshalb sehr stark in ihrer Förderleistung. Das ist von Vorteil, wenn mit schweren Mischungen gearbeitet wird. Die Schläuche zum Fördern und Anspritzen haben einen Durchmesser von 25 bis 50 mm. Empfeh-

3-42 Rührspaten.

3-43 Eine kleine Menge Lehmputz wird hier mit dem Rührspaten in der Tuppe gemischt.

3-44 und 3-45 Mischen eines Lehmputzmortels mit einem Rührgerät.

3-46
Mischen im Freifallmischer.

3-47
Kleines Modell eines Zwangsmischers.

3-48 Der Lehm für die Baustellenputze wurde in einer Teigknetmaschine gemischt.

3-49 Schläuche einer Mörtelpumpe.

3-50
Mischpumpe: Mischer und Pumpe sind in einer Maschine kombiniert.

3-51
Mischpumpe: Blick auf die Welle in der Mischpumpe.

lenswert ist für Lehmputze (Standard: Unter- und Oberputz) ein Innendurchmesser von 30 mm, für Mörtel aus Grubenlehm bis zu 50 mm. Auf die Schläuche können Spritzdüsen aufgesetzt werden, so dass mit Hilfe von Kompressoren die Mischung direkt an die zu verputzende Fläche gespritzt werden kann.

Die Schläuche und Maschinen müssen nicht – wie bei der Verwendung von konventionellen Mörteln – vor Arbeitsunterbrechungen und dem Wochenende gesäubert und gespült werden; es sei denn, die Schläuche liegen in so großer Wärme, dass der Mörtel darin festtrocknen kann. Allerdings sollte bei längeren Pausen die Spritze abgenommen und gesäubert werden. Das Schlauchende kann dann in die Mischung oder in Wasser gesteckt werden, damit der Mörtel nicht eintrocknet.

Sollen mehr als 100 qm Fläche verputzt werden, lohnt sich der Einsatz einer Mörtelpumpe auf jeden Fall; die Pumpe ist vor allem dann hilfreich, wenn in Obergeschossen geputzt werden soll. Soll der Mörtel von Hand aufgezogen werden, kann die Pumpe auch nur für den Transport der Mischung genutzt werden.

Mischpumpen sind kombinierte Maschinen, die mehrere Funktionen erfüllen: Man kann den Mörtel damit mischen, zum Arbeitsplatz transportieren und an die Fläche spritzen. Diese Maschinen kommen hauptsächlich für spezialisierte Fachfirmen infrage.

Die Technologie der Mischpumpen wird ständig optimiert. Die Wasserzuführung lässt sich sehr gut regeln, was den Mischvorgang erleichtert. Für moderne Mischpumpen wurden Schläuche aus hellem Kunststoff entwickelt, die leichter sind als die üblichen schwarzen Schläuche der Mörtelpumpen und die dadurch auch für eine Person gut zu handhaben sind. Die Spritzdüsen sind fest mit dem Schlauch verbunden und haben eine Spritzsicherung, falls es zu Stoppern kommt. Bei vielen Maschinen können spezielle Spritzdüsen zum Putzauftrag von Lehmfein- und -edelputzen in einer Dicke von 2 - 5 mm aufgesetzt werden.

So optimierte Maschinen lassen auch von einer Person allein gut bedienen, indem diese zunächst den Mischer beschickt und dann den Mörtel anspritzt. Insofern lohnt es sich, moderne Maschinen auch bei Putzaufträgen unter 100 qm aufzustellen.

In der Regel sind Mischpumpen besonders für fertig eingestellte Mörtelprodukte geeignet. Auch Mörtel auf der Basis von Lehmpulver / Tonmehlen lassen sich damit gut mischen und transportieren. Schwieriger kann es sein, wenn man damit Mischungen aus Grubenlehm herstellen möchte. Hier gelten dieselben Anforderungen an die Qualität des Mörtels wie bei dem Einsatz von Mörtelpumpen (s.o.).

Ein Vorteil für die Einrichtung des Arbeitsplatzes ist, dass die Maschinen häufig an die Anhängerkupplung eines Wagens angehängt und so direkt an den Mischplatz transportiert und dort aufgestellt werden können.

Zum Schluss sei noch eine Alternative für Großbaustellen erwähnt, die es inzwischen auch für Lehmputze gibt: das **Putzsilo** mit eingebauter Mischpumpe oder angebauter Fördertechnik. Hierin werden die für das jeweilige Silo entwickelten, meist faserfreien, trockenen Mörtel mit Wasser gemischt. Dieser Mörtel wird einlagig in einer Dicke von 0,5 bis 3 cm aufgespritzt.

Grundsätzlich gilt: Um zu entscheiden, welche Maschinen für welche Mörtel gut geeignet sind, sollte man sich von den Herstellern und/ oder erfahrenen Kollegen beraten lassen.

Die Wahl der Maschinen sollte sorgfältig auf die Arbeitsweise und Materialwahl der Ausführenden abgestimmt werden. Es gibt Lehmmörtelproduzenten, die mit Maschinenherstellern

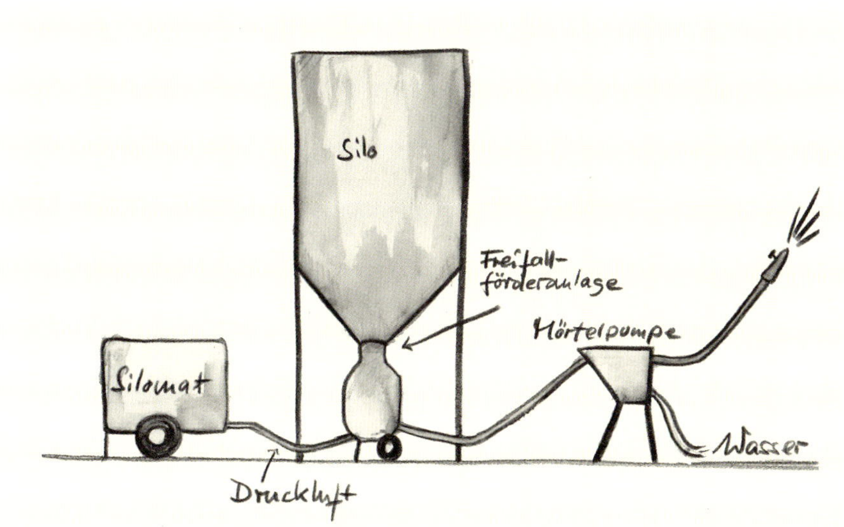

3-52
Lehmputzbaustelle mit Silo.

3-53
Der Werktrockenmörtel wird vom Silo über die Freifallförderanlage mittels Druckluft zur Mischpumpe transportiert.

kooperieren und das Mischen bzw. Pumpen ihrer Produkte mit unterschiedlichen Fabrikaten getestet haben.

Natürlich spielt der ökonomische Faktor eine große Rolle. Hochentwickelte Technik hat einen hohen Anschaffungspreis. Ein einfacher Freifallmischer kostet ca. 200 € im Baumarkt, im Fachhandel 300 bis 500 € – je nach Größe. Ein Zwangsmischer ist im Fachhandel für 1.200 bis 1.500 € erhältlich. Für eine Mörtelpumpe mit ca. 20 m langem Schlauch, Zubehör und Kompressor muss man ungefähr 10.000 € ausgeben und eine Mischpumpe kostet min. 14.000 € (Preise von 2010). Dies alles sind Neupreise. Um die Technologie kennenzulernen, können auch Geräte gemietet werden. Auch gibt es gebrauchte Maschinen zu wesentlich günstigeren Preisen.

Durch den Einsatz der hochwertigen Maschinen kann teure Arbeitskraft eingespart werden. Firmen können damit längerfristig wirtschaftlich arbeiten, sofern sie im größeren Maßstab Putze ausführen bzw. sich auf die Ausführung von Lehmputzen spezialisiert haben. Für kleinere Betriebe ist die Kombination von Zwangsmischer und Mörtelpumpe oft schon ausreichend.

Auf Selbsthilfebaustellen hängt die Entscheidung über die einzusetzende Technik von der Arbeitsstruktur ab. Steht viel Arbeitskraft und Zeit zur Verfügung und wenig Geld, kann mit geringem Maschinenaufwand kostengünstig gearbeitet werden – am besten dann auch mit preiswertem Grubenlehm. Möchte man schneller zum Ziel gelangen, so gibt es auch die Möglichkeit, sich die entsprechenden Maschinen auszuleihen. Günstig ist, wenn auch eine Fachkraft dabei ist, die anleitet und maschinenkundig ist. Es gibt kleine Lehmbaufirmen, die diese Leistung anbieten.

3-54
Arbeitsplatz zum Aufbereiten und Mischen von Grubenlehm.

3-55
Mischplatz für Lehmmörtel. Der Lehm wurde gesiebt und anschließend im Zwangsmischer zu Lehmputzmörtel verarbeitet. Lehmbau- und -putzarbeiten: E.Beuchel

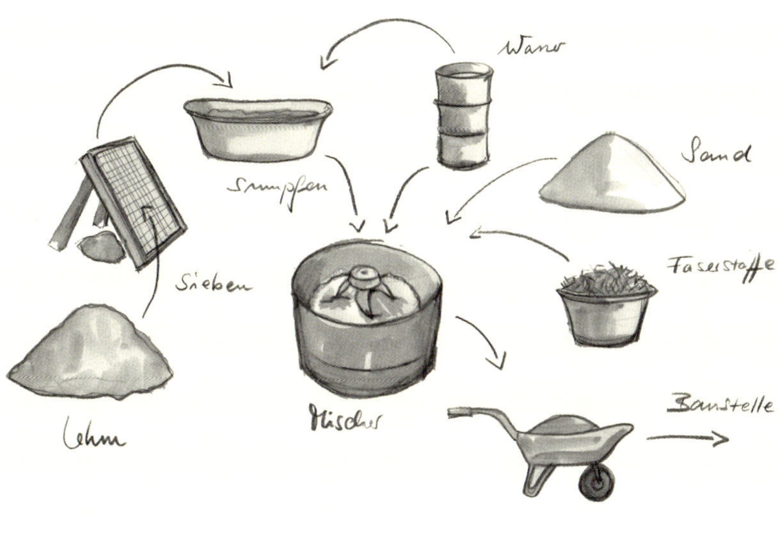

3.8 Lehmmörtelprodukte

Inzwischen gibt es viele Lehmputzmörtel auf dem Markt, abgestimmt auf verschiedene Putzdicken, die erdfeucht in Big Bags oder trocken in Big Bags oder als Sackware angeboten werden und die auf der Baustelle nur mit Wasser gemischt werden müssen. Diese Produkte werden als Werkmörtel bezeichnet. Es gibt ein breites Spektrum von Putzherstellern: von regionalen Anbietern, die sich auf wenige Lehmbauprodukte spezialisiert haben, über z.T. langjährig tätige Firmen, welche die gesamte Palette von im Lehmbau verwendeten Lehmbaustoffen verkaufen, bis hin zu großen Mörtelherstellern, die neben konventionellen Putzmörteln inzwischen auch Lehmputze anbieten. Einige Produkte sind auch in Baumärkten, die meisten aber im baubiologischen Fachhandel erhältlich. Informationen zu Herstellern bzw. Fachhändlern finden sich auch auf den Webseiten des Dachverband Lehm e.V. [DVL 2011] oder des Lehmbaukontors Berlin-Brandenburg e.V. [LBK 2011]. Eine Liste von Bezugsquellen findet sich am Ende des Buches.

3-56
Produkte unterscheiden sich nach Körnung, Faseranteil und Farbe.

Hinweise für die ökologische Produktauswahl

Die Umweltbelastung eines Produktes kann durch mehrere Indikatoren beschrieben werden, z.B. durch die Auswirkungen auf den Treibhauseffekt, die Ressourcennutzung und durch den Gehalt an Gefahrstoffen für Mensch und Umwelt.

Das natureplus-Qualitätszeichen ist ein freiwilliges Qualitätszeichen, das von dem Internationalen Verein für zukunftsfähiges Bauen und Wohnen – natureplus e.V. vergeben wird. Lehmputzprodukte, die mit diesen Siegel ausgezeichnet sind, erfüllen hohe Qualitätsanforderung hinsichtlich Umwelt- und Gesundheitsrelevanz, die den gesamten Produktlebenszyklus berücksichtigen [natureplus 2010].

Mit dem im Mai 2011 eingeführten europäischen EPD-System – EPD steht für Environmental Product Declaration, auf deutsch: Umweltbezogene Produkt Deklaration – nach ISO 14025 werden die Umweltauswirkungen eines Bauproduktes nach einer einheitlichen Methodik ohne Wertung beschrieben. Diese Daten können als Grundlage für die ganzheitliche Betrachtung der Umwelt- und Umweltbelastung eines Bauvorhabens herangezogen werden [BMVBS 2011] .

Produkte vergleichen

Die Putzprodukte haben unterschiedliche Qualitäten. So können sich Kornverteilung und Tongehalt unterscheiden und damit auch die Festigkeit. Es gibt Putze mit und ohne Faserstoffe. Viele Hersteller bieten für Unter- und Oberputz verschiedene Mischungen an, zunehmend werden auch Universalputze für beide Putzlagen angeboten. Lehmedelputze enthalten häufig weitere Zusätze. Zur Zeit wird vom Dachverband Lehm eine DIN ausgearbeitet, welche verbindliche Materialkennwerte festlegt, die jedes Putzprodukt erfüllen muss.

Aufgrund dieser Unterschiede verhalten sich die Produkte auch verschieden bei der Verarbeitung. Jede Anwenderin und jeder Anwender sollte entsprechend den Anwendungszwecken, den Rahmenbedingungen oder auch den individuellen Vorlieben das für sich geeignete Produkt auswählen.

Putzprodukte sind in der Regel maschinengängig. Einzelne Hersteller kooperieren auch mit Putzmaschinenherstellern bzw. bieten selbst Maschinen an. Inzwischen gibt es auch Siloputze für Großbaustellen.

Produktinformationen

Grundlegende Materialkenntnisse und –erfahrungen beim Anwender sind die Voraussetzung, um Produkte zu beurteilen, zu vergleichen und für die eigenen Zwecke auszuwählen. Ergänzend kann man sich an Hand der im Internet zugänglichen – teilweise sehr ausführlichen – Arbeitsblätter, Verarbeitungshinweise und technischen Merkblätter der einschlägigen Hersteller informieren.

Einige Hersteller weisen in den technischen Merkblättern darauf hin, dass ihre Lehmputz-Produkte den Lehmbauregeln des „Dachverbands Lehm" [Dachverband Lehm 2009] entsprechen. Dies bedeutet, dass sie für ihr Produkt technische Werte (wie Rohdichte, Druckfestigkeit und lineares Schwindmaß) bestimmen und deklarieren. Außerdem verpflichtet dies zu einer werkseigenen Produktionskontrolle, entsprechend den üblichen Verfahren für Werktrockenmörtel, z.B. zur Vergabe von Chargennummern. Da Lehmmörtel als Naturprodukt besonderen

Schwankungen unterworfen sind, kann es für ein einheitliches Putzbild bei einem Bauprojekt von Vorteil sein, Werkmörtel aus einer Charge zu verwenden.

Es bedeutet nicht, dass die Produkte kleinerer Hersteller, die diesen Hinweis nicht in ihren technischen Merkblättern führen oder keine technischen Merkblätter haben, qualitativ schlechter zu bewerten wären. In dem vom *Dachverband Lehm* herausgegebenen Technischen Merkblatt „Anforderung an Lehmputze" [Dachverband Lehm 2008] werden im Vergleich zu den Lehmbauregeln die Anforderungen an die Eigenschaften von Lehmmörteln detaillierter und anwendungsbezogener definiert.

Damit Kunden und Kundinnen die baubiologischen und ökologischen Qualitäten besser bewerten können, wurde das Gütesiegel „natureplus" entwickelt. Für die mit dem natureplus-Gütesiegel ausgezeichneten Lehmputz-Produkte liegt eine Volldeklaration der Inhaltsstoffe vor. Die geprüften technischen Werte beinhalten auch die Sorptionsfähigkeit, die für die Bewertung der Wirkung auf das Innenraumklima bedeutsam ist (siehe Kap. 2.1: Was von Putzflächen erwartet wird).

3-57
Dieses Logo steht für das Gütesiegel nature plus.

3.9 Welcher Lehmputzmörtel ist der geeignete?

Die Entscheidung, welche Putzmörtelherstellung für die jeweilige Situation die richtige ist, hängt von vielen Faktoren ab. Jede/r sollte sich über die eigenen Beweggründe, die Rahmenbedingungen und die Zeitabläufe klar werden.

3-58
Schritte beim Aufarbeiten und Mischen von Lehm je nach Herkunft [Rüger 2009].

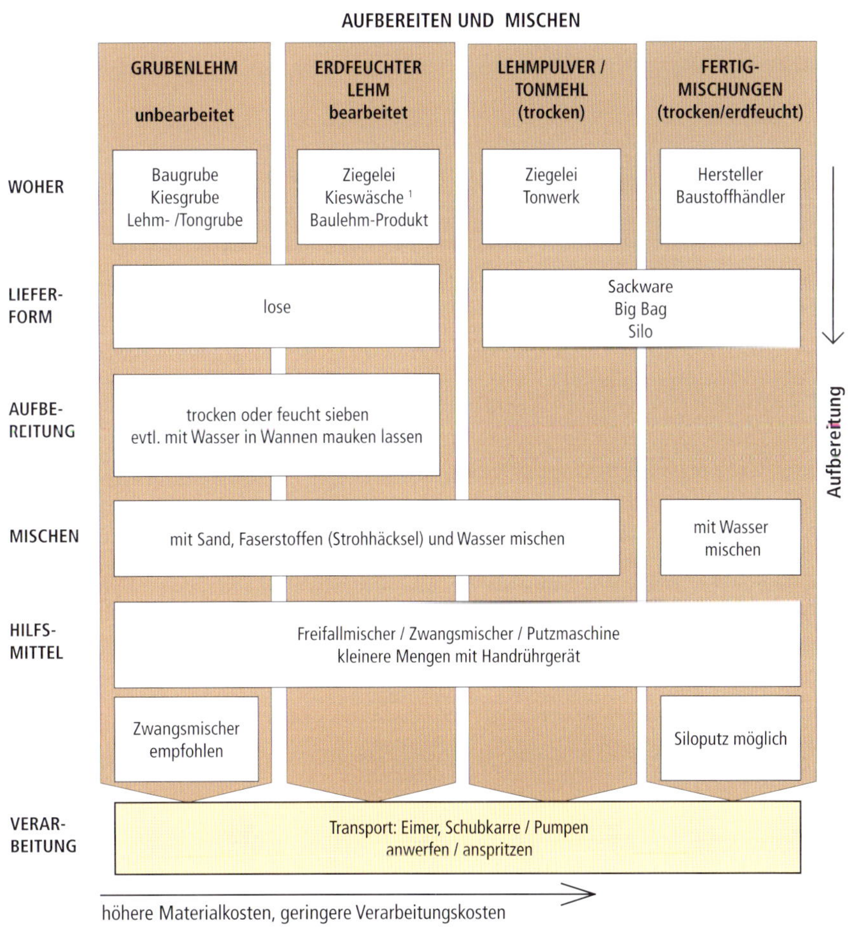

Anmerkung: [1] Zum schnellen Ausfällen der Tone und Schluffe können bei der Kieswäsche Hilfsstoffe zugegeben werden. In Deutschland kommt dies selten vor, außerdem müssen diese Hilfsstoffe lebensmittelecht sein, da sie in das Grundwasser gelangen können.

Die Verwendung von Lehmmörtel aus Baulehm

- ist sicherlich die ökologischste Variante, Lehmputzmörtel herzustellen.
- erfordert eine gute Materialkenntnis.
- ist gut geeignet für Objekte, die unter denkmalpflegerischen Aspekten restauriert werden sollen, da der Mörtel gut an den bestehenden Putz angepasst werden kann.
- ist eine sehr materialkostengünstige Lösung. Der Lehmpreis ist sehr niedrig, v.a. der Transport kostet Geld. Eine ganze Lkw-Ladung ist gegenüber sehr kleinen Mengen im Verhältnis sehr günstig, wenn sie angeliefert werden müssen.
- bedeutet hohen Arbeitsaufwand für die Aufbereitung, v.a. bei Grubenlehm. Insofern ist diese Vorgehensweise besonders angebracht bei Lehmbauprojekten und wenn viel Selbsthilfe geleistet werden soll. Die Herstellung des Mörtels sollte unter fachlicher Anleitung durchgeführt werden. Viele Selbsthelfer machen sich auf unterschiedlichen „Lernwegen" fachkundig.
- wird wegen des hohen Arbeitseinsatzes selten von Firmen genutzt. Dennoch gibt es Betriebe, die einen Platz für die Lehmaufbereitung technisch so einrichten, dass sie damit wirtschaftlich arbeiten können. Fachkundige Lehmbauer mischen manchmal auch direkt vor Ort. Eine Alternative ist die Verwendung der teureren erdfeuchten Baulehmprodukte, die in der Regel eine ausreichend feine Körnung haben und in Zwangsmischern direkt

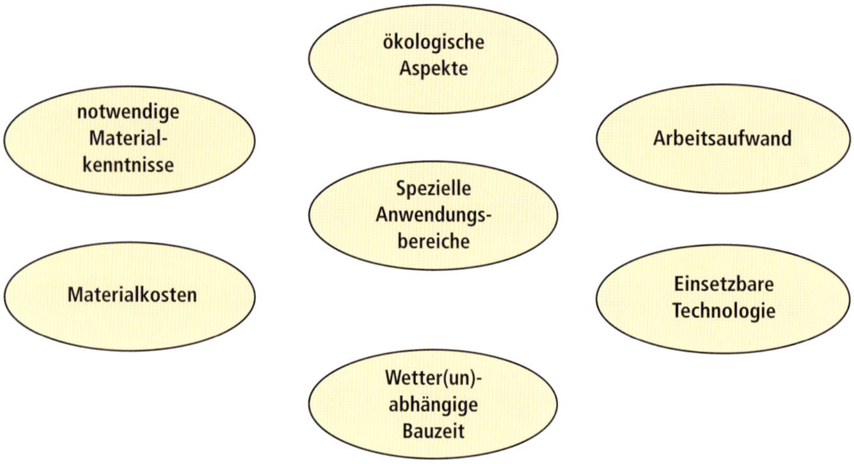

3-59
Faktoren für die Wahl des adäquaten Putzmörtels.

mit den Zuschlagstoffen gemischt werden können.

- kann mit offenen Putzmaschinensystemen (Mischer + Mörtelpumpe) benutzt werden, sofern die Körnung stets kleiner ist als 6 - 8 mm, die Länge der Strohhäcksel max. ca. 3 cm beträgt und die Strohmenge nicht zu hoch ist.
- ist saisonabhängig, sofern Lehm und Sand – wie meist üblich – (erd)feucht und draußen gelagert sind, da sie bei Frost nicht verarbeitet werden können.

Die Verwendung von Lehmmörtel aus Lehm- und Tonpulver

- hat – ökologisch betrachtet – den Nachteil, dass Tonmehle und Lehmpulver künstlich getrocknet und gemahlen werden. Auch sind längere Transportwege nötig. Allerdings kann der – volumenmäßig größere – Anteil von Sand regional bezogen werden.
- erlaubt es, die Mischung individuell einzustellen, sofern genügend Materialkenntnisse vorhanden sind. Einmal herausgefundene Mischungsverhältnisse können immer wieder reproduziert werden, da von einer einheitlichen Qualität der verwendeten Bindemittel ausgegangen werden kann.
- ermöglicht die Herstellung von verschiedenfarbigen Lehmputzen.
- kann eine kostengünstigere Variante sein – verglichen mit Werkmörteln. Allerdings werden Tonmehle nur als Sackware verkauft (meistens leider noch à 50 kg), während Lehmpulver, die aus Baulehm gewonnen werden, auch im Big Bag erhältlich sind.
- erspart die aufwändige Lehmaufbereitung.

Werkmörtel

- ermöglichen selten die Verarbeitung regionaler Produkte; vielmehr ist bei Werkmörteln mit längeren Transportwegen zu rechnen. Außerdem ist die Produktion i.d.R. mit einem höheren Energieaufwand verbunden.
- erfordern weniger Materialkenntnis der Ausführenden. Die Gewährleistung für die richtige Einstellung der Mischung liegt bei den Herstellern, die bei Problemen ansprechbar sein sollten. Häufig werden Schulungen angeboten, um das Produkt kennenzulernen.
- erfordern elementare Materialkenntnisse, um die richtigen Produkte auszuwählen, da es qualitative Unterschiede zwischen den Produkten gibt.
- bedingen einen höheren Materialpreis einschließlich Anlieferung, verglichen mit den anderen Varianten.
- sind auf Baustellen leicht zu Mörtel zu verarbeiten, da er nur mit Wasser gemischt werden muss. Die erforderliche Arbeitszeit zum Mischen ist ähnlich wie bei konventionellen Mörteln.
- eröffnen die Möglichkeit, Siloputze auf Großbaustellen einzusetzen. Auch ist bei trockenen Putzen der Einsatz von Putzmaschinen mit geschlossenen Systemen möglich.
- können saisonunabhängig eingesetzt werden. Sofern trockener Mörtel angeliefert wird, kann auch in Frostperioden im Innenraum gearbeitet werden.

3-60
Musterflächen verschiedenfarbiger Lehmputze, Ausstellung im Lehmmuseum Gnevsdorf.

4 Kalkputzmörtel herstellen

Ein Kalkputzmörtel besteht im Grunde aus Kalk, Sand und Wasser. Um die Grundeigenschaften des Mörtels zu verändern, können auch Zusätze beigegeben werden.

Der Kalk ist das Bindemittel, das die Sandkörner ummantelt und miteinander „verkittet", vergleichbar mit den Tonmineralien beim Lehmputz. Ein wesentlicher Unterschied zwischen Lehm- und Kalkputzen ist der Erhärtungsprozess. Lehmputze erhalten ihre Festigkeit durch Trocknen, durch Zugabe von Wasser können sie wieder aufgelöst werden. Kalkputze hingegen erhärten aufgrund eines chemischen Abbindeprozesses der Ausgangsstoffe.

Während es bis in die siebziger Jahre des letzten Jahrhunderts noch üblich war, Kalkmörtel auf der Baustelle aus den Ausgangsstoffen zu mischen, werden heute auf der Baustelle vorwiegend fertige Trocken- oder Nasswerkmörtel eingesetzt. Beim Kalkputz ist damit bereits eine Entwicklung abgeschlossen, die beim Lehmputz, bei dem die Herstellung des Mörtels aus Grubenlehm noch verbreiteter ist, erst in den Anfängen steckt.

Einhergehend mit dem Bedürfnis, Inhalt und Zusammensetzung der uns umgebenden Baustoffe selbst zu bestimmen, um unser Wohn- und Lebensumfeld zu gestalten, ist allerdings ein neues Interesse an der historischen Kalkputz-Technik gewachsen. Auch bei der Sanierung von Baudenkmälern sind Baustellenmörtel nach alten Rezepturen angesagt. Wir stellen im Folgenden historische und gebräuchliche Methoden zur Herstellung von Kalkputzmörteln vor. Allerdings empfehlen wir nur erfahrenen Fachkräften, einen Kalkputzmörtel als Baustellenmörtel selbst zuzubereiten.

Kalk ist nicht gleich Kalk, so dass Kalkmörtel je nach der Zusammensetzung des verwendeten Bindemittels Unterschiede in ihrem Abbindeverhalten und in der Endfestigkeit zeigen. Je nach Abbindeverhalten unterscheidet man Luftkalk und hydraulischen Kalk. Mörtel mit Luftkalk sind weicher und erreichen ihre Endfestigkeit nur langsam. Mörtel mit hydraulischem Kalk sind härter, sie binden schneller ab und können auch unter Wasser erhärten. Mörtel mit hochhydraulischem Kalk können sogar die Festigkeit eines Kalk-Zement-Putzes erreichen.

Tipp

Eine wahre Fundgrube des Wissens über traditionelle Kalkputztechniken bieten alte Fachbücher. Allerdings ist dabei zu beachten, dass in alten Fachbüchern oftmals überholte Bezeichnungen verwendet werden, die heute nicht mehr üblich sind.

Im Ausland, insbesondere im Vereinigten Königreich (Großbritannien), ist das Wissen um überlieferte Kalkputztechniken noch lebendiger als hierzulande. Wer tiefer in die Materie einsteigen möchte, findet am Ende des Buches Adressen von spezialisierten Bildungseinrichtungen im In- und Ausland.

4.1 Vom Kalkgestein zum Bindemittel

Der Rohstoff für Baukalk ist Kalkstein, der in der Regel im Tagebau abgebaut wird. Kalkstein findet man in unterschiedlichen Zusammensetzungen und Ausprägungen, häufige Formen sind Marmor, Kalktuff, Muschelkalk, Kreide, Kalkspat, Dolomit.

Kalksteinvorkommen gibt es in ausreichendem Maße, auch wenn die Vorkommen große regionale Unterschiede aufweisen; weltweit gesehen besteht annähernd 7% der Erdkruste aus Kalkstein. An der Nordseeküste, wo keine Kalksteinbrüche vorhanden sind, wurde früher auch aus Muschelschalen Kalk gebrannt. In Ostfriesland wurde diese Technik noch bis zum Beginn des letzten Jahrhunderts angewandt. Muschelschalen und Kalkstein sind in ihrer chemischen Zusammensetzung identisch.

Chemisch gesehen ist der Kalkstein eine Verbindung von Calcium und Kohlenstoffdioxid, der chemische Begriff ist Calciumkarbonat ($CaCO_3$). Aus Kalkstein, der mehr oder weniger ausschließlich aus reinem Calciumkarbonat besteht, gewinnt man durch Brennen Luftkalk (CaO). Natürlichen hydraulischen Kalk gewinnt man aus Kalkstein, der zusätzlich Anteile an Kieselsäure (SiO_2), Tonerde (Al_2O_3) und Eisenoxid (Fe_2O_3) enthält. Diese Anteile können bereits im Ursprungsgestein enthalten sein, man kann dem Ausgangsgestein aber auch andere Gesteine und Erden mit sogenannten Hydraulefakto-

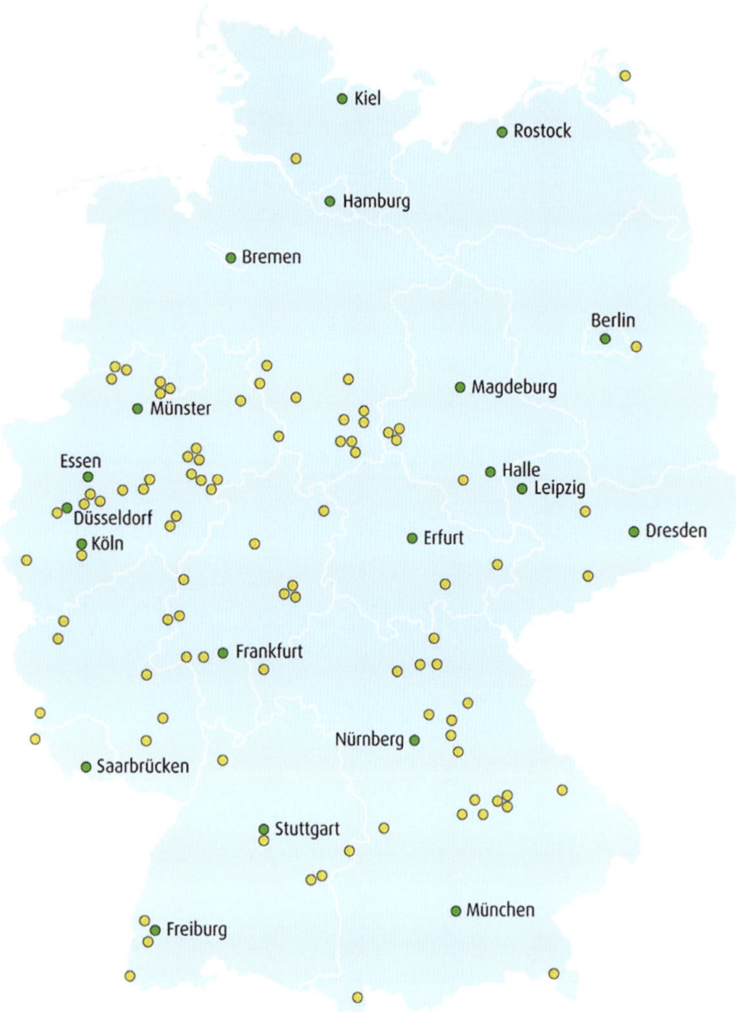

4-1
Karte der Kalkabbaugebiete in Deutschland. Kalkwerke mit Kalkvorkommen sind mit gelben Kreisen gekennzeichnet.

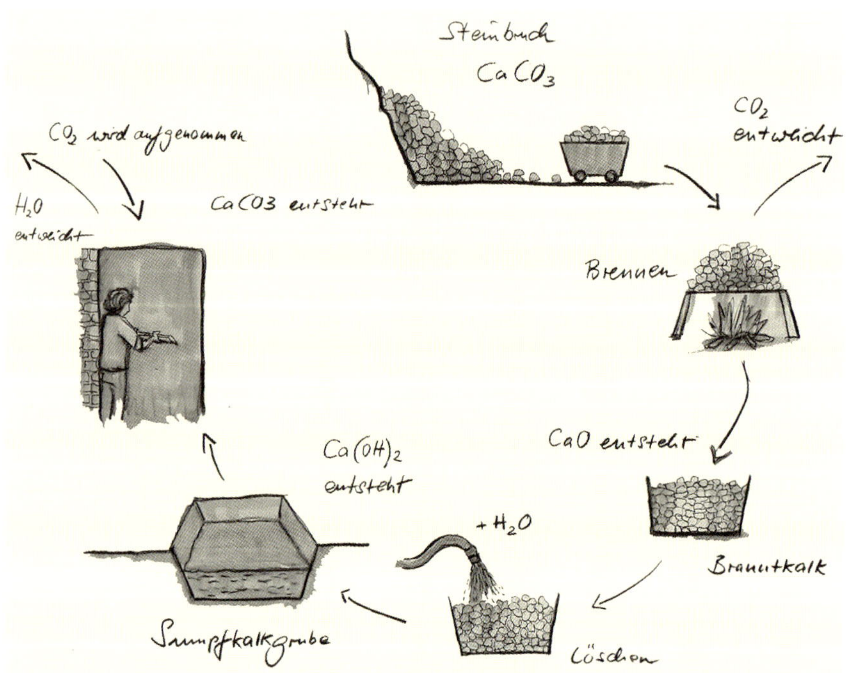

4-2 Der Kalkkreislauf

ren wie Puzzolane, Santorinerde, Trass usw. beimischen.

Natürliche hydraulische Kalke werden durch Brennen bei Temperaturen unter 1250°C gewonnen, sie dürfen bis zu 20% Zusätze enthalten. *Hydraulische Kalke* können durch Brennen von tonhaltigem Kalkstein und/oder durch Mischen von Weißkalken mit geeigneten Stoffen, z.B. auch Zement hergestellt werden [DIN EN 459-1].

Je nach mineralogischer Zusammensetzung des Bindemittels Kalk tragen verschiedene Vorgänge zur Erhärtung des Mörtels bei. Reine Luftkalkputze erhärten allein durch Reaktion mit dem Kohlenstoffdioxid der Luft. Diesen Prozess nennt man auch Karbonatisierung. Bei hydraulischen Kalkputzen gehen die Bestandteile aus Kieselsäure, Tonerde und Eisenoxid (Hydraulefaktoren) beim Erhärten zusätzlich eine feste Verbindung mit Wasser und Kalk ein. Dies nennt man hydraulische Erhärtung.

Je größer der Anteil an Hydraulefaktoren im Kalkputz, desto höher ist die Druckfestigkeit und Witterungsbeständigkeit des Putzes.

Der Kalkkreislauf

Der Weg des Kalks von der Gewinnung bis zu seinem Zustand im abgebundenen Mörtel lässt sich am besten anhand des Kalkkreislaufes verstehen. Die Kenntnis dieser naturwissenschaftlichen Vorgänge hilft, Fehler bei der Verarbeitung und der Nachbehandlung von Kalkputzen zu vermeiden.

1. Schritt
Der gewonnene Rohstoff Kalkstein (Calciumcarbonat $CaCO_3$) wird gebrannt. Durch Brennen bei etwa 1000°C entsteht Branntkalk (Calciumoxid CaO), wobei Kohlenstoffdioxid (CO_2) ausgetrieben wird und entweicht. Diesen Vorgang nennt man „Kalk brennen".

2. Schritt
Dem Branntkalk wird Wasser (H_2O) zugegeben, dabei entsteht Löschkalk (Calciumhydroxid $Ca(OH)_2$), obendrein wird eine beträchtliche Menge Wärme (ein Teil der beim Brennen zugeführten) frei. Bei diesem Schritt entsteht gelöschter Kalk entweder als Kalkhydrat in Pulverform oder als Sumpfkalk. Diesen Vorgang nennt man „Kalk löschen".

3. Schritt
Der gelöschte Kalk, unser Bindemittel, wird nun mit Zuschlägen und ggf. weiterem Wasser zu Mörtel gemischt und als Mauer- oder Putzmör-

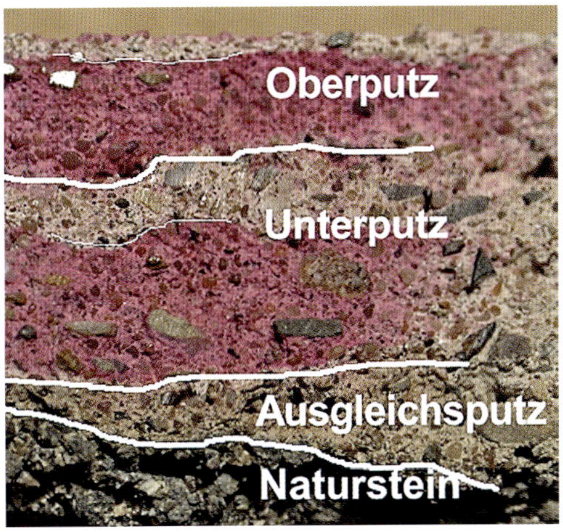

4-3
Mangelnde Karbonatisierung eines Kalkputzes. Die Karbonatisierungstiefen der einzelnen Putzschichten wurden durch Ansprühen mit einer Phenolphthaleinlösung sichtbar gemacht [Auras 2004].

4-4
Der Kalksteinbruch der Firma Endress im fränkischen Jura.

4-5 Ursprungsgestein

tel verarbeitet. Der im Mörtel enthaltene Löschkalk nimmt Kohlenstoffdioxid aus der Luft auf und erhärtet wieder zu Kalkstein, während das Anmachwasser verdunstet. Der Kreislauf ist geschlossen.

$$Ca(OH)_2 + \underset{(CO_2 + H_2O)}{H_2CO_3} \;\text{-->}\; CaCO_3 + 2\,H_2O$$

Kalkhydrat + Kohlensäure --> Kalkstein + Hydrat- und Anmachwasser

Das beim Brennen entwichene CO_2 ist nach Abschluss der Enthärtung wieder im Kalkstein gebunden und entlastet somit die CO_2-Bilanz der Kalkmörtel.

Damit der Kalkputz vollständig erhärtet, muss man während der Abbindezeit bestmögliche Bedingungen schaffen, damit ausreichend Feuchtigkeit vorhanden ist und das Kohlendioxid der Luft über die gesamten Putzdicke mit dem Löschkalk reagieren kann. Sobald das in der tieferen Putzschicht befindliche Wasser nach außen dringen kann und die Kapillaren nicht mehr vom Anmachwasser verstopft sind, kann auch dort der Kalk abbinden. Der Putz an der Oberfläche kann schon hart sein, während er im Inneren noch weich ist. Der Prozess der Karbonatisierung findet langsam statt, da die Luft nur einen geringen Anteil an CO_2 (um die 0,03 Volumen-%) enthält, und kann über Jahre dauern. Der Putz darf deshalb nur mit offenporigen Materialien beschichtet werden, um diesen Vorgang nicht zu sehr zu behindern. Auch verdichtete Oberflächen können die vollständige Erhärtung eines Putzes verhindern, der Putz ist dann nicht ausreichend witterungsbeständig.

Das in Abb. 4-3 gezeigte Profil einer Außenputzfläche nach dreijähriger Bewitterung macht deutlich, dass nur die ersten 1 - 2 mm der obersten Putzlage karbonatisiert waren. Michael Auras erklärt die Ursache dafür in einer zu sehr zugeriebenen und verdichteten Putzoberfläche, welche die Trocknung behindert. „Die unteren Putzlagen, obwohl sie nur wenige Wochen (Ausgleichsputz) bzw. eine Winterperiode (Unterputz) vor dem Auftrag der nächsten Putzlagen offenstanden, zeigten hingegen deutlich größere Carbonatisierungstiefen" [Auras 2004].

Vom Kalkstein zum Bindemittel und Werkmörtel

Wie in der Praxis mit dem Kalkkreislauf gearbeitet wird, zeigt ein Besuch in einem Kalkwerk mit angeschlossener Werkmörtelproduktion, bei dem wir den Weg vom Kalkstein zum Werkmörtel verfolgen können.

4-6
Über Förderbänder werden Kalkgesteinsbrocken zu Brechern und Silos transportiert.

4.7
Die zerkleinerten Kalk-Gesteinsbrocken.

4-8
Gebrannter Stückkalk aus dem Kalkofen, 25/40 mm.

4-9
Zu Weißfeinkalk gemahlener Stückkalk.

4-10 Bestandteile eines Werktrockenmörtels auf Luftkalkbasis

Das Ausgangsmaterial – Kalkstein aus dem Kalksteinbruch

Der anstehende Jurakalk des Kalksteinbruchs der Firma Endress besteht zu großen Teilen aus Calciumkarbonat mit kleinen Anteilen von Mineralien und Salzen, die zu unterschiedlichen Färbungen führen.

Im Steinbruch stehen unterschiedliche Schichten an. Jede Bankfolge wird genau in ihrer Zusammensetzung charakterisiert. Die Kalkreinheit entscheidet, ob das anstehende Gestein für die Produktion von reinem Luftkalk geeignet ist oder zu Gesteinskörnungen verarbeitet wird. Das heißt, je nach Analyse stellt die Firma aus dem abgebauten Ausgangsstoff entweder Gesteinskörnungsgemische oder das Kalkbindemittel her.

Das Kalkwerk ist seit den 1930er Jahren in Betrieb, seit den 1980er Jahren wird das abgebaute Gestein entsprechend seiner Eignung auch für die Produktion von Werktrockenmörtel eingesetzt. Was früher als Nebenprodukt beim Abbau des reinen Jurakalks anfiel, ist heute Bestand des Werktrockenmörtels. Der Werktrockenmörtel wird aus Kalk, Kalksteinbrechsanden und teilweise Quarzsanden gemischt.

Kalksteinbrechsande

Brechsande nennt man Sande, die nicht natürlich entstanden sind. Die Sandkörner sind daher nicht rund, sondern haben Ecken und Kanten. Der gesprengte Stein wird in einem Brecher zerkleinert. Die Brechsande werden mit der Abwärme des Kalkofens getrocknet, durch mechanische Nachbearbeitung möglichst kubisch geformt und dann auf die gewünschte Korngröße ausgesiebt.

Kalkproduktion

Die abgebauten Kalk-Gesteinsbrocken werden über ein Förderband zur Weiterverarbeitung weitergeleitet. Je nach Eignung leitet sie eine Weiche auf den richtigen Weiterbearbeitungspfad.

Die zerkleinerten Steine werden mittels Förderband in ein Vorratssilo gefüllt. Ein mobiler Brecher bricht sie auf die Zielkörnung 25/40 mm. Die Gesteinsbrocken werden im Silo mit der Abwärme des Kalkofens vorgeheizt und getrocknet. Das hat zwei Vorteile, zum einen fallen anhaftende, nicht gewünschte Partikel, z.B. Lehme und Tone, besser ab und das Ausgangsmaterial wird dadurch reiner, zum anderen kühlt der Kalkofen beim Einführen der vorgewärmten Steine nicht so schnell ab.

Kalkofen

Der hier verwendete Ofen ist ein sogenannter Schubtischofen, eine Variante zu den häufig eingesetzten Ringschachtöfen. Der Schubtischofen ermöglicht es, den Kalk flexibel zu brennen. Die vorgewärmten Gesteinsbrocken werden zunächst in ein Vorratssilo eingebracht, dort nochmals vorgeheizt und dann von oben in den Kalkofen geleitet: Mittels der Schubtische werden sie horizontal verschoben und von der oberen Ebene auf die jeweils darunter liegende Ebene weiterbefördert. Der Ofen wird mittels Brennerlanzen mit Öl beheizt, die Temperatur im Ofen beträgt ca. 1100 -1150°C. Am Ende des Prozesses ist aus den Kalksteinen Stückkalk entstanden, auch Branntkalk genannt. Der gebrannte Kalk ist um 44% leichter als das Ausgangsmaterial, da der im Kalk enthaltene Kohlenstoff in Form von CO_2 entwichen ist.

Anschließend wird der Stückkalk zu Weißfeinkalk gemahlen. Im Werk wird der Weißfeinkalk trocken „gelöscht", es entsteht Weißkalkhydrat. Der zuvor leicht gräulich-bräunliche Farbton des Kalks wird durch das Löschen weiß. Beim Trockenlöschverfahren wird dem Kalk jeweils nur soviel Wasser zugegeben, wie nötig ist, um die chemische Umwandlung in Kalkhydrat zu erreichen.

Zusammensetzung des Werktrockenmörtels

Das Kalkwerk verarbeitet das Weißkalkhydrat durch die Zugabe von Zuschlägen wie Kalksteinbrechsanden, Quarzsanden und Zusatzmitteln zu Werktrockenmörtel weiter. Je nach Anwendungsbereich werden unterschiedliche Produkte zusammengestellt, die sich in der Zusammensetzung der Zuschlagstoffe und Zusatzmittel unterscheiden.

Tabelle 4-1 Handelsformen von Baukalk: ■ gebräuchliche Handelsform

Kalkart	**ungelöscht**		**gelöscht**	
	Stückkalk	gemahlener Kalk	teigig (Kalkteig bzw. Sumpfkalk)	pulverförmig (Kalkhydrat)
Luftkalk	■	■	■	■
Hydraulischer Kalk		■		■

4.2 Das Bindemittel auswählen

Baustellenmörtel kann man aus Kalkhydrat (Kalkpulver) oder aus Kalkteig (Sumpfkalk) herstellen. Eine Liste der Hersteller von Baukalken findet sich im Anhang. Früher war es auch üblich, aus Branntkalk Sumpfkalk für den Eigenbedarf selbst herzustellen, wobei der Sumpfkalk in einer sogenannten Kalkgrube aufbewahrt wurde.

Baukalk

Unter Baukalk versteht man stets gebrannte Kalke, ob gelöscht oder ungelöscht, in den verschiedenen Handelsformen.

Kalkteig entsteht, wenn der Kalk mit Wasserüberschuss „gelöscht" wird. Aus Luftkalk hergestellter Kalkteig kann bzw. sollte mehrere Wochen bis Jahre gelagert werden und wird dann auch als Sumpfkalk bezeichnet. Sumpfkalk muss frostfrei und mit Wasser bedeckt gelagert werden.

Gemäß DIN EN 459-1 sind je nach Inhaltsstoffen der Kalke verschiedene Bezeichnungen vereinbart, die in Tabelle 4-2 „Einteilungssystematik für Baukalke" zusammengestellt sind.

Luftkalk wird wegen seiner Farbe im gelöschten Zustand auch als Weißkalk bezeichnet.

Dolomitkalk enthält im Gegensatz zu Luftkalk einen höheren Anteil an Magnesiumoxid (MgO > 10%) und zeigt oft eine gräuliche Tönung, weshalb er früher auch Graukalk genannt wurde.

Kalke können weitere Beimengungen in mehr oder weniger großem Umfang enthalten, die als Hydraulefaktor wirken. Daher kann man nicht von reinem Luftkalk sprechen. Vermutlich kannten frühere Generationen den Unterschied zwischen Luftkalken und hydraulischen Kalk nicht, sondern man arbeitete mit dem Kalk, der aus dem regional verfügbaren Kalkstein gewonnen wurde. Je nach Zusammensetzung bezeichnete man den Kalk als fett oder mager [Sawyer 1951]. Die Bezeichnungen magere und fette Kalke, obwohl heute nicht mehr üblich, verdeutlichen, wie fließend die Übergänge zwischen verschiedenen Kalksorten sein können.

Fette Kalke haben einen hohen Anteil an Calciumkarbonat und nur geringe Beimengungen. Beim Löschen reagieren sie heftig, sie geben viel Wärme frei – man sagt, sie „kochen" und vergrößern ihr Volumen. Sie sind sehr ergiebig, d.h. aus dem Branntkalk entsteht eine große Menge gelöschten Kalkes. Fette Kalke eignen sich besonders für die Herstellung von Sumpfkalk. Gemischt mit Feinsand werden sie bevorzugt für Feinputze und Stuckarbeiten verwendet.

Magere Kalke hingegen enthalten größere Anteile an Beimengungen. Das Löschen, d.h. die Wasseraufnahme, dauert länger und sie sind nicht so ergiebig. Magere Kalke eignen sich sehr gut, um gröbere Putze mit größerem Korn anzumischen. Hydraulischer Kalk wird als ausgesprochen magerer Kalk bezeichnet, da hier der Anteil an Beimengungen noch größer ist. Allerdings sind hydraulische Kalke schwerfälliger beim Verarbeiten. Der Löschprozess braucht wesentlich länger, ihr Volumen vergrößert sich unmerklich, und die Wärmeabgabe ist gering. In ihrem Abbindeverhalten ähneln sie dem Zement.

Namensgebend für den Putzmörtel ist die Art des Kalkbindemittels. So wird in Luftkalkmörtel und Mörtel mit hydraulischem Kalk unterschieden.

Wasserkalkmörtel (siehe auch Tabelle 2-9) sind schwach hydraulische Mörtel. Sie werden aus einem schwach hydraulischen Kalkbinde-

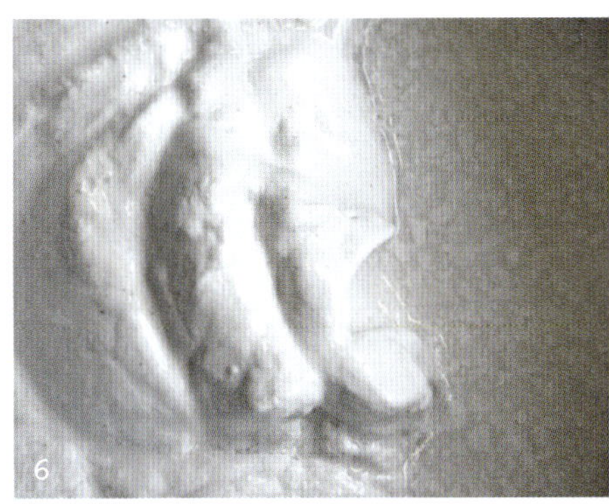

4-11
Ablöschen eines Weiß-Stückkalks: Dem Stückkalk (1) wird Wasser zugegeben (2). Die gebrannten Kalkstücke nehmen das Wasser sofort auf (3), sie beginnen zu „kochen" und zu zerfallen (4). In wenigen Minuten hat sich schon eine dicke cremige Kalkmasse gebildet (5). Unter regelmäßigem Rühren wird die Masse fertiggekocht, der Kalkbrei ist fertig (6).

Baukalkart	englischer Begriff = namensgebend für die Kurzform	Kurzform	Gewinnung aus	Farbe des Kalkhydrats	Zusammensetzung: Massseanteile an CaO + MgO	Zusammensetzung: Hydraulefaktoren	Druckfestigkeit (nach 28 Tagen)	veraltete u. umgangssprachliche Bezeichnungen
Luftkalk	calcium lime	CL 90	(hochprozentigem) Kalkstein	weiß	> 90 %	vernachlässigbare o. geringfügige Anteile aus Ursprungsgestein	keine Forderung	Weißkalk
		CL 80			> 80 %			
		CL 70			> 70 %			
Dolomitkalk	dolomite lime	DL 85	dolomitischem Kalkstein	weiß - hellgrau	> 85 %		keine Forderung	Graukalk
		DL 80			> 80 %			
Natürlicher hydraulischer Kalk	natural hydraulic lime	NHL 2 NHL 2 - P	mergeligem Kalkstein /Kalksteinmergel bzw. Kalkstein und 20% Zugabe von Puzzolanen (Zusatz P)	hellgrau	Hydraulefaktoren aus Ursprungsgestein (ton- und silikathaltige Kalksteine) bzw. Zugabe von max. 20% Puzzolanen (Zusatz P)		2 - 7 MPa**	Wasserkalk
		NHL 3,5 NHL 3,5 - P		grau bis graubraun				hydraulischer Kalk
		NHL 5 NHL 5 - P					5 - 15 MPa	hochhydraulischer Kalk
Hydraulischer Kalk	hydraulic lime	HL 2	Kalksteinen, Kalksteinmergeln und Zusätzen		Durch künstlich hergestellte Mischungen wird die gewünschte Zusammensetzung erreicht.		2 - 7 MPa	hydraulischer Kalk
		HL 3,5						hydraulischer Kalk
		HL 5					5 - 15 MPa	hochhydraul. Kalk

Tabelle 4-2
Einteilungssystematik für Baukalke.
* Man beachte, dass die alten und neuen Bezeichnungen nicht immer ganz identisch sind, da die Grenzwerte für die Kalkbestandteile unterschiedlich definiert wurden. ** MPa (Megapascal) = neu für N/mm²

mittel hergestellt, z.B. mit Dolomitkalkhydrat oder auch mit Mischungen aus Luftkalkhydrdat und hydraulischem Kalkhydrat.

Die Entscheidung für die eine oder andere Kalkart, Luftkalk oder hydraulischer Kalk, oder gar für eine Mischung beider Kalkarten, ist abhängig vom Verwendungszweck. Beispiele für bewährte Putzaufbauten sind in Kap. 2, S. 31 vorgestellt.

Dabei macht es keinen entscheidenden Unterschied, ob man das pulverförmige Kalkhydrat oder den teigigen Sumpfkalk zur Mörtelherstellung verwendet. Sumpfkalkmörtel sind jedoch härter und resistenter als Mörtel aus Kalkhydratpulver, sie werden auch bevorzugt in der Denkmalpflege und bei Restaurierungsarbeiten benutzt [Schönburg 2011].

Das Nasslöschverfahren auf der Baustelle nach [Jung 1969]

Der gebrannte Stückkalk wird in faustgroße Stücken zerteilt und einlagig in die Kalkpfanne eingebracht. Hochstehende Spitzen werden abgeschlagen und die Stücke gleichmäßig verteilt. Alles wird gleichmäßig mit Wasser überbraust. Man wartet ab, bis der Kalk aufgeht. Er gedeiht blumenkohlartig und zerfällt. Die Temperatur soll nicht über 90°C ansteigen. Dann beginnt man mit dem Löschen, indem man das Wasser von der Zapfstelle an einer Ecke in die Kalkpfanne einlaufen lässt. Danach wird der Kalk umgehackt, damit das Wasser auch an die heißesten Stellen ziehen kann. Man lässt alles aufkochen. Vorsicht vor Spritzern! Nach beendetem Kochen gibt man nochmals Wasser zu und rührt gründlich um, bis Kalkmilch entsteht. Man mischt alles nochmals gut und lässt die Milch über ein Sieb in die Grube laufen. Dort verwandelt sich die Kalkmilch über Kalkbrei zu Kalkteig. Versickerndes Wasser schwemmt gelöste Salze aus der Kalkmilch in den Untergrund. Ein Teil des Wassers verdunstet. Frühestens nach 6 Wochen ist der Sumpfkalk verarbeitungsfähig.

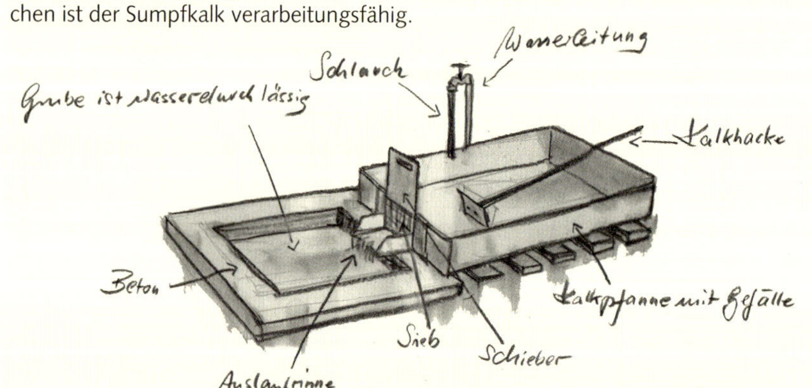

Das Herstellen des Löschplatzes und der Grube

Kalk löschen

Die Handhabung und Lagerung von Branntkalk erfordert große Sorgfalt. Branntkalk sollte nicht lange und vor allem trocken gelagert werden, damit durch Feuchtigkeit kein unkontrollierter Löschprozess (mit entsprechender Wärmeentwicklung) in Gang kommt.

Es gibt grundsätzlich zwei Löschverfahren. Beim Trockenlöschen wird nur jeweils so viel Wasser über den Branntkalk gegeben, dass ein Löschvorgang stattfindet. Beim zweiten Verfahren, dem Nasslöschen, wird mehr Wasser zum Branntkalk gegeben als zum Löschvorgang notwendig ist.

Sowohl das Trockenlöschen und als auch das Nasslöschen sind historisch nachgewiesene Verfahren [Schulze 2004]. Bis in die siebziger Jahre des letzten Jahrhunderts gab es auf dem Land noch verbreitet Kalkgruben, in denen der gelöschte Kalk (Sumpfkalk) aufbewahrt und bei Bedarf für das Anmischen von Mörtel oder für Kalkanstriche immer wieder entnommen werden konnte. Der Sumpfkalk wurde zuvor selbst aus gebranntem Kalkstein in einer sogenannten Löschpfanne zubereitet.

Jahrelanges Liegen verbessert die Qualität des Sumpfkalks erheblich, er wird mit der Zeit immer kleinteiliger und geschmeidiger. Verunreinigung setzen sich ab und ungelöschte Kalkteilchen werden noch nachgelöscht.

Vorsicht: Die Sumpfkalkgrube muss immer gut gesichert und abgedeckt sein. Es besteht eine erhebliche Verätzungsgefahr, wenn die Haut mit dem Kalk in Berührung kommt. Bei allen Arbeiten mit ungelöschtem Kalk sind die Körperteile durch Schutzkleidung zu schützen, beim Löschen sind Schutzbrillen zu tragen. Kalk ist ätzend und kann zu Augenschäden führen.

Weißkalk | EN 459-1 | CL90 | S

- Weißkalk → Bezeichnung weist darauf hin, dass die Farbe des Kalkes weiß ist.
- EN 459-1 → Die DIN EN 459 Teil 1 definiert die Eigenschaften des Baukalks.
- CL90 → Kurzform für die Kalkart
- S → Kurzform für die chemische Form, S steht für Kalkhydrat.

Tabelle 4-3 Beispiel für die Bezeichnung eines Weißkalkhydrats.

4.3 Herstellen des gebrauchsfertigen Mörtels

Heute wird auf den Baustellen hierzulande kaum noch Kalkputzmörtel aus den Ausgangsstoffen gemischt. Es ist üblich, mit Werkfertigmörtel, Werk-Trockenmörtel oder gebrauchsfertigem Sumpfkalkputz zu arbeiten. Wir stellen im Folgenden traditionelle und heute gebräuchliche Methoden zur Herstellung eines Kalkputzmörtels vor.

Mörtelbedarf

Der Mörtelbedarf errechnet sich als Produkt aus der zu verputzenden Fläche und der Putzdicke, zuzüglich eines Aufschlags für Mörtelverluste. Faustregel: Für 1 m² Putzfläche und 1 mm Putzdicke benötigt man 1 l Mörtel + 10% (Streuverlust/Zuschlag).

Kalkputzmörtel als Baustellenmörtel herstellen

Einen Kalkputzmörtel als Baustellenmörtel anzumischen, erfordert langjährige praktische Erfahrung und Genauigkeit in der Ausführung. Gerade in der Denkmalpflege sind gelegentlich solche Mörtel gefragt, die dann nach historischen Vorgaben objektbezogen angemischt werden.

Die Zuschlagstoffe auswählen

Als Zuschlagstoffe nimmt man natürliche, örtlich verfügbare Sande und Kiese, entweder Gruben- oder Flusssande. Auch Brechsande, die als Nebenprodukt bei der Herstellung von Splitt und Schotter entstehen, können hinzugegeben werden. Für gröberen Putz ist eine Körnung bis 4 mm günstig, für sehr feine Putze werden auch Sande mit feinen Körnungen bis 1 mm gewählt.

Die Korngröße ist auch auf die Dicke der Putzlage abzustimmen. Die Dicke soll nicht mehr als das Fünffache der Größtkorngröße betragen: Bei einer maximalen Korngröße von 4 mm sollte die Putzdicke nicht mehr als 2 cm betragen, bei einer Korngröße von 1 mm nicht mehr als 5 mm.

Ideal ist ein Gemischtkorn-Sand, der Körner unterschiedlicher Korngrößen enthält. Die Sandkörner ergeben dann ein stabiles Korngerüst. Ein Korngerüst mit wenig Gemischtkorn wird als „scharfer Sand" und ein Korngerüst mit sehr hohem Anteil von feinen Gesteinskörnern als „musischer Sand" bezeichnet.

Der Sand soll gewaschen und von Verunreinigungen sowie ton- und lehmhaltigen Bestandteilen frei sein. Er darf keine Salze enthalten. Die Kornzusammensetzung des Zuschlagstoffes beeinflusst auch die erforderliche Menge an Bindemittel. Sind sehr viel kleine Körner im Gemisch, so hat man eine größere Oberfläche als bei größeren Körnern, so dass mehr Bindemittel für die Ummantelung des Korns benötigt wird. Wie beim Lehmmörtel ist ein Gemischtkorn auch deswegen von Vorteil, weil die Räume zwischen den größeren Körnern durch die kleineren weitgehend ausgefüllt werden und dadurch ein stabiles Korngerüst entsteht.

Zusätze zum Kalkputzmörtel

Wie beim Lehmputzmörtel sind auch bei Kalkputzmörteln Zusätze gebräuchlich, um die Grundeigenschaften zu verändern. Ähnlich wie die Strohhäcksel im Lehmputz minimieren Tierhaare im Kalkputz die Rissbildung und verbessern die Haftung der Putzlagen untereinander. Analysen historischer Putze weisen den Zusatz von Schweineborsten und Kälberhaaren ebenso nach wie den Zusatz pflanzlicher Fasern. Auch die Zugabe von Eiweiß, Fruchtsäuren, Ölen,

4-12
Sumpfkalk wird hier in einer Tuppe mit Wasser zur Herstellung einer Kalkfarbe gemischt.

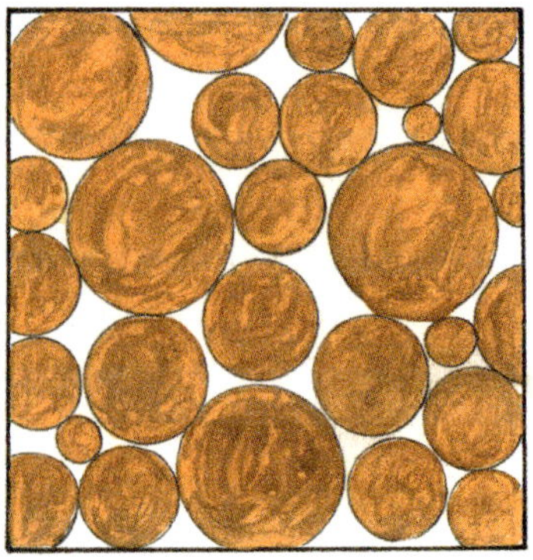

Keine Bindemittel: Sand mit Gemischtkorn, eine Bindung der Körner untereinander ist nicht gegeben.

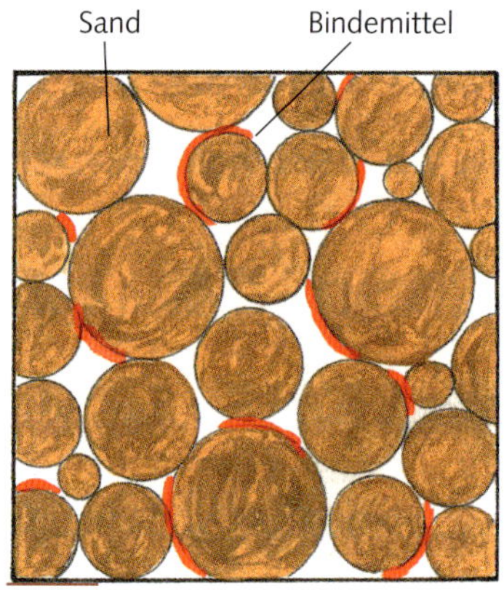

Zu wenig Bindemittel: Im Mörtelgemisch ist zu wenig Bindemittelleim (Bindemittel und Wasser) enthalten. Die Sandkörner können nicht vollständig miteinander verkitten. Der abgebundene Mörtel würde absanden.

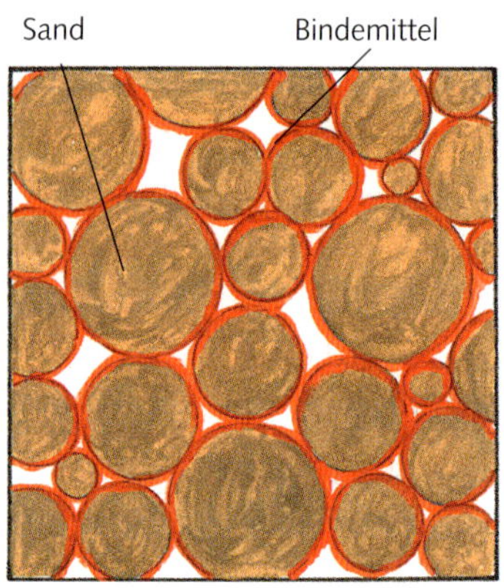

Ideale Bindemittelmenge: Jedes Sandkorn ist mit Bindemittelleim ummantelt und es findet eine optimale Verkittung statt.

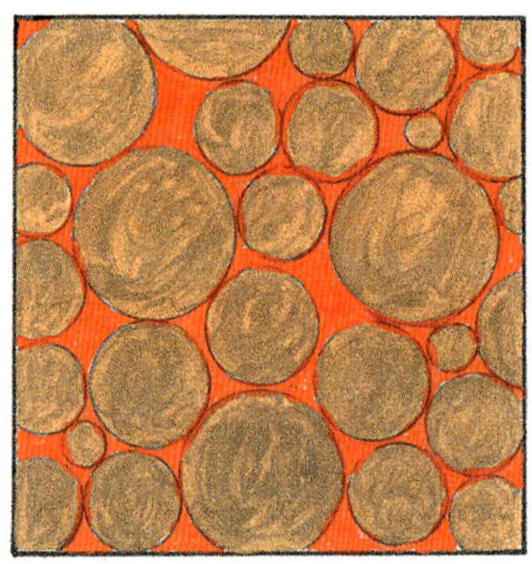

Zu viel Bindemittel im Gemisch: Der abgebundene Mörtel neigt zu Schwindrissen, da Bindemittel bei der Erhärtung schwindet. Es entsteht keine höhere Festigkeit.

4-13
Das Zusammenwirken von Sand und Kalk-Bindemittel: Die Menge an Bindemittel bestimmt die Eigenschaften des Mörtels.

Tabelle 4-4
Mischungsverhältnisse für Kalk-Putzmörtel nach [Westermann Bautabellen1970]

Kalkart	Form	Mischungsverhältnis in Raumteilen Bindemittel/Sand	1 m³ fertiger Putzmörtel benötigt			
			Bindemittel		Bausand	
			l	kg	l	kg
Luftkalk	Kalkteig (Sumpfkalk)	1:3,5	345	430	1210	1575
		1:4	305	380	1220	1585
		1:4,5	275	344	1240	1610
	Kalkhydrat-Pulver	1:3	400	200	1200	1560
		1:3,5	345	173	1210	1575
		1:4	305	153	1220	1585
Hydraulischer Kalk	Kalkhydrat-Pulver	1:3	390	312	1170	1520
		1:3,5	340	272	1190	1545
		1:4	300	240	1200	1560

Kaseinen, Naturharzen und Zucker soll gebräuchlich gewesen sein [Rauschenbach, 1994].

Um die Festigkeit und die Witterungsbeständigkeit der Kalkputze zu erhöhen, werden auch Holzkohle, Ziegel-, Schlacken- oder Trassmehl, Puzzolane, Asche oder Tonteilchen zugegeben. Puzzolane sind Gesteine meist vulkanischen Ursprungs wie Tuff oder Trass, die Kieselsäure enthalten. Diese Zuschläge verbessern die hydraulischen Eigenschaften eines Kalkputzes.

Üblich war und ist auch die Zugabe der einen Maurerkelle oder Schippe Zement zum Luftkalkmörtel. Die geringe Dosierung verbessert die Festigkeit, ohne den Putz unnötig hart zu machen. Auch die natürliche Färbung der Sande bliebt dabei weitgehend erhalten.

Um die Farbe des Putzes zu ändern, werden auch Eisenoxide zugemischt. Mehr zu farbigen Putzen findet sich im Kapitel 7: *Mit Putzflächen gestalten*. Die heute gebräuchlichen eigenschaftsverbessernden Zusätze in Werktrockenmörteln stellen wir unter der Überschrift *Produkte vergleichen* vor.

Mischungsverhältnisse und Mengenberechnung

Gemischt wird nach Raumteilen, da ein Messen nach Gewichtsteilen wegen des Feuchtegehaltes des Sandes zu ungenau ist. Mit einem Gefäß wird die zu mischende Materialmenge gemessen. Es soll nur so viel Bindemittel verwendet werden, wie nötig ist, um alle Sandkörner ausreichend zu ummanteln.

Als Faustregel kann gelten: Für Luftkalkputze ist eine Mischung bestehend aus einem Teil Kalkhydrat oder Kalkteig und 3,5 - 4,5 Teilen Sand üblich. Tabelle 4-4 zeigt mögliche Mischungsverhältnisse und Umrechnungswerte von Gewichts- in Volumenprozente.

Maschinen und Werkzeuge

Zum Mischen von Kalkputzmörtel benutzt man dieselben Maschinen und Werkzeuge wie beim Lehmputzmörtel (Kap. 3.7 Lehmputzmörtel herstellen), vorzugsweise werden Zwangsmischer verwendet, die eine optimale Vermischung ermöglichen [WTA 2006].

Wir haben Handwerker befragt, die Baustellenmörtel noch selbst anrühren und beschreiben anschließend drei Methoden:

- **Mischen per Hand**

Wenn mal kein Mischer vor Ort ist oder man nur eine kleine Menge mischen möchte, lässt sich der Kalkputzmörtel auch per Hand mischen. Man häufelt dabei Kalkhydrat und Sand im richtigen Mischungsverhältnis abwechselnd schaufelweise zu einer Pyramide auf. Dann zieht man von oben mit der Schaufel eine Vertiefung in die Pyramide und gibt das Wasser dazu. Nun wird die Mischung vom äußeren Kranz zuerst in das Loch und anschließend noch zweimal umgeschaufelt, um sie gründlich zu vermischen.

- **Mischen im Kübel**

Man gibt Sand und Kalkhydrat im Mischungsverhältnis abwechselnd schaufelweise in einen Mischkübel. Anschließend zieht man von oben mit der Schaufel ein Loch in die aufgehäufte Menge, gibt das Wasser zu und rührt mit Schaufel oder Quirl um.

- **Mischen im Freifallmischer**

Man gibt etwa die Hälfte der benötigten Wassermenge in eine Mischtrommel und dann in die sich drehende Mischtrommel immer abwechselnd entsprechend dem erforderlichen Mischungsverhältnis die gewünschte Anzahl Schaufeln Sand und Kalkhydrat zu. Zwischendurch wird jeweils so viel Wasser zugegeben, dass die Konsistenz des Mörtels immer zwischen plastisch und erdfeucht bleibt. Nach der letzten Zugabe lässt man die Mischtrommel noch dreimal drehen; dann ist der Putzmörtel fertig.

Unabhängig von der Art des Mischens muss die Rezeptur genau eingehalten werden. Bei feuchtem Sand sind zunächst Kalk und eventuelle Zusatzstoffe mit einer abgemessenen Menge Wasser zu mischen, bevor der Sand zugegeben wird [WTA 2006]. Das Anmachwasser muss von Verunreinigungen frei sein. Am besten ist Leitungswasser geeignet.

Testen der Mörtelmischung

Früher sprach man von „fetten" und „mageren" Mörteln, wenn die Mörtelmischung nicht stimmte. „Fette" Mörtel enthalten zu viel Bindemittel, so dass der Putz nach dem Abbinden Schwindrisse bekommt. Bei „mageren" Mörteln, die zu wenig Bindemittel enthalten, „sandet" der Putz [Frössel 2003].

Die optimale Mörtelmischung hängt nicht nur vom Mischungsverhältnis Bindemittel / Sand ab, sondern auch von der Zusammensetzung der Gesteinskörnungen und der Wassermenge. Um ein optimales Mischungsverhältnis herauszufinden, empfiehlt es sich, Probeflächen anzulegen. Auch das Haftvermögen am Untergrund lässt sich anhand der Probeflächen überprüfen. Dafür sollte die Probefläche ca. 2 m^2 groß sein.

Mörtel für Spritzbewurf, Unter- und Oberputz

Bei Luftkalkputzen und hydraulischen Kalkputzen im Innenraum werden in der Regel Unter- und Oberputz mit dem gleichen Kalkbindemittel ausgeführt. (siehe Seite 31).

Im Außenraum arbeitet man häufig mit Putzlagen unterschiedlicher Festigkeit. Die Festigkeiten lassen sich durch die Auswahl der Kalkart (siehe Tabelle 4-2) einstellen, oder man mischt Luftkalk und hydraulisches Kalkbindemittel (s. Seite 31, Tab. 2-13).

Traditionell üblich ist auch eine geringe Zementzugabe (siehe Tab. 2-13). Die Festigkeit kann zudem wie bei Lehmmörtel auch durch die Auswahl der geeigneten Sandkörnungen modifiziert werden.

Falls ein Spritzbewurf erforderlich ist, sollte er hydraulische Anteile erhalten und damit mindestens die Festigkeit der Putzlagen oder eine höhere Festigkeit aufweisen [SAF 2010].

Für Oberputze wählt man Sande als Zuschlagstoff mit Körnungen von 0/2 mm.

Kalkputzmörtel aus Sumpfkalk herstellen

Bei Feinputzen und in der Denkmalpflege wird auch Sumpfkalk zur Herstellung von Baustellenmörtel verwendet. Die Hersteller geben für ihre Produkte die optimalen Mischungsverhältnisse an. Die Qualität des Sumpfkalkes ist nicht nur abhängig von Ursprungsgestein, sondern auch vom Brennmaterial und von der Lagerung. Besonders Maler schätzen über 20 Jahre gelagerte, holzgebrannte Sumpfkalke.

Kalkputzmörtel aus Werk-Trockenmörtel herstellen

Kalkputzmörtel werden heute meist aus Werktrockenmörteln, die als Sack- oder Siloware erhältlich sind, auf der Baustelle mit Wasser gemischt. Die Herstellerangaben sind genauestens einzuhalten. Gemischt wird in einem sauberen Kübel oder Mörtelkasten. Der Sackinhalt wird dabei in eine abgemessene Menge sauberes Wasser eingestreut. Man lässt dies kurz ruhen und mischt dann mit Hilfe eines Quirls klumpenfrei.

Beim Mischen im Zwangsmischer oder im Freifallmischer wird ebenfalls zuerst das Wasser eingefüllt und anschließend der Werktrockenmörtel zugegeben. Auch hier wird immer nur so viel Mörtel angemischt, wie innerhalb der angegebenen Mörtelliegezeit verarbeitet werden kann. Einige Hersteller liefern auch den Putz in Silos auf die Baustelle.

Werk-Trockenmörtel sind eine Mischung aus gelöschtem Kalk (Luftkalk oder hydraulischem

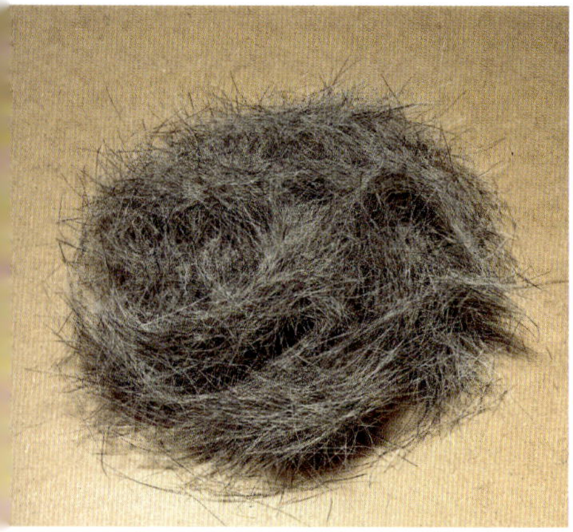

4-14
Dachshaare werden als Zusatz den Haar-Kalk-Putzen beigegeben.

Kalk oder einer Mischung von beidem), natürlichen Gesteinskörnungen und Zusätzen. Die Einhaltung der Rezeptur ist durch die werksseitige Produktkontrolle gewährleistet. Für jedes Produkt gibt es ein technisches Merkblatt. Dort sind Ergiebigkeit, Verbrauch und die erforderliche Wassermenge pro Sack angegeben. Da Kalk ein Naturprodukt ist, schwanken diese je nach Zusammensetzung des Kalks und der Zuschläge erheblich.

Bei Denkmalobjekten ist es oft üblich, auf der Baustelle nach genauen Angaben des Herstellers der gelieferten Grundmischung weitere Bindemittel, Zuschläge und Zusätze hinzu zu fügen. In diesem Fall ist der Werktrockenmörtel als Halbfertig-Produkt anzusehen.

Kalk-Nasswerkmörtel als gebrauchsfertige Sumpfkalkputze

Kalk-Nasswerkmörtel bestehen aus Sumpfkalk, Wasser und Sanden, oft Marmorsanden. Daneben können auch noch farb- und strukturgebende Zusätze wie Glimmer und Glasgranulat sowie Cellulose zugesetzt sein. Nasswerkmörtel werden in dicht verschlossenen Eimern geliefert und sind gebrauchsfertig. Sie werden lediglich aufgerührt und, wenn gewünscht, mit Farbpigmenten eingefärbt. Sie werden in der Regel als Mörtel für Ober- und Feinputze verwendet.

Auf dem Markt sind Nasswerkmörtel feiner und mittlerer Körnung erhältlich, manchmal auch in abgestuften Körnungen bis 0,5 mm, bis 1 mm, bis 2 mm oder bis 3 mm. Die technischen Merkblätter enthalten Angaben zum Verbrauch. In der Regel sind sie in der Originalverpackung bis zu 6 Monaten lagerfähig.

4.4 Kalkputz-Produkte auswählen

Baukalk, Trocken- und Nassfertigmörtel werden vom Kalkwerk oder über den Baustoffhandel bezogen. Einige Hersteller haben sich auch auf erdfeuchte Mischungen spezialisiert. Andere stellen Halbfertigprodukte her, denen auf der Baustelle nach Herstellerangaben weitere Zusätze oder Bindemittel z.B. für ein spezielles Baudenkmal beigegeben werden.

Eine Liste mit einigen Anbietern und Herstellerfirmen findet sich im Anhang.

Um die Eigenschaften zu verbessern, geben Hersteller ihren Werktrockenmörteln für besondere Anwendungen auch heute noch tierische und pflanzliche Zusätze und Zellulose bei. Spezielle Kalkputz-Werkmörtel mit Zusätzen von Dachshaaren finden vor allem auf Lehmuntergründen Verwendung, sind aber auch in der Denkmalpflege gefragt.

Kalkmörtel nach historischen Vorbildern

In Ländern, in denen traditionell Kalk aus gebrannten Muscheln hergestellt wurde, wie es z.B. in Dänemark üblich war, mischen die Hersteller teilweise auch wieder Muschelschalen dem Werk-Trockenmörtel bei, um ihm ein historisches Aussehen zu verleihen. Die Muscheln, die sich in historischen Putzen finden, sind allerdings eher auf beim Brennen der Muscheln nicht vollständige zerfallene Schalen zurückzuführen.

Dieser dänische Werk-Trockenmörtel ist nicht mit Mörteln verwechseln, in denen Muschelkalkhydrat als Bindemittel dient. Bei dem sogenannten Bremer Muschelkalk handelt es sich z.B. um einen hydraulischen Kalkmörtel, wobei die Hydraulefaktoren aus Zuschlägen und aus nicht vollständig verbrannten Rückständen der Muschelschalen herrühren.

Ökologische und baubiologische Bewertung

Bei der Umweltbelastung betrachten wir den gesamten Lebenszyklus des Baustoffes. Die größte Umweltbelastung durch Kalkputze entsteht durch das Brennen des Bindemittels. Dazu wird Brennstoff benötigt und es entweichen CO_2 und andere Abgase in die Atmosphäre Die Emissionen sind zudem abhängig vom verwendeten Brennstoff.

Für Bauprodukte werden zunehmend Umweltproduktdeklarationen nach ISO 14025 vorgelegt (siehe DIN EN 15804), die eine relevante Datengrundlage bieten, um Umwelteigenschaften eines Produktes zu bewerten. So findet man u.a. Angaben zum Primärenergiebedarf für 1 m^2 Putzfläche und zur CO_2-Bilanz. Bei der CO_2-Bilanz wird bereits die Einbindung von CO_2 bei der Karbonatisierung berücksichtigt, so dass Kalkputze hier besonders günstig abschneiden. Dennoch bleibt es weiterhin mühsam, Produkte miteinander zu vergleichen, auch wenn die Umweltproduktdeklaration hier erstmals vergleichbares Datenmaterial liefert.

Auch die richtige, nicht zu üppige Bemessung der Bindemittelzugabe ist ein Beitrag zur ökologischen Praxis. Werk-Trockenmörtel haben dabei den Vorteil, dass Zuschlagstoffe und Bindemittel genau aufeinander abgestimmt sind und dadurch der Einsatz des Kalkbindemittels minimiert wird. Kalkwerke, die Nebenproduke des Herstellungsprozesses wie Brechsande in ihren

Putzmörtelprodukten verwerten, tragen ebenfalls zu einer Verringerung des Abfallaufkommens und der Kalk-Abbauflächen bei.

Um den Mörtel aus baubiologischer Sicht zu beurteilen, betrachten wir die Zusammensetzung des Mörtels und die Auswirkungen auf die Wohngesundheit. Werktrockenmörtel auf der Basis von Luftkalk, Dolomitkalk oder natürlichem hydraulischem Kalk und gebrauchsfertige Sumpfkalkputze sind Produkte aus Naturmaterialien. Dies bedeutet aber nicht automatisch, dass keine unerwünschten Zusätze beigefügt sind. In der Regel sind den Werkmörteln verarbeitungsfördernde Zusätze beigefügt, die nicht deklariert werden.

Die Tabelle 4-5 zeigt die Rezeptur eines marktüblichen Werktrockenmörtels für einen Kalkinnenputz [WECOBIS 2011]. Methylcellulose verlängert die Verarbeitungsdauer, Luftporenbildner (es können Tenside und Cellulose sein) fördern die gleichmäßigere Karbonatisierung des Putzes. Stellmittel sind nicht näher benannte Zusätze, welche die Verarbeitungsdauer verlängern. Solche nicht deklarierten Zusatzstoffe können aber unter Umständen die Wohngesundheit beeinträchtigen und Allergikern Probleme bereiten.

Nur wenige Hersteller haben sich bisher zur freiwilligen Volldeklaration ihrer Inhaltsstoffe verpflichtet. Einige bieten aufgrund der wachsenden Nachfrage als Ergänzung zur ihrer Produktpalette zusätzlich reine Kalkputzprodukte an. Diese werden dann unter zusätzlichen Labels z.B. „für Allergiker geeignet“ beworben.

Rohstoff	Anteil in Massenprozent [%]
Hydraulischer Kalk	16
Kalksteinsand	70
Kalksteinmehl	14
Methylcellulose	0,100
Luftporenbildner	0,050
Stellmittel	0,020
Gesamte Rohstoffe	100

Tabelle 4-5
Mischungsverhältnis eines marktüblichen Werktrockenmörtels [Wecobis]

Sich bei Arbeiten mit Kalk schützen

Die irrtümliche Ansicht, Naturbaustoffe seien bei der Verarbeitung generell gesundheitlich unbedenklich, ist weit verbreitet. Das ist eine Fehleinschätzung: Beispielsweise kann das Einatmen von Feinstäuben aus Eichenholz krebserregend sein. Beim Arbeiten mit Kalk ist zu beachten, dass insbesondere ungelöschter Kalk stark ätzend ist. Aber auch gelöschter Kalk ist reizend für Augen, Atemwege und Schleimhäute. Es besteht die Gefahr von Augenverletzungen, wenn Staub oder Spritzer ins Auge gelangen. Der hohe pH-Wert des Kalkes kann die Haut reizen oder austrocknen.

Sicherheitsvorschriften beim Arbeiten mit Kalk beachten!

Besonders bei Arbeiten mit ungelöschtem Kalk muss man sich vor Hautreizungen und Augenschäden schützen. Wer mit ungelöschtem Kalkpulver arbeitet, sollte eine Atemschutzmaske tragen und beim Kalklöschen auch eine Schutzbrille. Vorsicht, immer den Kalk ins Wasser geben und nicht umgekehrt! Niemals Wasser zum Kalk geben, denn die Mischung könnte explodieren! Ungelöschter Kalk reagiert mit Wasser heftig und unter starker Hitzeentwicklung zu einer Lauge.

Bei Arbeiten mit gelöschtem Kalk sind Arbeitsschutzkleidung, Stiefel und geeignete Schutzhandschuhe zu tragen. Der Staub sollte nicht eingeatmet werden. Bei Gefahr von Staubverbreitung oder um zu verhindern, dass Staub oder Mörtelspritzer in den Augen gelangen, ist eine Schutzbrille zu tragen.

Die Hersteller sind verpflichtet, Sicherheitsdatenblätter bereitzustellen. Die Sicherheitsdatenblätter enthalten Angaben zum persönlichen Schutz, z.B. welche Arbeitshandschuhe den ausreichenden Schutz gewähren, welche Maßnahmen im Erste-Hilfe-Fall zu treffen sind, ebenso wie Angaben zur Lagerung, Verarbeitung und Entsorgung. Sie sind unbedingt vorab sorgsam zu lesen und alle auf der Baustelle Tätigen sind darüber zu informieren.

Gefahrenpiktogramme für Baukalke.

Musterbeispiel preußischer Land-Bau-Kunst

Das Pfarrhaus in Langerwisch

Das Pfarrhaus in Langerwisch bei Potsdam ist ein Lehmsteingebäude. Es wurde nach den Vorgaben des preußischen Landbaumeisters David Gilly errichtet [Gilly 1798]. Die meisten Außenwände sind aus handgepatzten Lehmsteinen im Format 14 x 14 x 28 cm gemauert. Nur die Westfassade hat ein Mauerwerk aus gebrannten Ziegeln. Die Lehmsteine bestehen aus dem örtlich anstehenden Grubenlehm ohne Zuschläge. Das Kellermauerwerk und der Sockel wurden mit Rüdersdorfer Kalksteinen gemauert. 1993 erhielt das Gebäude eine denkmalgerechte Sanierung. Innen wie außen wurde mit Kalkmörtel verputzt. Architekt Rudolf Höll erinnert sich: „Mit Nutzern und Denkmalamt waren wir uns schnell einig, bei der Sanierung dieses Musterbeispiels preußischer Land-Bau-Kunst auch den ursprünglichen Kalkputz möglichst originalgetreu wieder herzustellen."

Der Putzmörtel wurde in Anlehnung an den Originalbefund aus regionalen Baustoffen gemischt. Joachim Will, alteingesessener Maurermeister, verwendete für die Mischung Werktrockenmörtel einer damals noch aktiven Mörtelproduktion aus Vorwendezeiten, der aus einer Mischung von märkischem Sand und Rüdersdorfer Kalk bestand. Die Handwerker mischten den Trockenmörtel in einer Mörtelpfanne mittels Quirl mit Wasser an und gaben anschliessend 10% hydraulischen Kalk zu. Dieser wurde als bereits gelöschter Stückkalk geliefert und auf der Baustelle nachgelöscht, bis eine zahnpastaähnliche Masse entstand. „Er muss sich anfühlen wie Butter", beschreibt Joachim Will die gewünschte Konsistenz des Kalkteigs. Um die Mischung zu testen, brachten sie auf der Fassade Musterflächen an und bestimmten danach das Mischungsverhältnis Sand zu Kalk.

Die Fugen des Lehmsteinmauerwerks wurden aufgekratzt und Reste des alten Kalkputzes aus den Fugen entfernt. Zur Untergrundvorbereitung bürsteten die Handwerker die Lehmsteine leicht feucht ab. Danach brachten sie die erste Putzlage aus Kalkputzmörtel auf. Den Kalkputzmörtel verteilten sie mit einem Kellenwurf gleichmäßig auf der Fassade, wobei sie den Kellenwurf nicht abzogen. Sobald die erste Putzlage ausreichend angezogen hatte, wurde die zweite Putzlage aufgebracht. Wenn man zu früh mit dem Aufbringen der nächsten Lage beginnt, besteht die Gefahr, dass der Mörtel des Oberputzes nachsackt und Risse entstehen. Den Oberputz warfen sie mit einer Dreikantkelle an, zogen ihn mit einer Kardätsche gleichmäßig ab und glätteten mit Holzreibebrettern. Dadurch entstand eine körnige Oberfläche. Die Fassade wurde mit Sackleinen abgehängt, damit der Putz nicht zu schnell trocknete. Dennoch zeigten sich Schwindrisse an der Putzoberfläche. Offenbar war das Vornässen des Lehmsteinmauerwerks zu vorsichtig ausgeführt worden. Bei zu starkem Vornässen hätte der Putz abrutschen können. Daher entschied man sich dafür, die Außenputzfläche anschließend mit einer

B3-1
Das Pfarrhaus Langerwisch, nach einem Brand 1797 aus Lehmsteinen neu errichtet. Straßenansicht bei der Sanierung.

B3-2
Pfarrhaus in Langerwisch vor der Sanierung, Giebelansicht.

B3-3
Der Putzgrund besteht aus handgepatzten originalen Lehmsteinen von 1797, rechts im Bild die mit Kalkschlämme gefilzte erneuerte Kalkputzoberfläche.

B3-4
Innenansicht des sanierten Pfarrhauses in Langerwisch. Das Fachwerk stammt noch aus dem abgebrannten Vorgängerbau.

Kalkschlämme zu filzen, um die Schwindrisse zu schließen. Der Putz bekam dadurch eine sehr weiche, gleichmäßig kalkfarbene Oberfläche. Der ursprünglich geplante Anstrich konnte entfallen.

Innen wurden alle Wandbeläge und Tapeten entfernt. Teilweise waren darunter starke Schimmelschichten gewachsen. Der Putz wurde mit Essigwasser abgewaschen, ausgebessert, durchgehend mit Kalkmörtel gefilzt und mit Kalk-Kasein-Farbe gestrichen.

B3-5
Das Gebäude heute: Straßenfassade des Pfarrhauses Langerwisch im August 2011, 28 Jahre nach Fertigstellung der Sanierung.

B3-6
Giebelwand des Pfarrhauses Langerwisch mit ausgesparter Sichtfläche auf das originale Lehmsteinmauerwerk, August 2011.

4.5 Spezielle Kalkputztechniken – Putzmörtel für Tadelakt herstellen

Mit Tadelakt bezeichnet man sowohl das Material als auch eine spezifische Verarbeitungstechnik. Tadelakt ist ein Glanzputz aus einem natürlichen hochhydraulischen Kalk, wie er nachweisbar seit über 1500 Jahren in Marokko verarbeitet wird. Durch seine Zusammensetzung und die spezielle Bearbeitungstechnik ist er wasserabweisend und wird auch im Spritzbereich oder für die Beschichtung von Waschbecken und Wannen angewendet. Er ist jedoch diffusionsoffen und kann somit Luftfeuchtigkeit aufnehmen und wieder an den Raum abgeben.

Die Tadelaktoberflächen weisen feinverteilte Risse (Haarrisse) auf, die technisch keine Nachteile im Hinblick auf Dichtigkeit, Stoßfestigkeit und Wasserbeständigkeit haben. Durch diese Haarrisse bekommt die Oberflächenstruktur von Tadelakt ihren besonderen optischen Reiz und wird daher oft mit der Raku-Keramik verglichen. Die Risse werden im nassen Zustand sichtbar oder können durch spezielle Techniken (z.B. ölhaltige Wachse) dauerhaft sichtbar gemacht werden.

Eine der Besonderheiten von Tadelakt ist, dass der Tadelakt-Kalk nicht wie andere Kalkbindemittel mit Gesteinskörnungen (z.B. Sanden) gemischt wird. Das Tadelaktpulver, so wie es durch Brennen des Ursprungsgesteins gewonnen wird, wird gelöscht, in Wasser eingesumpft und ohne weitere Zuschläge zum Putzen genutzt. Man kann daher den Tadelakt als einen sehr „mageren" Kalk bezeichnen, der schon von Natur aus Beimischungen von Sanden und Tonen hat und daher nicht mehr „gemagert" werden muss. Die beim Brennen entstehenden gebrannten Tonanteile wirken als Hydraulefaktoren und sind für die hohen Festigkeiten des Tadelaktputzes verantwortlich. Im Gegensatz zum Luftkalkputz gehen beim hydraulischen Tadelaktputz die Bestandteile an Kieselsäuren, Tonerden und Eisenoxiden beim Erhärten eine feste Verbindung mit Wasser und Kalk ein. Parallel dazu erhärtet der Kalk auch unter dem Einwirken der Kohlensäure aus der Luft. Diese parallel verlaufenden Erhärtungsprozesse bewirken die hohe Festigkeit des Tadelakts.

4-15
Die mit Wachsen sichtbar gemachten Risse geben dieser mit Tadelakt beschichteten Theke einen besonderen Charme.
Ausführung: Sandro Freund, LifeBoxx

Eine weitere Besonderheit ist die Bearbeitungstechnik. Auf die oberste Putzschicht wird Olivenölseife aufgetragen und die Putzoberfläche anschließend durch Polieren verfestigt. Dabei reagiert der Kalk (Calciumhydroxyd) unter Druck und Wärmezufuhr mit der Seife und es bildet sich eine wasserabweisende Schicht:

Triglycerin + Kalkhydrat (Calciumhydroxyd) –>
Glycerine + Kalksalze (wasserabweisende Salze)

Tadelakt - Vorkommen und Gewinnung

Der Kalkstein für den Tadelakt wird in der Region Marrakesch im Tagebau gewonnen. Das Brennen von Muschelkalk zu Tadelakt ist in Marrakesch ein altes, traditionelles Handwerk. Das Wissen und die Erfahrung werden von Generation zu Generation in den Handwerksfamilien durch den Meister an seine Söhne weitergegeben und haben sich dadurch über 1.500 Jahren kaum verändert. Gemäß der örtlichen Bautradition wird der Kalkstein zu Stückkalk gebrannt. Michael Johannes Ochs gibt die Zusammensetzung des gebrannten Tadelakts mit 95% Kalkstein, 5% Sand und Brennrückstände (Asche) an [Ochs 2007].

Die Fa. Sandro Freund, LifeBoxx wand & wohndesign, die originalen marokkanischen Tadelakt importiert, beschreibt den Brennprozess des Tadelakts so: Die Brennöfen sind rund 2 Meter hohe Steinkegel, die direkt in das Erdreich gebaut werden. Das Fundament der Öfen bildet ein ca. 4 Meter großer Ring aus größeren Kalksandsteinen. Darin werden ca. 30 Tonnen Kalksteine, die aus den nahegelegenen Steinbrüchen geliefert werden, kegelförmig aufgeschichtet. Direkt unter dem Ofen befindet sich die – durch eine in die Erde gegrabene Rampe zugängliche – Feuerstelle. Befeuert wird der

Brennofen traditionell mit getrockneten Palmblättern. Nach Aufschichtung der Kalksteine beginnt der 24-stündige Brennvorgang. Hierbei liegt die Brenntemperatur um ca. 1000°C, sie muss, um einen gleichmäßigen Brand des Kalkes zu garantieren, ununterbrochen konstant gehalten werden. Danach lässt man den Brennofen 3 Tage lang auskühlen. Anschließend wird der gebrannte Kalk aus dem Brennofen geholt, abgelöscht, gesiebt und in Säcke gefüllt. Für den gesamten Brennvorgang vom Aufschichten bis zum Ablöschen benötigen 1 Meister und seine vier Helfer rund 10 Tage Arbeit.

Der Stückkalk wird trocken gelöscht, das heißt, er wird nur mit so viel Wasser besprenkelt, wie nötig ist, dass kein Kalkteig entsteht. Der hydraulische Kalk zerfällt nach dem Löschen wie Asche, und wird lediglich gesiebt, um größere Verunreinigungen und Brennrückstände auszusieben. Die Abb. 4-18 zeigt, wie der Tadelakt-Branntkalk durch das Löschen zerfällt.

Tadelakt-Produkte

Inzwischen haben einige Hersteller nach eigenen Forschungen Werktrockenmörtel für Tadelaktputze entwickelt, indem sie regionale Kalke mit abgestimmten Zuschlägen und Zusätzen mischen.

Sie mischen dafür natürliche hydraulische Kalkhydrate und Luftkalkhydrate mit ausgewählten Zuschlägen, u.a. Dolomitmehl, Marmorsande/-mehl, Kalkbrechsand, Porzellanerde, Quarzsande, Tonerde, Diatomeenerde, Asche, Zellulose oder Methylcellulose. Durch die Zugabe von Zellulose wird die für den originalen marokkanischen Tadelakt typische Rissbildung vermieden. Sie begründen diese Entwicklungen damit, dass Werktrockenmörtel eine bessere Verarbeitbarkeit ermöglichen und nicht so zeitintensiv bei der Verarbeitung sind. Außerdem kämen sie der Nachfrage nach Oberflächen ohne Rissbildung nach. Einige Hersteller bieten auch Mörtelmischungen an, die bereits mit Pigmenten eingefärbt sind.

Bewertung aus baubiologischer und ökologischer Sicht

Aus baubiologischer Sicht lassen sich die Produkte nur bewerten, wenn eine Volldeklaration der Inhaltsstoffe vorliegt. Die uns bekannten Hersteller von Tadelakt-Produkten geben eine Volldeklaration für die Inhaltsstoffe ihrer Tadelaktprodukte, die in der Regel aus Naturprodukten bestehen und gesundheitlich unbedenklich sind. Aus ökologischer Sicht ist eine ganzheitliche Bewertung nur möglich, wenn Transportkosten und Emissionen beim Kalkbrennen eingeschätzt werden können. Aus dieser Sicht schneiden Produkte, die den Kalk aus regionalen Steinbrüchen beziehen, besser ab als der Original-Tadelakt. Bei Produkten aus außereuropäischen Rohstoffen sind zur Bewertung der Nachhaltigkeit auch die wirtschaftlichen Aspekte der Gewinnung mit einzubeziehen. Wieviel Gewinn bleibt bei den Menschen vor Ort? Wie ergiebig sind die dortigen speziellen Kalkvorkommen? Führt der Export zu einem Raubbau an vorhandenen regionalen Ressourcen oder unterstützt er im Gegenteil sogar regionale Wirtschaftskreisläufe? Zum originalen marokkanischen Tadelakt liegen uns dazu keine Erkenntnisse vor.

Kriterien wie Verarbeitbarkeit und Ästhetik der Produkte werden wir im Kapitel 7: *Mit Putzflächen gestalten* behandeln. Eine Liste der Produkthersteller findet sich im Anhang.

4 -16
Die Kalkgesteinsbrocken werden zum Brennen zu einem 2 Meter hohen Kegel aufgeschichtet.

4-17
In diesem Kalkofen wird marokkanischer Tadelakt mit Temperaturen um die 1000°C gebrannt.

4-18 GebrannterTadelakt
1 Gebrannter marokkanischer Tadelakt als Stückkalk.
2 Dem Tadelakt-Stückkalk wird Wasser zugegeben.
3 Der gelöschte Stückkalk zerfällt teilweise „blumenkohlartig".

1

2

3

5 Lehm- und Kalkputze ausführen

Bevor mit der Ausführung der Putze begonnen werden kann, muss die Baustelleneinrichtung geplant und organisiert werden. Wichtig ist darauf zu achten, dass das Material auf möglichst kurzen Wegen vom Misch- bzw. Lagerplatz zum Arbeitsplatz transportiert werden kann. Dann sind etliche Vorarbeiten notwendig: Einerseits der Schutz anderer Bauteile, andererseits Vorbereitungen am Putzgrund, um eine gute Haftung des Putzes zu gewährleisten. Erst dann kann die Ausführung der Putze erfolgen. Im Anschluss daran fallen noch einige Nacharbeiten an. Der Arbeitsplatz bzw. die Baustelle wird wieder geräumt, der Trocknungsprozess sollte ggf. beobachtet oder gesteuert werden, die Flächen müssen nach dem Trocknen beurteilt und – wenn nötig – nachgearbeitet werden.

5.1 Die Baustelle planen

Der erste Planungsschritt ist bereits erfolgt, wenn der Putzaufbau bestimmt und eventuell ein Angebot erstellt wurde; denn zu diesem Zeitpunkt müssen die Bauabläufe schon weitgehend geklärt sein. Vor Beginn der Putzarbeiten gilt es, die Planung noch weiter zu konkretisieren, um z.B. auch die Baustelleneinrichtung entsprechend zu organisieren. Dafür sollte man die Baustelle spätestens nach Abschluss der Rohbauarbeiten besichtigen, und möglichst auch während oder nach der Installation aller Leitungen, die im Unterputz zu liegen kommen. So kann man den realen Zustand der zu verputzenden Flächen beurteilen, eventuell Mängel anmelden, Details und noch notwendige Vorarbeiten anderer Gewerke besprechen.

5-1
Baustelleneinrichtung für die Ausführung von farbigen Kalkputzen in einem überdachten Atrium.
Ausführung Fa. Wandkontakt, Günter W. Schulze.

Außerdem muss geklärt werden, ob alle Voraussetzungen auf der Baustelle gegeben sind, um die Putzarbeiten erfolgreich durchzuführen, wie ausreichende Lagerflächen, Strom- und Wasseranschluss etc.

Wann ist der richtige Zeitpunkt für Putzarbeiten?

Grundsätzlich sollten alle Rohbauarbeiten abgeschlossen sein, bevor mit dem Putzen begonnen wird. Der Rohbau muss sich außerdem ausreichend gesetzt haben, damit es nicht zu unerwünschten Setzungsrissen kommt. Darüber hinaus gibt es – vom Bauablauf her betrachtet – weitere Bedingungen:

Bauablauf

- Alle Unterputzleitungen sollten verlegt sein. Elektrodosen werden in der Regel von den Elektrikern mit überputzbaren Deckeln abgedeckt. Die Dosen sollten in der Putzdicke der jeweiligen Putzlage vorstehen, so dass sie beim Abziehen des Putzes nicht stören.
- Wandheizungen sollten installiert und funktionsfähig (druckgeprüft) sein. Wichtig ist, dass die Bögen nicht nach vorne vorstehen, sondern ggf. extra befestigt werden.
- Fenster und Fensterbänke sind eingesetzt, wenn die Laibungen verputzt werden. Werden sie zeitlich zwischen Unter- und Oberputz eingebaut, so müssen sie zusätzlich angearbeitet werden, bevor der Oberputz aufgebracht wird.
- Die Fußbodenbeläge werden im Neubau in der Regel nach Abschluss der Putzarbeiten eingebracht. Es sollte aber eine ausreichend stabile Arbeitsfläche vorhanden sein, z.B. ein Estrich. Im Altbau müssen vorhandene Fußböden sorgfältig abgedeckt werden.
- Wandfliesen werden in der Regel nach dem Verputz auf die Flächen geklebt. Sollen sie jedoch angeputzt werden, wird erst im Anschluss an die Fliesenarbeiten geputzt. Dies ist sorgfältig zu planen und mit anderen Gewerken abzusprechen.
- Alle Malerarbeiten finden nach dem Verputz statt, ebenso die Endmontage der Elektrodosen, der Heizkörper und die Sanitärinstallation.
- Festgestellte Mängel sollten beseitigt sein, sofern dies nicht Teil der Putzarbeiten ist.

Fein- und Edelputze in einer Putzdicke von 2 - 4 mm auf Lehm- oder Kalkbasis (s.S. 122 Kap. 7.2: Putzmörtel für farbige Flächen herstellen) sollten immer am Ende der Bauarbeiten zusammen mit den Malerarbeiten ausgeführt werden.

Zeitpunkt	Was zu klären ist?	Die Ausführung planen
Im Vorfeld	- Anforderungen an den Putz (welche Qualitätsstufe u.a.) - Beurteilung der Putzgründe - Zustand der zu verputzenden Flächen beurteilen (v.a. im Altbau) - Jahreszeit der Ausführung und - Bauseitige Arbeitsbedingungen klären, v.a. Transportwege, Rüstung, Lagerplatz	- den Kunden beraten - Putzaufbau festlegen - Trocknungsbedingungen bedenken, um den Bauablauf festzulegen, eventuell künstliche Trocknung für Lehmputze einplanen
während des Bauprozesses bzw. vor den Putzarbeiten	- den Zustand der zu verputzenden Flächen beurteilen - Mängel feststellen - Arbeitsbedingungen bauseits sicherstellen: Strom-, Wasseranschluss, Lagerplatz für Material und Werkzeug, Stellplatz für Maschinen, Transportwege, Rüstung, Entsorgung	- Absprachen zu evtl. Vorarbeiten bauseits treffen - Koordination mit anderen Gewerken - die Einrichtung der Baustelle planen - Material bestellen und Anlieferung organisieren
direkt vor Einrichtung der Baustelle	- Sind alle Absprachen eingehalten? - Ist Baufreiheit gewährleistet?	- Baustelleneinrichtung organisieren

Tabelle 5-1 Die Putzarbeiten planen.

Das verringert die Gefahr der Beschädigung während der Bauphase.

- Ist der Fußboden bereits verlegt, so sollten die Fußleisten noch nicht angebracht sein.
- Türen mit Türrahmen sind eingebaut.
- Die oberste Abdeckung von Steckdosen, Lichtschaltern etc. muss vor den Putzarbeiten abmontiert werden.
- Gipskarton- und Gipsfaserplatten müssen fachgerecht stoßarmiert sein: Grundspachtelung und Nachspachteln, so dass ein stufenloser Übergang erreicht wird. Dies entspricht der Standardqualität (Q2) des Bundesverbandes der Gipsindustrie e.V. (2003). Ist ein erhöhter Standard erwünscht, so wird dies im Vorfeld abgesprochen und vertraglich vereinbart.

Tabelle 5-2 Abhilfemaßnahmen bei Mängeln am Putzgrund.

Mangel	Was ist zu tun?
Oberflächlich anhaftender Staub	abbursten, abfegen
Unzureichende Tragfähigkeit: z.B. sandend, bröckelig, lose Putzteile	Tragfähigkeit herstellen, z.B. durch Verfestigen, Abschlagen von losen Teilen und Ausbessern, Aufbringen eines Putzträgers, Abnehmen von Altbeschichtungen
Schalölreste auf Beton (Benetzungsprobe: Wasser perlt ab)	Mit Betonreinigungsmittel behandeln und danach mit Wasser abwaschen
Durchschlagende Stoffe, z.B. Versottung an Schornsteinen	Isolierung durch absperrende Anstriche, die überputzbar sind; eventuell Teile abschlagen
Salzausblühungen	fachgerecht sanieren
Schwammbelastung	fachgerecht sanieren
Partiell auftretende Feuchtigkeit, z.B. im Sockelbereich aufsteigende Feuchtigkeit	Ursache klären und beheben. Beispiel: Ursache unzureichende Sperrschicht; Abhilfe: nachträgliche Absperrung, Austrocknung abwarten
Schimmelpilze	den Schimmelpilz fachgerecht entfernen, so dass auch die Sporen zerstört werden
Konstruktiv bedingte Risse	Ursache klären; mögliche Maßnahmen abklären.

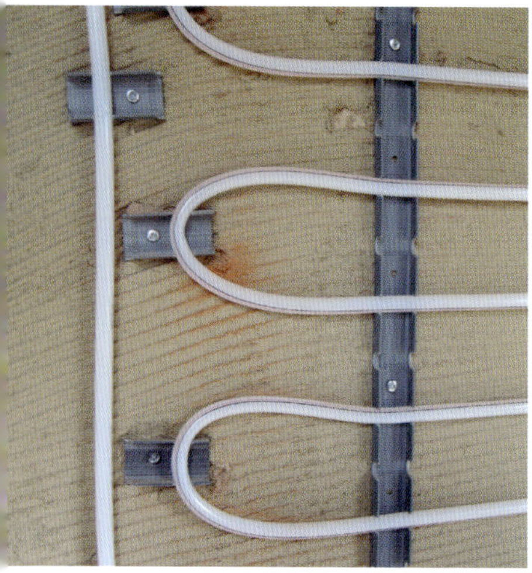

5-2
Wandflächenheizung. Die Bögen sind gut befestigt und können so nicht nach außen vorstehen.

5-3
Kurzfristiger Regenschutz. Nach Fertigstellung der Putze in den unteren Gefachen kündigte sich Regen an.

Witterungs- und Temperaturbedingungen
Auch wenn der Sommer für Lehmputzarbeiten ideal ist, so kann doch auch in den kühleren Jahreszeiten und im Winter geputzt werden, sofern der Arbeitsplatz während der Ausführung und Trocknung frostfrei ist. Außenputzflächen in Lehm müssen während der Trocknungsphase gegen Regen geschützt werden. Anderenfalls würden sie bei Regen ausgewaschen, solange sie noch in einem plastischen Zustand sind.

Darüber hinaus muss aber auch – insbesondere bei Lehmputzarbeiten – abgeschätzt werden, mit welchen Trocknungszeiten zu rechnen ist – sowohl während der Putzarbeiten (Zwischentrocknung Unterputz) als auch danach – und ob eventuell zusätzliche Trocknungsgeräte eingesetzt werden müssen. Hierbei spielt neben den Temperatur- und Lüftungsbedingungen auch eine Rolle, wieviel Feuchtigkeit durch die Putz- und anderen Arbeiten (z.B. Estricheinbau) in den Bau gelangt ist.

Für Kalkputze – insbesondere Luftkalkputze – gelten andere Regeln. Für Kalkputze sollte es nicht zu heiß und windig sein. Ein feuchtes, kühleres Klima ist günstiger, um einen langsamen Erhärtungsprozess durch Carbonatisierung zu emöglichen. Gegen eine zu schnelle Austrocknung bei hohen Temperaturen oder starkem Wind sind frisch geputzte Fläche durch Abhängen mit Tüchern und häufiges Anfeuchten der Flächen zu schützen. Dazu müssen auch längere Gerüststandzeiten eingeplant werden. Die Arbeiten dürfen auch nicht zu spät im Jahr begonnen werden, da die Temperaturen weder bei der Ausführung noch bei der folgenden Erhärtung des Putzes unter 5°C liegen dürfen.

5-4 *unten links*
Der Kalkputzauftrag auf einer Strohballenwand wird durch ein vorgehängtes Gewebe vor den Witterungseinflüssen geschützt.

5-5 *unten rechts*
Ausblühungen an einer Wand im Souterrain aufgrund einer fehlenden Sperrschicht gegen aufsteigende Feuchtigkeit.

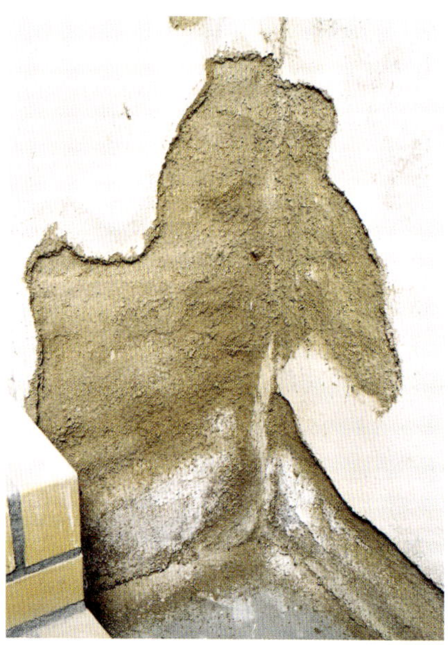

Die zu putzenden Flächen beurteilen

Neben der Beurteilung des Putzgrundes nach den Kriterien „Rauigkeit" und „Saugfähigkeit" (s. S. 19 / Kap. 2.2: Putzaufbau und Putzlagen), geht es jetzt darum, den Zustand der Flächen, die Qualität bereits ausgeführter Arbeiten der anderen Gewerke und konstruktive Details zu bewerten. Bei Neubauten ist dies frühestens nach Abschluss der Rohbauarbeiten möglich.

- Sind die Flächen so eben und lotrecht wie dies gewünscht wird? Wenn nicht, sind entweder Ausgleichsschichten bzw. Ausbesserungen vorzusehen oder es muss mit entsprechend großen Putzdicken und darauf abgestimmten Mörteln im Unterputz gearbeitet werden.
- Sind Plattenkonstruktionen stabil ausgeführt und die Platten ausreichend befestigt? Wenn nicht, muss besprochen werden, ob eine Nachbesserung möglich ist oder ob eventuell auftretende Risse in Kauf genommen werden.
- Wurden Wandheizungen im Falle einer Innenwanddämmung auf einem Dämmstoff aufgebracht, auf dem der Putz gut haften kann?
- Sind auf der Fläche verlegte Elektro-, Wasser- und andere Leitungen stabil befestigt?
- Gibt es weitere Details (Anschlüsse, Kanten) zu besprechen? Ist bei den Putzarbeiten ein Mehraufwand notwendig, der vorher nicht vorhersehbar war?
- Gibt es optisch wahrnehmbare Mängel oder Schäden? Hierzu zählen Risse, Feuchtigkeit, Schimmel, Hausschwamm, Ausblühungen sowie versottete Schornsteine, Ruß- und Nikotinflecken (siehe Tabelle 5-2). In allen Fällen müssen die Ursachen geklärt und möglichst behoben und die Flächen saniert werden. Ggf. empfiehlt es sich, Expertinnen hinzu zu ziehen.

Es sollte klar abgesprochen werden, ob notwendige Vorarbeiten bauseits organisiert werden müssen (wie z.B. die Beseitigung von Mängeln), bevor die Putzarbeiten beginnen können. Auch sind ggf. weitere putztechnische Details zu klären, wie z.B. das Anputzen der Laibungen, die Ausbildung von Kanten oder das Verkleiden von Rohren.

5.2 Die Baustelle einrichten

Zu den notwendigen Voraussetzungen auf der Baustelle zählen:

- Wasser- und Stromanschlüsse (Wechsel- und Drehstrom; 16 bzw. 32 Amp. Absicherung),
- Transportwege (z.B. auch Aufzüge),
- ein Misch- und Lagerplatz für die Mörtelbereitung,
- ein trockener Lagerplatz für die übrigen Materialien und Werkzeuge; eventuell ein abschließbarer Raum für Maschinen,
- Platz zum Lagern von Materialien, die entsorgt werden sollen (Mülltrennung!),
- ein Gerüst bei Fassaden, in Treppenhäusern und hohen Räumen.

Die erforderlichen Materialien werden vorab bereits bestellt und die Anlieferung geregelt. Kurz vor Beginn der Putzarbeiten wird dann die Baustelle mit allem eingerichtet, was für die Ausführung der Arbeiten erforderlich ist.

Allgemeine Ausstattung

- Maschinen zum Mischen und Transportieren
- Kabeltrommeln, Verlängerungskabel, Drehstromkabel; Strahler zur Beleuchtung
- Wassertonne und Wasserschläuche
- Maurerkübel, Eimer, Schubkarren, Schaufel, Spaten, Rührspaten oder Weichmacher zum Aufrühren des Mörtels
- Persönliche Werkzeuge (s.u.)
- Gerüst, Bohlen, Putzerböcke, Leitern, evtl. Flaschenzug
- Allgemeine Werkzeuge wie Säge, Hammer, Kneifzange etc.
- Kleinmaschinen wie Bohrmaschine, Schrauber, Stichsäge, Tacker
- Material zum Abdecken und Abkleben: Folien, Klebeband
- Putzlatten, Keile, Putzhaken zum Einschalen von Öffnungen
- Kleinmaterialien wie Nägel, Schrauben

Persönliche Werkzeuge

Hierunter versteht man die Werkzeuge, die jeder Ausführende an seinem Arbeitsplatz griffbereit hat, um einen Unter- oder Oberputz auszuführen. Die Liste bezieht sich auf die Standardausführung, bei der die Oberfläche gerieben wird. Werkzeuge für andere Techniken werden später vorgestellt (s. Kap. 7: Mit Putzflächen gestalten). Die Nummern in Klammern beziehen sich auf die Zeichnung (Abb. 5-7).

- Quast (1) zum Annässen saugender Untergründe und zum Reinigen der Werkzeuge.
- Dreiecks- oder Vierecks-Maurerkelle (2,3) zum Anwurf des Mörtels; alle Kellen möglichst aus rostfreiem Edelstahl.
- Spezielle Kellen für Details: Spitzkelle (4) für spitze Ecken, Stecher (5) für schmale Putzstreifen.
- Glättkellen (6) zum Aufziehen und zum Glätten .
- Kartätschen: Holz- , Trapez- oder H-Kartätsche, ggf. in verschiedenen Längen, zum ebenen Abziehen des angeworfenen Mörtels.
- Zahnglätter (7) oder Kamm, um den Unterputz leicht aufzurauen und dadurch die Putzhaftung des Oberputzes zu erhöhen.

5-6
Misch- und Lagerplatz für die Mörtelbereitung direkt vor der Baustelle.

5-7 Die Werkzeuge der Putzerin.

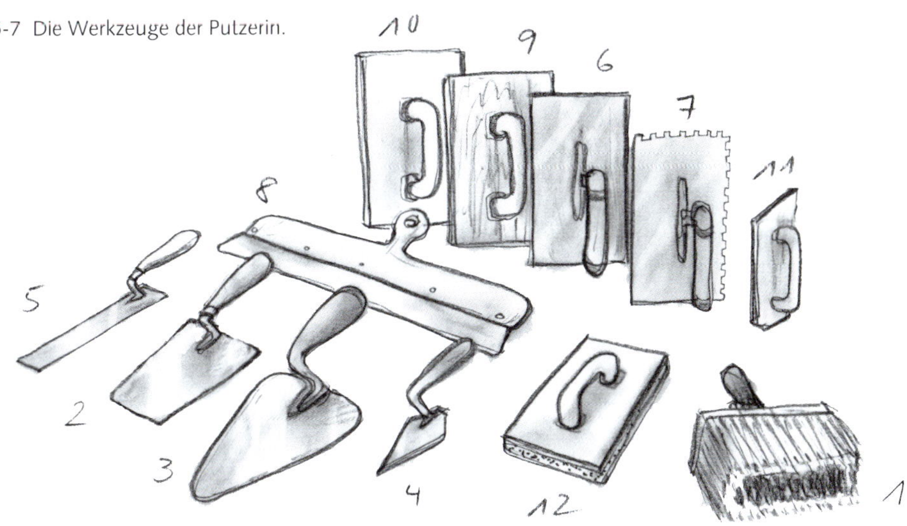

- Rakel /Flächenspachtel (8) zum Abziehen feiner Putze oder kleiner Flächen und zum Einarbeiten von Gewebe.
- Wasserwaagen zur Überprüfung der Senkrechte; verschiedene Längen.
- Schere, Cuttermesser zum Zuschneiden von Armierungsgewebe
- Reibebretter aus Holz (9) oder verschiedenen Plastiksorten (10) in verschiedenen Größen, zur Oberflächenbearbeitung des Oberputzes. Hierzu gehören auch die sog. Fummelbretter (11) für kleine Ecken.
- Schwämme oder Schwammbretter (12) verschiedener Qualität und Größen zum Abfilzen. Für die Schwammbretter werden verschiedene Schwammsorten verwendet, die sich v.a. in der Struktur unterscheiden (fein bis grob).
- Zollstock und Bleistift.

5-8
Werkzeuge. Von links nach rechts: Holz-, Trapez- und H-Kartätsche, Rührspaten und Wasserwaage.

oberer Ausschnitt: Profil der Trapez- und H-Kartätsche

Den Arbeitsplatz einrichten

Zunächst wird geschaut, welche Bauteile bzw. Arbeiten anderer Gewerke geschützt werden müssen: Fenster und Fensterbänke, Decken, Wände und andere Bauteile, die nicht verputzt werden, im Anschlussbereich zur zu verputzenden Fläche. Bei Maschinenputzen muss hierauf besonders geachtet werden.

Auch Fußböden, auf denen der Aufbau weiterer Materialien vorgesehen ist, werden oft mit Planen abgedeckt. Günstig ist es, entlang der zu verputzenden Wände min. 30 cm breite Hartfaserstreifen auszulegen. So kann herabfallender Lehmputzmörtel gut aufgenommen und ggf. wieder in die Mischung gegeben werden.

Elektrodosen müssen abgedeckt werden, sofern dies noch nicht vom Elektriker erledigt wurde. Hierfür gibt es spezielle Deckel, die nach dem Putz leicht abgenommen werden können.

Rüstung (Gerüst) und Werkzeug werden bereitgestellt und alle Vorkehrungen getroffen, um den Mörtel sicher zum Arbeitsplatz zu bringen. Wenn eine Beleuchtung erforderlich ist, sollte diese jetzt auch installiert werden.

5-9
Eine Stampflehmwand wird mit Pappe abgedeckt, um sie während der Putz- und Anstricharbeiten zu schützen.

5.3 Die Putzarbeiten vorbereiten

Bevor mit dem Putzauftrag begonnen werden kann, fallen meist noch verschiedene Vorarbeiten an, seien es Ausbesserungen am Untergrund, Maßnahmen zur Verbesserung der Putzhaftung, Einbau von Putzträgern oder Vorbereitungen zur Ausbildung von Kanten (s. Tabelle 5-3).

Den Putzgrund säubern und festigen

Oberflächlich anhaftende Verunreinigungen, z.B. auch Mörtelreste nach dem Abschlagen von Altputzen, können mit einem groben Besen oder der Drahtbürste abgefegt werden. Nicht tragfähige Untergründe werden ggf. mit einem Tiefengrund stabilisiert (Tragfähigkeit anschließend prüfen!). Vorsicht bei Kalkputzen: der Tiefengrund darf nicht als Trennschicht wirken und die Verbindung mit dem Untergrund verhindern! Schalölreste auf Beton werden mit einem Betonreinigungsmittel gereinigt und anschließend abgewaschen.

Sinterhaut entfernen

Bei Betonoberflächen bildet sich oft eine glänzende Schicht, die als Sinterhaut, auch Sinterschicht bezeichnet wird. Dies ist eine oberflächig dünne, glasartige und spröde Schicht aus Kalkstein. Damit der Kalkputz eine Verbindung mit dem Untergrund eingehen kann, ist die Sinterhaut am besten durch Anschleifen aufzurauen.

Auch bei zu lange geglättetem Kalkputz kann die Oberfläche teilweise glänzen, ein Zeichen dafür, dass sich hier ebenfalls eine Sinterschicht gebildet hat. Durch das zu lange Reiben wurde das Kalkbindemittel an der Oberfläche angereichert. Vor dem Auftragen der nächsten Putzlage ist die Sinterhaut ebenfalls aufzurauen (siehe Kap. 5.5, Seite 85).

Ausbesserungen ausführen

Besonders im Altbau sind häufig Ausbesserungen vorzunehmen. Dies geschieht entweder mit dem Putzmörtel, oder aber es müssen andere

Tabelle 5-3
Vorbereitung des Putzgrunds bei Lehm- und Kalkputzen.

UNTERGRUND	VORBEREITUNGSARBEITEN	
	LEHMPUTZ	**KALKPUTZ**
Lehmbaustoffe		
Stampflehm, Lehmsteine, Bewurf, Lehmbrote, alte Lehmputze	Sehr glatte Flächen: aufrauen mit Nagelbrett oder Kamm; annässen	Kalkputze auf Lehmuntergründen siehe Kapitel 2.3
Grünlinge	Quellfähigkeit prüfen! evtl. einritzen (mit Nagelbrett); annässen	
gestapelte Lehmsteine	Vollflächig Putzträger, z.B. Schilfrohrmatte oder Lehmbauplatte aufbringen	
Leichtlehme (Stroh-,Holz-, mineralischer Leichtlehm)	Je nach Saugfähigkeit annässen; evtl. festigen mit dünnem Unterputz oder Lehmschlämme	
Lehmbauplatten	Bei 1-lagigem Putz: Plattenstöße vor dem Putzen mit Gewebe überspannen	
Mauerwerk Natursteine, Vollziegel, porosierte Ziegel, Kalksandsteine und andere Steine im Massivbau	Je nach Saugfähigkeit annässen; bei sehr glatten Steinen, (Klinkern oder Natursteinen) Spritzbewurf (hochydraulischer Kalk oder Zement + Sand 0-4 mm) mit hohem Grobsandanteil	Je nach Saugfähigkeit sorgfältig vornässen; ggf. Spitzbewurf (hoch- hydraulischer Kalk oder Zement + Sand 0/4 mit hohem Grobsandanteil) zur Verbesserung der mechanischen Haftung. Für Luftkalkputze keine silikat- oder dispersionsgebundenen Grundierungen verwenden.
Betonwerkstoffe Beton	Schalölreste mit Betonreinigungsmittel abbürsten, Sinterhaut mit Stahlbesen aufrauen. Bei glatten Flächen: Spritzbewurf (Kalk-/Zementbasis s.o.) o. Putzgrundierung	Schalölreste und Sinterhaut entfernen. Spritzbewurf o. geeignete Grundierung (z.B. kunstharzvergütete) bei sehr glatten Oberflächen
Porenbeton	Die extreme Saugfähigkeit mit einer Putzgrundierung verringern oder vornässen	Behandlung zur Verringerung des Saugvermögens z.B. mit einer geeigneten Grundierung
Strohballen	Trimmen der Strohballen (herausstehende Halme abschneiden); nicht annässen; dünnflüssige Lehmschlämme anspritzen, vorwiegend bei Handputz	Trimmen der Strohballen (herausstehende Halme abschneiden); nicht annässen;
Plattenbaustoffe Schilfrohrplatten	Nicht annässen; evtl. Lehmschlämme einstreichen (vor dem Putzauftrag trocknen lassen); auf Verzahnung der Stöße achten oder Stöße mit Gewebe armieren (sofern keine vollflächige Gewebeeinlage im Unterputz)	Nicht annässen; auf Verzahnung der Stöße achten oder Stöße mit Gewebe armieren (sofern keine vollflächige Gewebeeinlage im Unterputz)
Holzwolleleichtbauplatten (HWL)	Nicht annässen; Stöße mit Gewebe armieren (sofern keine vollflächige Gewebeeinlage im Unterputz)	Nicht annässen; Stöße mit Glasfasergewebe armieren (sofern keine vollflächige Gewebeeinlage im Unterputz); evtl. Spritzbewurf
Harte Holzwerkstoffplatten (z.B. OSB)	Putzträger aufbringen (z.B. Schilfrohrmatten, Lehmbauplatten)	Nicht üblich
Holzfaserdämmplatten (überputzbar)	Nicht annässen; Aufrauen mit dem Edelputzkratzer verbessert die Haftung; oder mit Lehmschlämme einstreichen (vor dem Putzauftrag trocknen lassen)	
Gipskartonplatte	Stöße spachteln, armieren (Herstellerangaben beachten!), feinkörniger Haftgrund	Gipsplatten vor Sonneneinstrahlung schutzen (Gefahr durchschlagender Gilbstoffe); Stöße spachteln, armieren (Herstellerangaben beachten!); feinkörnige Grundierung aufbringen
Gipsfaserplatte	Stöße spachteln (Herstellerangaben beachten), feinkörnige Grundierung aufbringen	Stöße spachteln (Herstellerangaben beachten), feinkörnige Grundierung aufbringen
Putze		
Gipsputz	Grundieren	Grundieren
Kalk-, Kalkzement- und Zementputze	Ggf. grundieren oder Spritzbewurf (Kalk oder Zement + Sand 0/4 oder 2/4 mm)	Sinterhaut entfernen; ggf. grundieren

5-10
Abbürsten eines verunreinigten Putzgrundes.

5-11
Im Unterputz verlegte elektrische Leitungen und Dosen.

5-12
Ausbesserungen mit Putzmörtel an einer Stampflehmwand.

5-13
Aufspritzen einer Lehmschlämme auf Leichtlehmwände.

5-14
Spitzbewurf bei einem Kalkaußenputz.

5-15
Eine feinkörnige Putzgrundierung, auch Haftgrund genannt, wird mit einer Bürste aufgetragen.

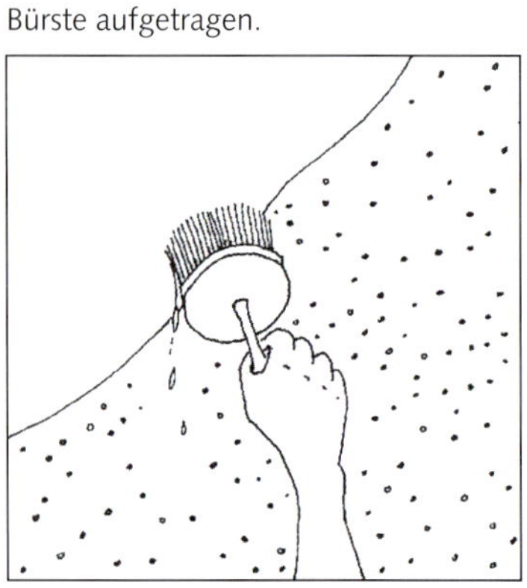

Materialien entsprechend der vorgefundenen Substanz benutzt werden.

Auf Lehmbaustoffen, auf denen wieder mit Lehm geputzt werden soll, sind Ausbesserungen relativ leicht auszuführen, da die Klebekraft des Lehms durch das Anfeuchten wieder aktiviert wird. Für das Aufbringen eines Unterputzes muss die Ausbesserung fest, aber nicht völlig durchgetrocknet sein, wohl aber vor dem Aufbringen eines einlagigen Putzes.

Auch andere Baustoffe sollten mit einem auf den Putzgrund abgestimmten Mörtel repariert werden (s. S. 107, Kap. 6.6 Lokale Putzausbesserungen).

Ein eingebettetes Armierungsgewebe, das ca. 20 cm in die intakte Wandfläche überlappt, sorgt für zusätzliche Stabilität. Dies ist auch beim Überputzen breiter Schlitze angebracht, in denen Kabel, Rohre etc. verlegt wurden.

Lehmschlämme aufbringen

Lehmschlämme wird ausschließlich beim Verputz mit Lehmmörteln eingesetzt. Lehm oder Lehm-/Tonmehlpulver wird in Wasser eingestreut und nach einiger Zeit zu einer Schlämme aufgerührt. Sie darf nicht zu dickflüssig sein, sonst wirkt sie als Trennschicht.

Anwendung: Strohballen, labile Stellen, z.B. in (Leicht-)Lehmuntergründen, Holzteile, bevor sie mit einem Putzträger überspannt werden. Die Schlämme kann ebenfalls eingesetzt werden auf Schilfrohrmatten oder -platten und Holzweichfaserplatten.

Das Einstreichen mit Lehmschlämme fördert die Haftung. Die Schlämme soll vor dem Verputzen getrocknet sein.

Spritzbewurf ausführen

Für den Spritzbewurf wird ein dünnflüssiger Kalk- oder Kalkzementmörtel verwendet, der einen erhöhten Grobsandanteil bis 4 mm (maximal 7 mm) Körnung hat; das Mischungsverhältnis ist 1 Teil Kalk oder Kalkzement : 3 Teilen Sand. (s.S. 63 ff., Kap. 4.3: Einen Kalkputzmörtel mischen). Der Spritzbewurf wird sehr dünn angespritzt. Er kann so ausgeführt werden, dass der Untergrund durchscheint (50 bis 70% deckend ist üblich) oder dass er vollflächig überdeckt ist. Die körnige Oberfläche ist ein guter Haftgrund.

Bei Lehmputzarbeiten kann auch ein Lehmspritzbewurf aufgebracht werden, der aus fettem Lehm oder Lehmpulver und Estrichsand mit Grobkornanteil 2/4 mm besteht. Auf glatten, saugfähigen Untergründen wie Kalksandstein hat er sich oft bewährt.

Putzgrundierung aufbringen

Eine weitere Möglichkeit, eine ausreichende Haftung auf dem Untergrund herzustellen, ist das Einstreichen mit einer Grundierung oder einem Haftgrund (siehe Kap. 2). Je nach Putzdicke sollte ein grob- bzw. feinkörniger Haftgrund gewählt werden. Die Grundierung kann mit Quast oder Malerrolle aufgebracht werden. Die Flächen sollten erst am folgenden Tag verputzt werden.

Grundierungen haben darüber hinaus die Funktion, den Baustoff vor Durchfeuchtung und Verformung zu schützen, was z.B. bei dem Verputz von Gipskarton- und -faserplatten wichtig ist. Außerdem können sie das Saugverhalten regulieren. Eine zu starke Saugfähigkeit von Putzuntergründen wie bei Gasbetonsteinen oder Kalziumsilikatplatten kann dadurch vermindert werden.

Plattenstöße und Materialübergänge armieren

Sofern das Armierungsgewebe nicht vollflächig in den Putz eingelegt wird, können Plattenstöße auch vor den Putzarbeiten armiert werden (Anwendung: auf Lehmbau-, Holzweichfaser-, Holzwolleleichtbau- oder Schilfrohrplatten). Hierzu werden 10 cm breite Gewebestreifen in eine dünne Putzschicht eingebettet oder – im Lehmbau – mit einer Lehmschlämme bzw. einem Kaseinkleber eingequastet.

Das Gewebe soll an den Kreuzungspunkten nicht überlappen, wenn darauf sehr feine Putzschichten aufgezogen werden, da das zu sehr aufträgt. Allerdings ist diese Methode generell sehr arbeitsaufwändig, und es besteht die Gefahr, dass sich die Stöße bei Fein- und Edelputzen optisch abzeichnen.

Ebenfalls können Materialübergänge oder labile Teilbereiche einer Fläche vorab mit einer dünnen Putzschicht überzogen und armiert werden, um Rissbildung zu vermeiden (s. Kap. 5.4).

Putzträger einbauen

Putzträger werden bei Untergründen benötigt, die für Putze ungeeignet sind, das sind v.a. Holzbaustoffe und Metall. Sie können auch als zusätzliche Sicherung auf labilen Untergründen eingesetzt werden. Gebräuchlich sind Gewebe aus Schilfrohr und Rippenstreckmetall, aber auch Plattenbaustoffe wie Holzwolleleichtbau (HWL)-, Holzfaserdämm (HFD)-, Schilfrohr- und Lehmbauplatten (letztere nur im Lehmbau).

Verzinktes Maschendraht- und Ziegeldrahtgewebe sollte nur zum Ummanteln einzelner Bau-

5-16
Putzgrundierung auf einer Musterplatte.

5-17
Die Stöße der Lehmplatten sind mit Gewebe armiert.

5-18
Vor dem Überputzen wird dieser Sturz mit kleinen Stücken HFD-Platte als Putzträger verkleidet.

teile und nicht vollflächig eingesetzt werden, da es sich dort nicht ausreichend verspannen lässt.

Im Lehmbau wird 70-stängeliges Schilfrohrgewebe gegenüber Metallgeweben bevorzugt – auch aus baubiologischen Gründen. Die Schilfrohrmatten werden auf Sparschalungen, Plattenkonstruktionen oder auf gestapelten Lehmwänden (s. Kap. 2, Tab.2-7) vollflächig aufgebracht, anderenorts auch nur partiell, um z.B. Holzbalken zu überputzen.

Bei Balkenüberspannungen innerhalb einer Wandfläche ist es generell wichtig, dass auch die Fuge zwischen Balken und Putzfläche mit dem Putzträger mit überspannt ist. Eine Überlappung von 10 - 20 cm in den benachbarten Putzgrund ist sinnvoll. (s. Abb. 5-19)

Sollen im Mauerwerk liegende Holzbalken mit Kalkputz überputzt werden, so werden sie zunächst mit Öl- oder Bitumenpapier überdeckt. Der Putzträger wird dann am angrenzenden Mauerwerk befestigt und nicht auf dem Balken selbst. So kann sich der Balken in der Ebene hinter dem Putz bewegen, ohne dass sich Risse im Putz bilden.

Schilfrohrgewebe kann mit Rosenschere und Seitenschneider zugeschnitten werden. Wird es vollflächig auf einer Sparschalung angebracht, so sollen die Halme quer zur Holzfaser liegen.

Bei der Befestigung ist zu beachten, dass der straff gespannte Basis- oder Spanndraht zum Raum hin zeigt, während der darum gewickelte Rödeldraht zum Putzgrund zeigt. Dadurch wird das Gewebe beim Befestigen an den Putzgrund gedrückt.

Das Gewebe wird dann an jeder Drahtbindung im Abstand von ca. 7 - 10 cm mit mindestens 16 mm langen verzinkten Klammern angetackert (mit elektrischem und druckluftbetriebenem Tacker). An den Kopfstößen sollen die Halme der Matten ca. 10 cm ineinandergreifen, sofern nicht ein Armierungsgewebe im Unterputz vorgesehen ist. Dieser Stoß wird ggf. zusätzlich mit einem 1 - 1,6 mm starken Bindedraht gesichert. Diese zusätzliche Sicherung kann auch notwendig sein, wenn das Gewebe partiell schlecht gebunden oder diagonal geschnitten ist.

Rippenstreckmetall lässt sich für leichte Bauteile gut verwenden. Es ist freitragend spannbar, so dass es z.B. auch für das Verkleiden von Schächten oder für abgehängte Decken eingesetzt werden kann. Je nach Einsatzbereich gibt es verschiedene Qualitäten, sowohl in der Rippenhöhe als auch im Material und der Materialstärke. Für die Anwendung im Kalkputz muss das Material alkali- und korrosionsbeständig sein. In Feuchträumen sollte rostfreier Edelstahl verwendet werden. Rippenstreckmetall wird in

5-19
Das Überspannen von Holzständern mit Schilfrohrmatte.

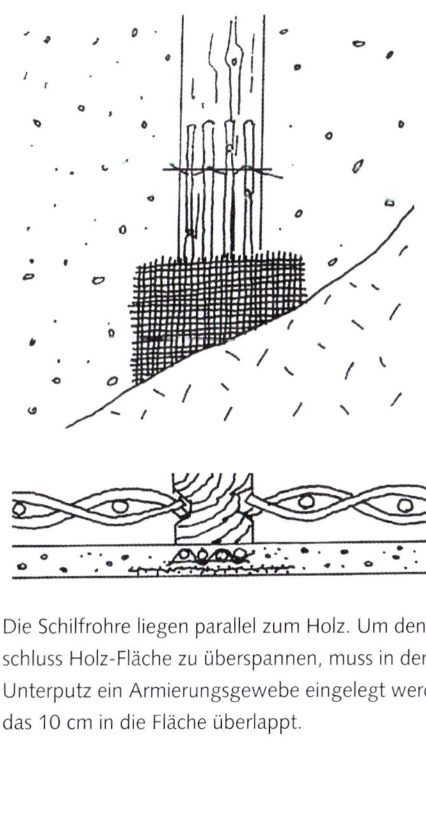

Die Schilfrohre liegen parallel zum Holz. Um den Anschluss Holz-Fläche zu überspannen, muss in den Unterputz ein Armierungsgewebe eingelegt werden, das 10 cm in die Fläche überlappt.

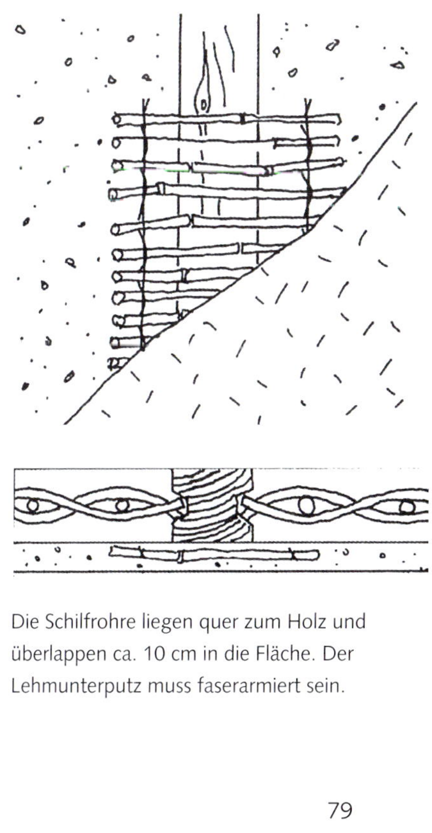

Die Schilfrohre liegen quer zum Holz und überlappen ca. 10 cm in die Fläche. Der Lehmunterputz muss faserarmiert sein.

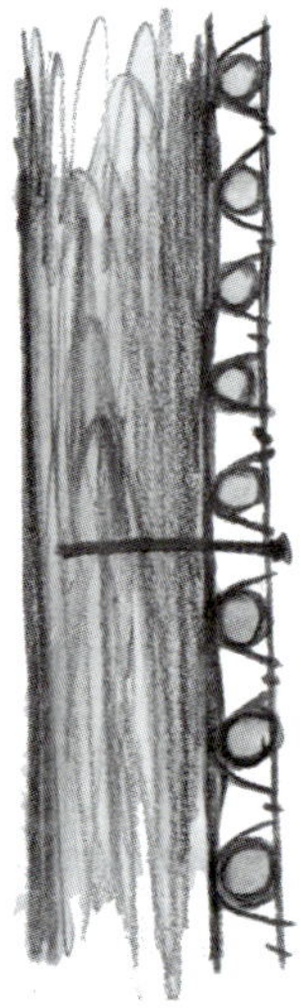

5-20
Die Holztragkonstruktion einer Strohballenwand wird mit Schilfrohrgewebe überspannt.

5-21 *oben Mitte*
Die Befestigung der Schilfrohrmatte.

5-22 *oben rechts*
Überlappung der Schilfrohrmatte am Stoß der Matten.

Form von Tafeln geliefert. Diese können mit einer Drahtschere oder Trennscheibe zugeschnitten werden. Die Tafeln werden nach Herstellerangaben verlegt.

Kamm- oder Zahnspachtelung ausführen

Eine Spachtelmasse (z.B. Fliesenkleber) oder Zementmörtel wird mit einem Zahnglätter aufgezogen. Dadurch erhält die Oberfläche Rillen und erfüllt so die Funktion eines Putzträgers (Anwendung: sehr glatte und kaum bzw. gar nicht saugfähige Baustoffe, die partiell im Putzgrund liegen, z.B. Betonsturz, Fliesen).

Für Lehmputze ist ein Haftspachtel mit Zellulosezusatz entwickelt worden. Er wird z.B. eingesetzt, um auf Holzweichfaserdämmplatten (HdF-Platten), die als wärmedämmende Schicht hinter einer Wandheizungsfläche montiert sind, die entsprechend dicken Putzlagen zu ermöglichen.

Die Ausbildung von Kanten und Anschlüssen vorbereiten

Um Kanten gerade zu putzen, gibt es verschiedene Möglichkeiten:

- Es werden Putzlatten als Arbeitshilfe während der Putzarbeiten montiert (siehe Abb. 5-45). Sie werden mittels Putzhaken an den Abschluss einer Fläche gesetzt, so dass die Kante senkrecht oder in der Flucht der Wand verläuft. Bei Tür- und Fensteröffnungen können sie auch verkeilt werden. Diese Latten werden vor Beginn des Verputzes z.B. an Türöffnungen oder Fensterlaibungen gesetzt und können nach Fertigstellung der Fläche umgesetzt werden.
- Es werden Putzprofile aus Edelstahl, verzinktem, ggf. auch beschichtetem Stahl oder Aluminium eingebaut. Diese werden mit einem Ansetzmörtel an mehreren Befestigungspunkten angesetzt. Auf Lehmuntergründen

5-23
Fliesenkleber als Haftgrund auf einem Betonsturz. In den Unterputz wird Armierungsgewebe mit 10 cm Überlappung eingelegt.

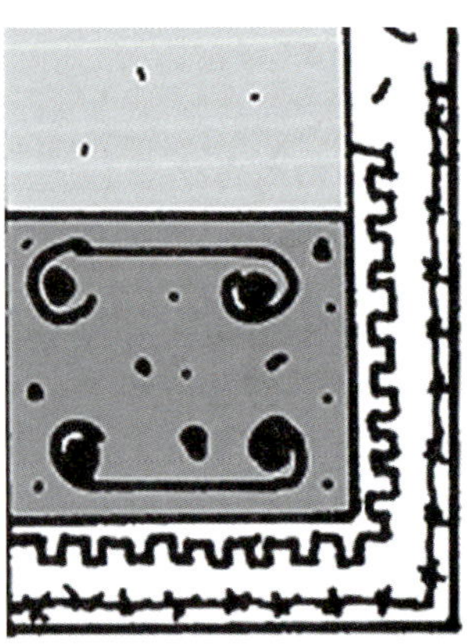

5-24
Auf einem Betonpfeiler wurde Fliesenkleber mittels Zahnspachtelung als Haftgrund für den Putz aufgebracht.

5-25
Auf die hinter den Wandheizungsrohren angebrachten Holzfaserdämmplatten wurde ein Haftspachtel auf Lehmbasis mit Zellulosezusatz aufgezogen, bevor die Wandflächenheizung montiert wurde.

sind mehr Ansetzpunkte nötig als sonst üblich. Diese sogenannten Eckschutzschienen bleiben im Putz.

Im Lehmbau sind oftmals stark gerundete Kanten beliebt. Hierfür kann es erforderlich sein, im Rohbau vorhandene gerade Ecken zu brechen oder diese mehr oder weniger stark abzuschrägen.

Putzabschlussprofile können als Abschluss einer Putzfläche gesetzt werden, z.B. um eine Schattenfuge zwischen Decke und Wand herzustellen oder um verschiedene Teilflächen voneinander abzugrenzen. Es gibt ein breites Angebot von Putzprofilen für unterschiedliche Zwecke und Putzdicken. Grundsätzlich sind alle Materialien geeignet. Aluminium wird jedoch von der Alkalität der Kalkputze angegriffen, daher müssen Aluprofile eine alkaliresistente Beschichtung haben.

Unterputzprofile setzen

Soll eine Putzfläche extrem eben ausgeführt werden – z.B., um darauf Fliesen zu verlegen oder um erhöhte optische Anforderungen zu erfüllen – so können Unterputzprofile als Hilfsmittel eingesetzt werden. Sie werden lotrecht und in der Flucht der Wand mit Ansetzbinder angebracht. Der Abstand wird so gewählt, dass die Felder dazwischen mit der Kartätsche abgezogen werden können, z.B. ca. 1,60 m bei Benutzung von 2 m langen Kartätschen.

Bei Lehmputzflächen können sie nach dem Abziehen der Fläche wieder herausgenommen und die Schlitze mit Putz geschlossen werden, sofern sie mit Lehmputzmörtel angesetzt wurden. Wenn die Profile im Putz bleiben, empfiehlt es sich, sie mit einem Gewebestreifen zu überspannen, da hier sonst feinen Risse auftreten können.

5-26
Eckschutzschienen an einerer Fensterlaibung bei einem Kalkinnenputz.

5-27
Die Eckschutzschiene wird hier temporär abgestützt, bis der Ansetzmörtel abgebunden ist.

5.4 Einen Unterputz ausführen

Der Unterputz hat die Funktion, Flächen zu begradigen und für den nachfolgenden Oberputz einen einheitlich ziehenden Putzgrund in der gewünschten Ebenheit zu schaffen, so dass der Oberputz in einer einheitlichen Putzdicke aufgetragen werden kann.

Der Mörtel für einen Lehm- oder Kalkunterputz in 10 - 20 mm Putzstärke sollte mineralische Zuschläge der Körnung 0/2 und 0/4 mm enthalten. Gegebenenfalls wird partiell oder vollflächig Armierungsgewebe aus Jute, Flachs oder Glasfaser eingelegt. Die Arbeitsschritte sind der Bildfolghe auf Seite 82 dargestellt.

Tipps zur Ausführung

- Lehmputz kann auch mit Druck aufgezogen werden, was allerdings für dickere Putzschichten oder unebene, poröse Untergründe nicht so empfehlenswert ist.
- Werden Teilflächen mit Gewebe armiert (z.B. Ausbesserungen, Wandheizungsflächen), so soll der Anschluss zur übrigen Fläche ca. 20 - 25 cm breit überdeckt werden. Günstiger ist es dann, vollflächig zu armieren.
- Flachsgewebe lassen sich wie Glasfasergewebe verarbeiten. Allerdings sind die Punktklebungen mit Weißleim etwas weniger stabil. Das Gewebe sollte zügig in den ausreichend weichen Putz eingelegt werden, damit sich

nicht einzelne Fasern durch zu viel Druck beim Einarbeiten ablösen.

- Soll auf den Unterputz mit Gewebeeinlage ein sehr dünner Fein- oder Edelputz aufgebracht werden, so müssen die Überlappungen an den Stößen sorgfältig ausgeführt werden. Es darf dort nicht zu Erhöhungen in der Fläche kommt, die sich dann später aufgrund des unterschiedlichen Saugverhaltens optisch abzeichnen.
- Unterhalb und oberhalb von Wandöffnungen (Fenster, Türen etc.) können 10 - 20 cm lange Risse entstehen, die ausgehend von den Ecken diagonal Richtung Decke verlaufen. Um dies zu vermeiden, können ca. 15 cm breite Gewebestreifen diagonal eingelegt werden. Der eine Teil der Fasern verläuft so quer zum potentiellen Riss. Diese zusätzliche Sicherheit empfiehlt sich besonders, wenn die Oberflächen sichtig bleiben oder mit einem Edelputz überzogen werden.

Arbeitsschritte beim Ausführen eines Unterputzes

1. Ein saugender Putzgrund wird angenässt.

2. Der Putzmörtel wird per Hand angeworfen, so dass durch den Schwung alle Hohlräume gut gefüllt werden. Der Schwung erfolgt aus dem Handgelenk, mit einer leichten Aufwärtsbewegung kurz vor der Wand. Alternativ kann der Mörtel auch maschinell angespritzt werden. Der Auftrag des Mörtels sollte so gleichmäßig wie möglich erfolgen, um eine einheitliche Schichtdicke zu erreichen.

3. Mit Hilfe einer Kartätsche wird der Putz sowohl in waagerechter als auch in senkrechter Richtung abgezogen, so dass er ausreichend eben wird. Die Kartätsche wird dabei auch leicht nach links und rechts bzw. oben und unten bewegt.

4. Die Senkrechte wird durch eine 2 m lange Wasserwaage kontrolliert, die Flucht durch lange Kartätschen oder einen Richtscheit. Wichtig sind die sogenannten Ixel: das sind alle Innenecken, also die Anschlüsse einer Fläche an die übrigen Flächen: Wände, Decke, Fußboden, da hier Unregelmäßigkeiten besonders stark auffallen.

5. Die Fläche wird mit einem gezahnten Glätter/Spachtel, einem Kamm oder rauen Besen aufgeraut – zur besseren Putzhaftung des Oberputzes. Die Rillen dürfen nicht zu tief gezogen werden, da es sonst durch unterschiedliche Putzdicke zu Rissen im Oberputz kommen kann.

6. Alternativ: Wenn es notwendig ist, den Putz vollflächig durch eine Gewebeeinlage zu armieren, so wird das Gewebe mit Reibebrettern eingerieben oder mit Rakeln eingearbeitet. Es ist darauf zu achten, dass das Gewebe vollflächig und ohne Falten eingearbeitet wird. Die Überlappung der einzelnen Bahnen soll 12 cm betragen. Der Zuschnitt erfolgt mit Schere (Jutegewebe) oder Cuttermesser (Flachs-, Glasfasergewebe).

5-28
Angeworfener Lehm-Unterputz.

5-29
Anspritzen des Mörtels mit einer Maschine.

5-30
Abziehen des Unterputzes mit einer H-Kartätsche.

5-31
Mit einem Zahnglätter aufgerauter Kalkunterputz.

5-32, 5-33, 5-34
Einarbeiten eines Jutegewebes in den Lehmunterputz.

5-35
Einbringen einer Jutegewebearmierung in den Unterputz an einer Dachschräge.

5-36
Hier wird zunächst Unterputzmörtel in die Strohballenoberfläche ‚einmassiert', bevor ein dickerer Bewurf folgen kann.

5-37
Lehmputz kann auch mit der Hand angeworfen werden.

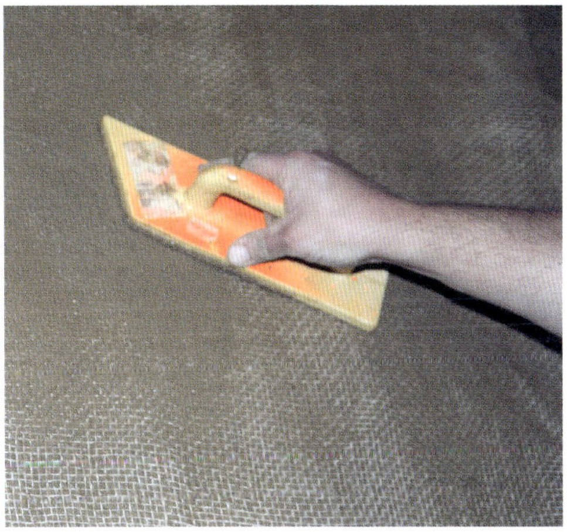

5.5 Einen Oberputz ausführen

Der Oberputz ist die letzte Putzschicht. Er soll in der Regel planeben und rissfrei sein. Im Folgenden beschreiben wir die Standardausführung eines geriebenen Oberputzes in einer Dicke von 5 bis 7 mm.

Ein Lehmunterputz sollte getrocknet sein, ein Kalkunterputz muss ausreichend erhärtet sein. Als Faustregel gilt 1 Tag Standzeit pro mm Putzdicke. Der Mörtel für einen Lehm- oder Kalkoberputz in 5 - 7 mm Putzstärke sollte mineralische Zuschläge der Körnung 0/1,5 oder 0/2 mm enthalten.

Tipps zur Ausführung

- Lehmputze können vorsichtig angenässt werden, wenn sie zum Reiben schon zu fest geworden sind. Bei Kalkputzen ist dies begrenzt ebenfalls möglich. Hier zeigen sich die Auswirkungen des unterschiedlichen Erhärtungsprozesses auf den Arbeitsablauf. Bei Luftkalkputzen ist dies eher möglich als bei hydraulischen Putzen, bei denen der Abbindeprozess bereits im nassen Zustand beginnt.
- Sollen die Putzoberflächen keine weiteren Beschichtungen erhalten, außer evtl. einen dünnflüssigen Kalkanstrich oder eine Lasur, muss die Oberfläche sehr sorgfältig bearbeitet werden, damit keine Ansätze zu sehen sind. An großen Flächen sollten mehrere Putzer gleichzeitig arbeiten, wie es beim Auftrag von Kalkputzen auf Fassaden üblich ist.
- Lehmputzflächen kann man alternativ stärker anziehen lassen und dann mit Schwämmen oder Schwammbrettern bearbeiten. Dadurch wird die Fläche weniger stark verdichtet und Sandkörner bleiben an der Oberfläche. Sie werden nach dem Trocknen mit einem weichen Handfeger abgefegt. Günstig ist hierfür, wenn die Fläche bei dem Abziehen schon eine geschlossene Oberfläche erhält.

Arbeitsschritte beim Ausführen eines Oberputzes

1. Ein trockener Unterputz wird angefeuchtet – möglichst mit einem Sprühgerät.

2. Der Putzmörtel wird mit Glättekellen aufgezogen. Dazu wird der Mörtel auf die Gättekelle gegeben und dann auf die Wand aufgezogen. Alternativ kann der Mörtel auch dünn angeworfen oder maschinell angespritzt werden.

3. Mit Hilfe einer Kartätsche wird der Putz sowohl in waagerechter als auch in senkrechter Richtung zugezogen, so dass er ausreichend eben wird. Die Kartätsche wird dabei auch leicht nach links und rechts bzw. oben und unten bewegt.

4. Die Senkrechte wird durch eine 2 m lange Wasserwaage kontrolliert, die Flucht durch lange Kartätschen oder ein Richtscheit.

5. Der Putz wird mit Reibebrettern gerieben, sobald er ausreichend angezogen ist. Die Oberflächenfeuchte ist dann so weit entwichen, dass der Putz matt aussieht. Durch die Reibebewegungen wird eine gleichmäßige Oberfläche erreicht. Die Reibebretter können in der Form von Achten oder Kreisen über die Fläche geführt werden. Es empfiehlt sich, für große Wandflächen auch große Reibebretter zu benutzen. Fummelbretter mit abgeschrägten Ecken werden für kleine Teilflächen benutzt, z.B. für schmale Laibungen.

- Lehmputzflächen können sogar nach dem Trocknen nochmals mit dem Schwamm überarbeitet werden (s. Abb. 7.44).
- Beim Kontrollieren der Fluchten ist besonders auf die sogenannten Ixel zu achten. Das sind alle Innenecken, die Anschlüsse einer Fläche an die übrigen Flächen: Wände, Decken, Fußböden. Hier fallen Unregelmäßigkeiten sofort ins Auge.
- Vor dem Aufbringen eines Kalkoberputzes ist eine eventuelle Sinterschicht auf dem Unterputz aufzurauen. Schon beim Festwerden des Kalkunterputzes wird dazu die Oberfläche mit einem Straßenbesen horizontal aufgekämmt. So kann der Oberputz ein gute Verbindung mit dem Unterputz eingehen.

5-38
Die Kunststoffabdeckung einer Elektroverteilerdose wurde hier mit Lehm verputzt, nachdem ein Gewebe aufgeklebt wurde.

5-39: Auftragen eines Lehmoberputzes.

5-40: Reiben eines Lehmoberputzes.

5-41: Reiben eines Deckenputzes.

5-42 Spaß an der Arbeit fehlt auch nicht.

5-43 Zweilagiger Kalkputz. Die Türzargen können jetzt eingebaut werden.

Ein Sommerhaus in Geltow

B4-1

Liebevolle Details im Innenraum. Ein Schneckenrelief wurde in den noch feuchten Putz in Sgraffitotechnik eingeritzt. Maßstab 1:5

Ausführung: Karin Börjes

Zwei Berliner Familien haben sich einen Traum erfüllt: Sie bauten ein Sommerhaus am nahegelegenen Templiner See. Die tragende Konstruktion wurde in Holzständerbauweise errichtet, die Außenwände sind mit einer Leichtlehmdämmung aus Lehm und Holzhackschnitzeln gedämmt und mit lehmsichtigen Lehmputzen innen und außen geschmückt. Wetterseitig bekam der Außenputz zusätzlich einen Schutz aus Lärchenholz. Eine in den Lehmputz integrierte Wandflächenheizung erwärmt mit ihrer Strahlungswärme die Räume an kalten Tagen. Blickfang und gleichzeitig Wärmespeicher ist die geschwungene Stampflehmwand, die den multifunktionalen Wohnraum zum Bad abgrenzt.

Die eingebrachte Eigenleistung bei den Lehmbauarbeiten half, die Baukosten niedrig zu halten. Um auch bei den Materialkosten zu sparen, wurden Lehmputzmörtel wie auch die Mischung für die Leichtlehmdämmung auf der Baustelle aus den Ausgangsmaterialien gemischt. Der Lehm hierfür kam aus zwei Quellen: Ton aus einer kleinen Ziegelei in Ostbrandenburg und Grubenlehm aus der Region. Fachkräfte leiteten die Lehmbauarbeiten an.

Im Rahmen einer Studie über Lehme in Brandenburg untersuchte das Labor Kelch GbR die Zusammensetzung der verwendeten Tone und Lehme. Der Ziegelei-Ton enthielt deutlich mehr Dreischicht-Tonmineralien, was ihn für die Pufferung von Luftfeuchtigkeit geeigneter machte. Der Grubenlehm war magerer und kiesiger als der Ziegeleiton und enthielt weniger Dreischicht-Tonmineralien. Der Kalkgehalt war mit 14% ungewöhnlich hoch. Das führte zu einer starken Aufhellung nach dem Trocknen, die Stabilität war dadurch aber nicht beeinträchtigt.

Der *Ziegelei-Ton* – bei einem Tongehalt von über 50% spricht man von Ton und nicht mehr von Lehm – war aufgrund seines hohen Tongehaltes schwer aufzubereiten. Wegen des hohen Anteils von Dreischicht-Tonmineralien und seines hellgelben, leicht grünstichigen Farbtons wählte man ihn dennoch für die Innenputze. Der Lehm wurde in Wannen eingeweicht und mit einem Zwangsmischer gemischt. Ein Rührgerät wäre für diesen fetten Lehm nicht geeignet gewesen. Trotz des langen Durchrührens enthielt der Tonbrei noch kleine, unaufgeschlossene Tonklümpchen, die man für den Feinputz mit einem Sieb aussonderte. Dazu musste man den Brei aufwändig durch ein Sieb quetschen. Der *Grubenlehm* hingegen war problemlos sowohl mit dem Rührgerät als auch mit dem Zwangsmischer aufzubereiten.

Für den *Außenputzmörtel* wurde Grubenlehm mit Ziegelei-Ton gemischt. Der Grubenlehm wurde dazu in Wannen 2-3 Tage gemaukt, der Ziegeleiton mindestens 2 Wochen. Frischer Pferdemist wurde mit Wasser vermischt und einen halben Tag lang stehen gelassen. Das Mischen des Mörtels erfolgte im Trommelmischer.

Ausführung der Putzarbeiten: Eigenleistung, Karin Börjes, Irmela Fromme, Fa. Lehmbauwerk, Axel Harms, Fa. LEHMart.

B4-2

Blick in den Wohnraum mit Wintergarten und Schlafboden. Der lehmverputzte Kaminofen ist mit einer Lehmfarbe gestrichen.

B4-3

Unterschiedlich farbige Lehmedelputze schmücken die Deckenfelder im Bad.

Außenputz: 2-lagig, Gesamtdicke 3 cm
Baustellenmörtel aus Ziegelei-Ton, Grubenlehm u. Pferdemist, gemagert mit Zuschlagstoffen

Putzgrund: Schilfrohrmatten als zusätzliche Dämmung und als Putzträger für das Holzständerwerk

Unter- und Oberputz: Mischungsverhältnis für Ober- und Unterputzmörtel:
ca. 1 Teil Ton/Lehm : 3 Teile Kies 0/4mm, Strohhäcksel; Zugabe von 25% Pferdemist, der ca. ½ Tag gemaukt wurde.

Innenputz auf Außenwänden (Holzständer): zweilagig, Gesamtdicke 3 cm, aus Ziegelei-Ton, gemagert mit Zuschlagstoffen im Verhältnis 1:2 bis 1:3.

Putzgrund: Schilfrohrmatten als zusätzliche Dämmung und gleichzeitig als Putzträger für das Holzständerwerk, Wandheizung

Unterputz: Baustellenmörtel aus Ton, Kies 0/4 mm, Strohhäcksel und eingeweichten Holzweichfaserspänen

Oberputz (Feinputz): Baustellenmörtel aus Ziegelei-Ton, Sand 0/2 mm, gerieben

Innenputz am Schornstein: zweilagig

Putzgrund: Schornsteinmauerwerk

Unter- und Oberputz: Baustellenmörtel wie Innenputze auf Holzständerwänden, jedoch ohne Strohhäcksel; mit Holz- und Kunststoffglättern sehr glatt und dicht gerieben.

B4-4
Küchendetail mit Stampflehmwand. Im Bereich der Küchenzeile sind die Lehmputzoberflächen mit der Glättekelle geglättet und mit Lehmfarbe gestrichen.

Innenputz an Dachschrägen und Zwischendecken: einlagig

Putzgrund: Lehmbauplatten, Stöße mit Gewebe armiert

Spachtelputz: teils Baustellenmörtel aus Ziegelei-Ton, gemagert mit weißem Feinsand, Quarzsand und Marmormehl, teils farbiger Edelputz aus Werktrockenmörtel.

B4-5 Der Außenputz im 12. Jahr, geschützt von Dachüberstand und gemauertem Sockel.

B4-6 Südostansicht.

5-44
Einlagiger Lehmputz auf porosiertem Ziegelmauerwerk.

5.6 Einen einlagigen Putz ausführen

Ein einlagiger Putz muss die Funktionen sowohl des Unter- als auch des Oberputzes gleichzeitig erfüllen. Er kann nur auf ebenen, stabilen und homogenen Untergründen aufgebracht werden, die gleichmäßig gut saugen. Dies ist bei Lehmputzen bedingt möglich. Einlagige Kalkputze sind wegen der Gefahr der Haarrissbildung nicht empfehlenswert!

Der Mörtel für einen einlagigen Putz (Oberputz) in 8 - 15 mm Putzstärke sollte mineralische Zuschläge der Körnung zwischen 0/2 und 0/4 mm enthalten, je nach Putzdicke und gewünschter Oberfläche.

Arbeitsschritte

Wird ein einlagiger Putz ausgeführt, so werden zunächst die Arbeitsschritte 1 bis 4 des Unterputzes ausgeführt und – nachdem der Putz ausreichend angezogen ist – folgt der Arbeitsschritt 5 des Oberputzes.

5-45
Einschalen einer Türöffnung. Der Unterputz kann so über der Kante abgezogen werden.

5.7 Detaillösungen bei den Putzarbeiten ausführen

Innen- und Außenkanten sowie die Anschlüsse unterschiedlicher Flächen oder Materialien aneinander können auf verschiedene Weise ausgeführt werden. Neben diesen Details werden im Folgenden auch einige Hinweise zum Verputzen von Wandflächenheizungen gegeben.

Kanten

Es gibt verschiedene Varianten, um die Außenkanten, z.B. von Fensterlaibungen, Nischen oder Schornsteinen oder vor- oder einspringende Ecken und Kanten zu putzen. Sie können scharfkantig, leicht gebrochen, abgeschrägt oder mehr oder weniger stark gerundet ausgebildet werden, was vor allem im Lehmbau beliebt ist. Am Beispiel einer Fensterlaibung werden die Arbeitsschritte beschrieben:

- **Putzen der Kanten mit Einsatz von Putzlatten**

1. Gerade Putzlatten werden mittels Putzhaken an den Laibungsflächen montiert oder mit Keillatten verspannt. Sie werden senkrecht und in der Flucht der Wand ausgerichtet und dienen als Anschlag für den Wandputz.
2. Nachdem der Unterputz abgezogen und genügend angezogen ist, bzw. nach dem Reiben des Oberputzes werden die Schalbretter umgesetzt und auf die Wandfläche montiert. Nun werden die Innenseiten der Laibung verputzt.
3. Nach dem Abziehen des Unterputzes bzw. dem Reiben des Oberputzes werden die Schalbretter abgenommen. Die Kante wird nun gebrochen, abgeschrägt oder mit Hilfe einer langen Kartätsche leicht abgerundet. Beim Oberputz wird der Übergang zur bereits geputzten Fläche gut verrieben.

5-46 + 5-47
Putzhaken und Keile zum Fixieren von Schalhölzern.

5-48 Nach dem Ausschalen leicht gebrochene Außenkante.

5-49 Abrunden einer Außenkante mit Hilfe einer Kartätsche.

Bei dieser Methode entstehen sehr gerade Kanten. Extreme Scharfkantigkeit sollte vor allem bei den weichen Lehm- und Kalkputzen vermieden werden, da sie zu stoßempfindlich sind. Bei Schornsteinen dürfen die Putzhaken nur in die Lagerfugen eingeschlagen werden und nicht in die Steine, um diese nicht zu beschädigen.

- **Freihändiges Abrunden**

1. Wand- und Laibungsfläche werden gleichzeitig mit Putz beworfen und bearbeitet.
2. Während des Abziehens des Unterputzes bzw. des Reibens des Oberputzes wird die Kante abgerundet. Wird auf eine gerade Linie der Kanten Wert gelegt, so sollte mit langen Holz-Kartätschen gearbeitet werden.

Diese Methode empfiehlt sich für stark abgerundete Kanten. Günstig ist es, die Ecken der Wand bereits entsprechend auszufuhren oder – wenn sie gerade sind – nachträglich abzuschrägen. Ist dies nicht der Fall, muss mit großen Putzdicken gearbeitet werden.

- **Putzen der Kanten unter Einsatz von Putzprofilen**

1. Putzprofile werden vor Beginn der Putzarbeiten eingesetzt (s. Seite 81, Abb. 5-26 und 5-27).
2. Wand- und Laibungsflächen können in einem Arbeitsgang angeputzt werden. Die Putzprofile bleiben im Putz. Sie sind als Linie (Metall oder Kunststoff) sichtbar oder werden leicht überputzt.

Diese Methode ermöglicht scharfe Kanten, die gegen Stoß weitgehend geschützt sind. Darüber hinaus werden auch gerundete Profile in verschiedenen Radien angeboten.

Innenecken

Normalerweise stoßen Wand- und Deckenflächen an den Innenecken im rechten Winkel aneinander. Sollen sie abgerundet geputzt werden, so wird die Rundung im Unterputz vorbereitet:

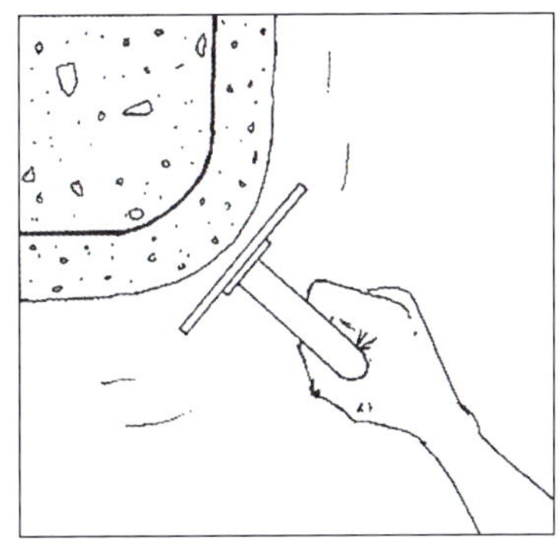

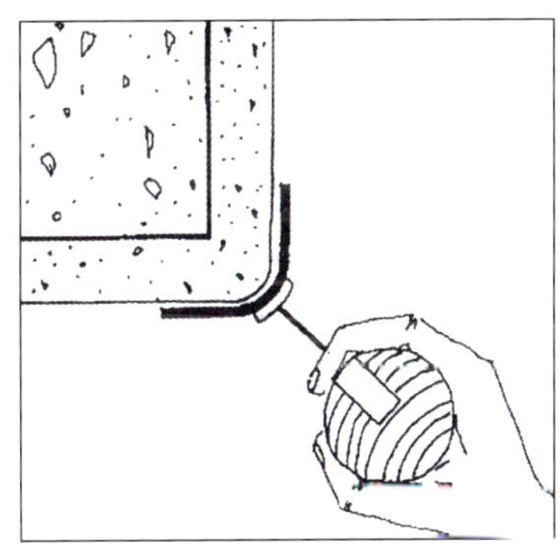

5-50
Die Kante wird mit Reibebrettern gerieben. Alternativ kann mit japanischen Spezialkellen (mit unterschiedlichen Radien) gearbeitet werden.

5-51
Rund geputzte Laibungen wirken weich. Ausführung der Lehmputzarbeiten: Fa. LehmBauWerk.

5-52
Eingebaute Putzprofile schützen die Kanten eines Pfeilers.

5-53
Rundputzen einer Innenecke mit Hilfe eines Abflussrohrknies.

5-54
Fehlerhafter Anschluss Wand - Decke. Wird der Kellenschnitt versäumt, können sich Risse bilden, die unregelmäßig in beide Flächen verlaufen.

1. Die Ecke wird mit Mischung ausgeworfen und mit Rohren oder Flaschen im gewünschten Durchmesser abgezogen. Winkelstücke von Plastik-Abflußrohren eignen sich recht gut und sind in verschiedenen Durchmessern erhältlich. Zur Sicherheit kann ein Armierungsgewebe eingelegt werden, vor allem wenn verschiedene Konstruktionen aneinander stoßen. Jutegewebe lässt sich besser einarbeiten als das starrere Glasfasergewebe. Es muss allerdings gut eingedrückt werden, da es sich beim Trocknen etwas zusammenzieht. Im Lehmputz wird meistens auch der Mörtel mit Fasern armiert. Bei großen Putzdicken sollte ein Lehmputzmörtel auch entsprechend faserreich sein und eventuell mehrlagig aufgetragen werden, um Absackungen und Rissbildung zu verhindern
2. Beim Oberputz wird die vorgearbeitete Rundung in gleicher Putzdicke wie die Wand überzogen und ebenfalls mit Rohren oder Flaschen abgezogen. Sie wird vorsichtig mit dem Schwamm bearbeitet. Hilfreich können auch japanische Spezialkellen sein, die es in verschiedenen Durchmessern gibt.

Aufgrund der größeren Putzdicke in der Kehle kann es vor allem im Kalkputz zu Absackungen kommen, die Risse verursachen. Ratsam ist hier, die Kehle in mehreren Arbeitsschritten aufzubauen und die erforderlichen Standzeiten des Mörtels einzuhalten. Beträgt der Innendurchmesser der Rundung mehr als 6 - 7 cm, so sollte eine Unterkonstruktion montiert werden.

Anschlüsse

Die Anschlüsse verschiedener Bauteile oder Baustoffe müssen mit Sorgfalt ausgeführt werden, v.a. wenn bei einem Bauteil mit Bewegungen zu rechnen ist.

- **Anschluss Wand - Decke**

Stoßen Putzflächen an eine verputzte oder verkleidete Holzbalkendecke oder an Plattenkonstruktionen, so ist dieser Anschluss rissgefährdet, da von Bewegungen der Decken- bzw. Plattenkonstruktion auszugehen ist. In diesem Fall ist die sicherste Lösung, eine klare Trennung zwischen diesen Bauteilen vorzusehen. Dies geschieht in der Regel durch einen Kellenschnitt. Nach der Oberflächenbearbeitung der Wandputzfläche wird ein sogenannter Sollriss erzeugt, indem ein Schnitt am Wandabschluss direkt unter der Decke angebracht wird, mit Hilfe eines Stukkateureisens oder eines Messers.

Kellenschnitte sind keine perfekte Lösungen, da sie keine absolute Trennung der Flächen ermöglichen. Sie sind aber durchaus üblich, vor allem wenn die aneinander stoßenden Flächen beide frisch verputzt werden.

Stößt eine zu verputzende Fläche allerdings an eine trockene Fläche, so können auch einseitig klebende Trennbänder, z.B. ein 3 - 5 mm dickes Dichtungsband, an den Anschluss geklebt werden, bevor dagegen geputzt wird. Dieses wird nach dem Trocknen des Putzes mit dem Cuttermesser putzbündig abgeschnitten und verbleibt so als flexibles Band in der Anschlußfuge. Alternativ ist es möglich, ein Putzabschlussprofil zu setzen.

Bei dem Anschluss einer Massivbauwand an eine Betondecke sind Kellenschnitte nicht unbedingt notwendig.

- **Wandanschlüsse**

Bestehen die aneinanderstoßenden Wände aus verschiedenen Konstruktionen, die beide mit dem selben Putz versehen werden, so kann es dasselbe Problem geben wie beim Übergang Wand-Decke, z.B. beim Anschluss einer Massivwand an eine Plattenkonstruktion. Ein senkrechter Kellenschnitt ist allerdings optisch nicht schön. Werden alle Flächen gestrichen, so kann die Fuge mit Acryl geschlossen werden. In manchen Fällen ist eine Gewebearmierung vorzuziehen, allerdings nicht bei starker Setzung oder Bewegung einer Wand.

- **Anschlüsse verschiedener Baustoffe**

Auch innerhalb einer Fläche kann es Anschlussdetails geben, so z.B. in Fachwerkkonstruktionen am Übergang Holzbalken - Putzfläche. Werden die Holzbalken vorher grundiert, z.B. auf Leinölbasis, so trennt sich die Putzschicht oft automatisch vom Balken. Dennoch sind Kellenschnitte empfehlenswert.

Wird allerdings gegen stabile Materialien wie Fliesen geputzt, so ist ein Sollriss nicht notwendig.

- **Anschluss Wand - Fußboden**

Stößt die Wand auf eine Holzkonstruktion, so wird eine deutliche Fuge zwischen Putz und Bodenkonstruktion hergestellt. Auch hier ist der Einsatz von Trennbändern oder auch Bitumenpappe (bei Kalkputzen) möglich. Die Anschlussfuge wird durch die später angebrachte Fußleiste abgedeckt. Diese ist in jedem Fall bei Lehmputzen empfehlenswert, um eine wischfeste Kante herzustellen.

Gefacheputz bei Außenwänden

Bei Gefacheputzen im Außenbereich kommt dem Anschluss vom Putz zum Balken besondere Bedeutung zu. Ideal ist, wenn der Putz bündig an die Balken anschließt, so dass das Wasser gut abfließen kann. Wenn die Hölzer nicht alle in der Flucht liegen, sollten die Putzflächen entsprechend angepasst werden; jedenfalls sollte nicht so gerade verputzt werden, dass einzelne Balken herausstehen. Ist die Substanz allerdings schon bündig mit den Hölzern, so werden die Putze kissenförmig ausgebildet, und zwar so, dass die Abschrägung zum Balken hin möglichst lang ausgezogen wird, also nicht zu steil ist. Wenn möglich, sollte zuvor in diesem Bereich etwas Lehm von der Gefachfüllung abgekratzt werden.

Von Vorteil ist es, wenn die Putze am oberen Riegel den Balken leicht unterschneiden. Am unteren Riegel sollten sie hingegen auf keinen Fall zurückspringen, da sich dort sonst das Wasser auf dem Holz sammelt und in die Fuge eindringt. Die Anschlüsse Holz-Putz werden auch durch Kellenschnitte getrennt.

Das Verputzen von Wandheizungsflächen mit Lehmputz

Wandheizungen bestehen in der Regel aus wasserführenden Rohrschlangen, die eingeputzt werden. Diese Heizungssysteme erfreuen sich in Lehmhäusern – und nicht nur dort – steigender Beliebtheit. Wie bei jedem Putz muss hier besonders sorgfältig geprüft werden, ob der Untergrund für den Putzaufbau in der erforderlichen Dicke tragfähig genug ist und ob Vorarbeiten notwendig sind. Damit nicht zuviel Wärme an den Wandbaustoff abgegeben wird, werden hinter den Heizungsrohren wärmedämmende Materialien auf massiven Wänden eingesetzt, wie z.B. Holzwolleleichtbau-, Schilfrohr- oder Holzweichfaserplatten. Alle diese Platten sind als Putzträger geeignet. Um letztere auch für die erforderlichen dicken Putzlagen tragfähig zu machen, können sie vor dem Verlegen der Heizungsrohre mit einem Spachtel-Putz in Kammzugtechnik versehen werden. Günstig ist auch, den Verputz anzuspritzen, da dadurch ein noch besserer Verbund mit dem Untergrund erzielt wird.

Vor den Putzarbeiten muss das Heizungssystem abgedrückt und funktionsfähig sein. In der Regel wird die Heizung beim Auftrag des Unterputzes erwärmt – spätestens direkt nach Beendigung des Arbeitsganges, so dass die Rohre in ausgedehntem Zustand sind, wenn der Putz trocknet. Außerdem forciert das den Trocknungsprozess. Beim Oberputz, v.a. bei feinen Schichten, kann die Heizung kalt bleiben, um eine längere Bearbeitungszeit und ein gleichmäßigeres Austrocknen zu gewährleisten.

Da die Putzdicke meist 25 - 30 mm beträgt, muss auf jeden Fall mehrlagig geputzt werden:

1. Der Unterputzmörtel wird angeworfen oder angespritzt und auf Oberkante Heizungsrohre abgezogen.

5-55
Kellenschnitt am Anschluss Putz – Holz an einer Fachwerkfassade.

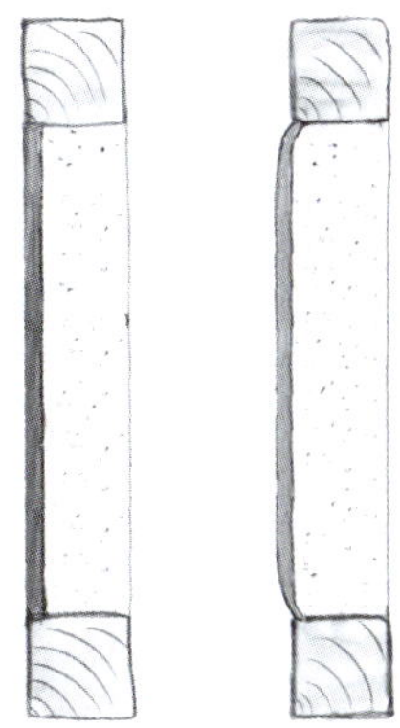

5-56
Der Gefachputz wird bündig (links) oder kissenförmig (rechts) an den Balken angeputzt.

5-57 a, b, c
Die erste Putzschicht wird auf eine Wandheizung aufgetragen.

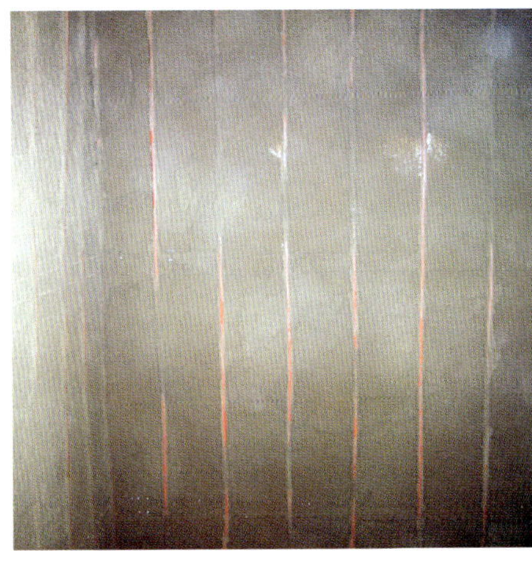

2. Nach dem Trocknen dieser Schicht, wird die nächste Putzlage so aufgebracht, dass die Heizregister 5-10 mm überdeckt sind. Über den Rohren wird Armierungsgewebe in den Unterputz gelegt, das sowohl an den Stößen als auch zur angrenzenden Wandfläche 20 bis 25 cm überlappt. Günstig ist auch, die gesamte Fläche, welche die Heizungsrohre umgibt, vollflächig zu armieren, da dort der Putz besonders dick ist und so zusätzlich stabilisiert wird.
3. Nach dem Trocknen des Unterputzes wird der Oberputz aufgebracht.

Es gibt auch Wandheizungssysteme, die aus Matten mit sehr dünnen Rohren, sogenannten Kapillarmatten bestehen und geringere Putzdicken ermöglichen.

Verschiedene Hersteller haben mittlerweile Lehmplatten entwickelt, in die bereits ein Heizregister integriert ist. Nach dem Anbringen der Platten werden die Anschlüsse verpresst und geschlossen. Die Platten können dann wie üblich mit feinen Lehmputzschichten überputzt werden.

Da in diesem Bereich laufend Neu- und Weiterentwicklungen stattfinden, müssen vor dem Putzen die Angaben der Hersteller eingeholt werden, vor allem bezüglich der Putzdicke, der empfohlenen Gewebe (bei Kalkputzen) und des Heizungsbetriebs während und nach dem Putzauftrag.

Soll statt mit Lehmputz mit Kalkputz gearbeitet werden – was durchaus möglich ist – müssen ebenfalls die entsprechenden Herstellerhinweise zur Verarbeitung eingeholt werden.

5.8 Nach den Verputzarbeiten

5-58
Schimmelbildung auf frischem, strohhaltigem Lehmputz.

Sind die Putzarbeiten an einer Wand oder in einem Raum abgeschlossen, werden der Arbeitsplatz aufgeräumt, die Werkzeuge gesäubert und die Schutzvorrichtungen für andere Bauteile entfernt. Der Trocknungsprozess von Lehmputzen sollte beobachtet werden. Und nach dem Trocknen sind ggf. auch noch Vorkehrungen zum Schutz einzelner Bereiche nötig.

Während man möchte, dass Lehmputze nach Fertigstellung der Putzarbeiten schnell, aber nicht zu schnell trocknen, müssen Kalkputze gleichmäßig und langsam trocknen. Zu schnelles Trocknen würde dem Kalkputz die für das Abbinden nötige Feuchtigkeit entziehen, er könnte „verbrennen“ (siehe Seite 27, Kapitel 2.4: Ein geeignetes Putzsystem wählen).

Trocknungsphase von Putzen

Je nach Witterungs- und Trocknungsbedingungen sowie Putzdicke kann das Austrocknen zwischen wenigen Tagen und mehreren Wochen dauern. Dies wird als Standzeit bezeichnet. Während diese bei Kalkputz im Durchschnitt 2 Tage pro mm Putzdicke beträgt, kann sie bei Lehmputzen bei 3 - 4 Tage pro mm Putzdicke liegen.

Beide Putzsorten enthalten ungefähr die gleiche Wasserzugabe, die wieder abgegeben werden muss. Etwa 1/3 wird von der Luft aufgenommen, die übrigen 2/3 vom Untergrund. Schwach saugende Untergründe verlängern die Trocknungszeiten ebenso wie eine hohe Luftfeuchtigkeit im Raum. Kalte Luft nimmt wesentlich weniger Feuchtigkeit auf als warme Luft.

Eine zu langsame Trocknung und zu lange Trockenzeit kann zu Schimmelbildung auf jedem Putz führen [Claytec 2010]. Lehmputze sind aber besonders gefährdet, da sie nicht so alkalisch wie Kalkputze sind. Der pH-Wert liegt hier bei max. 9 - 10, bei Kalkputz hingegen bei mindestens 13. Auch Strohanteile fördern die Schimmelbildung im feuchten Putz.

In der Regel kann der Schimmel nach dem Trocknen abgebürstet werden. Auf dem trockenen Putz sind dann keine weiteren Schimmelbildungen zu befürchten. Die befallenen Stellen können auch mit Wasserstoffperoxid eingesprüht werden. Ist der Schimmelbefall jedoch zu stark oder von Bauherrenseite unerwünscht oder ist eine schnellere Austrocknung für den Bauablauf gewünscht, sollte die natürliche Trocknung durch Trocknungsgeräte forciert werden. Eine ausreichende Luftbewegung ist wichtiger als übermäßige Wärme. Ausreichende Luftbewegung wird durch Querlüftung erzielt, die in jedem Fall ermöglicht werden sollte, und durch zusätzlich eingesetzte Ventilatoren. Effektiv sind auch Entfeuchtungsgeräte, sogenannte Kondenstrockner, in denen das Wasser aus der Luft in Behältern gesammelt wird und die möglichst täglich entleert werden sollten. Mit zugeführter Strahlungswärme sollte nicht gearbeitet werden; denn dabei wird die Oberfläche zu schnell getrocknet im Vergleich zur dahinter liegenden Putzebene. Der Dachverband Lehm empfiehlt im Technischen Merkblatt „Anforderungen an Lehmputze“ die Führung eines Trocknungsprotokolls [Dachverband Lehm, 2008].

Im Stroh von Lehmputzen können sich außerdem Samen befinden, die keimen und dann vertrocknen. Die vertrockneten Halme können einfach abgebürstet werden. Manchmal kommt es zu kleinen Putzabsprengungen um den gekeimten Halm.

Nachbehandlung von Kalkputzen

Kalkputze sollten gleichmäßig, aber nicht zu schnell trocknen. Außenputze schützt man bei Sonneneinstrahlung, hohen Temperaturen und bei starkem Wind durch vorgehängte Tücher vor zu schneller Austrocknung. Dazu werden die Tücher, meist Jutebahnen, mehrere Wochen lang feucht gehalten, indem sie regelmäßig, je nach Witterung 2 mal täglich, angefeuchtet werden. Die Vorhängung schützt den frischen, noch nicht abgebundenen Kalkputz auch vor Schlagregen. (vgl. Abb. 5-4).

Schützen von Kanten und Flächen

Es kann sinnvoll sein, vorstehende Kanten, die nicht mit einem Putzprofil ausgebildet sind, nach dem Trocknen mit einem vorübergehenden Kantenschutz zu versehen, um Beschädigungen durch andere Gewerke während der Bauzeit und auch während des Umzugs zu vermeiden.

Was tun, wenn sich Schimmel auf Lehmputzen bildet?	
Sofort den Trocknungsprozess beschleunigen, durch	- ausreichend natürliche Querlüftung - Einsatz von Ventilatoren - Einsatz von Kondenstrocknern
Evtl. zusätzlich desinfizieren,	- z.B. mit 3-10iger Lösung von Wasserstoffperoxid (Sicherheitsbestimmung einhalten!) [UBA 2005]
Wenn ausreichend angetrocknet: Abfegen oder absaugen mit	- Handfeger - Staubsauger mit Filter der Klasse H
Wenn getrocknet: prüfen, ob Schimmel komplett entfernt wurde; falls nicht:	- Restschimmel entfernen; - Lehmputz ggf. mit Kalkmilch einstreichen zur Desinfektion während der Bauzeit
Die Trocknung sollte dann innerhalb weniger Tage weitgehend abgeschlossen sein.	

Tabelle 5-4
Was tun, wenn sich Schimmel auf Lehmputzen bildet?

Bleiben die Flächen als Sichtflächen ohne weitere Bearbeitung stehen, so müssen die Handwerker anderer Gewerke, z.B. die Maler, darauf hingewiesen werden, dass die Flächen durch Folie zu schützen sind.

Schwindrisse nacharbeiten

Schwindrisse im Lehmputz zeigen sich bereits während des Trocknungsprozesses. Bei Lehmputzen kann versucht werden, sie noch im feuchten Zustand zuzudrücken. Allerdings können sie dann in kleinerer Form wieder auftauchen. Oder es sind die Vertiefungen des Zudrückens sichtbar. Schwindrisse können auch nach dem Trocknen noch geschlossen werden, ebenso wie sich andere kleinere Mängel leicht beseitigen lassen (siehe Seite 108).

Schwindrisse im Kalkputz können nach dem Trocknen durch Filzen mit einer Schlämme geschlossen werden.

5-59
Ventilatoren unterstützen die Trocknung von Lehmputzen. Manchmal sind phantasievolle Lösungen gefragt.

5-60
Kondenstrockner können gemietet werden.

Eine Gemeinschaft saniert ein Baudenkmal

Lehm- und Kalkputze im Fachwerkhaus

B5-1
Das Fachwerkhaus vor der Sanierung im Jahr 2005.

2010 zeichnete der Landkreis Uckermark das im Dorfkern von Melzow stehende Fachwerkhaus mit der Denkmalschutzplakette aus. Eine christliche Gemeinschaft hatte es erworben und in einer Kombination von Eigen- und Firmenleistungen behutsam saniert.

Die Eichenhölzer der historischen Fachwerkkonstruktion aus dem Jahre 1823 mussten zu rund 50% erneuert werden. Zur Verbesserung der Wärmedämmung wurden die erneuerten Gefache mit Leichtlehmsteinen aus Hanfstroh ausgemauert und erhielten beidseitig dicken, strohhaltigen Lehmputz. Innen- und Außenputze der Außenwände mussten vollständig erneuert werden.

Alle Putze wurden als Baustellenmörtel angemischt, mit Ausnahme des Tadelakts im Bad, für den ein Werktrockenmörtel zum Einsatz kam. Für die Herstellung der Lehmputzmörtel nahmen die Helfer und Helferinnen fast ausschließlich Materialien aus der Region: Grubenlehm, Sand und Kies aus der benachbarten Kiesgrube sowie Strohhäcksel. Als Putzträger dienten Schilfrohrmatten eines regionalen Herstellers.

Außenputze

Alle Gefache erhielten außenseitig einen Lehmausgleichsputz, darauf eine Putzlage mit faserreichem Lehm und einen dünnen Feinputz auf Luftkalkbasis. Der Kalkfeinputzmörtel wurde auf der Baustelle aus Weißkalkhydrat, Mauersand 0 – 2 mm und Kälberhaaren gemischt. Der Kalkfeinputz wurde noch feucht mit einem Kalkanstrich versehen.

Innenputze

Innenseitig wurde auf die Fachwerkaußenwände ein 2 cm dicker, strohhaltiger Unterputz aus Grubenlehm, Sand und Strohhäcksel aufgebracht mit einer Armierung aus Jutegewebe. Der Oberputzmörtel wurde aus Grubenlehm und Sand gemischt.

Im Dachgeschoss erfolgten die Putzarbeiten ebenfalls weitgehend in Eigenleistung. Die tragenden Balken an den Dachschrägen und Decken ließ man sichtbar. Auf die Deckenfelder wurde ein zweilagiger Lehmputz auf Putzträger aufgebracht. Es stellten sich feine Haarrisse ein, die entlang der Schilfrohre des Putzträgers verlaufen. Die Ursache hierfür können zu dünn aufgetragene Ober- und Unterputze oder ein zu geringer Faseranteil im Unterputz sein.

Die Baustelle war gleichzeitig Lehrwerkstatt und Experimentierfeld: Neben den historischen regionalen Putzweisen fanden auch Techniken aus anderen Regionen der Welt Eingang in das Gemeinschaftshaus. Der Spritzbereich der Dusche und des Waschbeckens wurde mit einem marokkanischen Glanzputz geschützt, die Arbeiten an den Küchenwänden waren eher inspiriert von japanischen Glanzputztechniken.

In der Küche wurde mit drei verschiedenen Oberflächen gearbeitet. Nach Ausbesserung des vorhandenen Lehmunterputzes erhielt der obere Wandbereich einen Lehmfeinputz auf der Basis von Tonmehl und Sand, während der Sockelputz den natürlichen bräunlichen Farbton des regionalen Lehms zeigt. Den Spritzbereich über der Arbeitsplatte schützt ein umlaufendes grün-

B5-2
Nach der Sanierung. Ausführung der Lehm- und Kalkputzarbeiten unter Anleitung von Irmela Fromme.

B5-3
Innenwand mit sichtbarem Fachwerk und kissenförmigem 2-lagigem Lehmputz mit Kalkanstrich.

liches Band in Lehm-Kalk-Glanzputztechnik. Dafür mischte die Handwerkerin einen Mörtel aus gesiebter Lehmschlämme, Sumpfkalk, Zellulosefasern und Pigmenten. Als Pigment wählte sie Veroneser Grün, das zur Erhöhung der Farbkraft zusätzlich mit Chromoxid geschönt wurde. Den Putzmörtel zog sie sehr dünn auf und glättete und polierte die Oberfläche mit japanischen Metall- und Kunststoffkellen. Nach dem Trocknen trug sie auf die Oberfläche pigmentiertes Lappenwachs auf. Solch eine experimentelle Arbeit erfordert viel Geschick und praktische Erfahrung. Die Oberfläche ist auch nicht ganz unempfindlich, fetthaltige Spritzer ziehen gerne ein und sind nicht gut abzuwischen.

B5-4
Die changierende Farbigkeit des umlaufenden Bandes aus Lehm-Kalk-Glanzputz harmoniert mit den vorgefundenen historischen Baustoffen, der alten Holztür und dem Küchenherd. Ausführung: Irmela Fromme.

B5-5
Der Lehmputz folgt bewusst den Unebenheiten der vorgefundenen Wände. Die Wandnische über dem alten Küchenherd folgt der Form des ehemaligen Lichtkamins der Schwarzen Küche.

B5-6
Die helle Lehmfeinputzfläche harmoniert mit dem Holz der Fachwerkständer, der Zimmertür und dem naturbelassenen Lehmputz im Sockelbereich.

Bauherrin: Basisgemeinde Prenzlauer Berg e.V.
Architekt: WOF-Planungsgemeinschaft GbR, Jörg Wappler
Ausführende von Außen- und Innenputz: Eigenleistung unter Anleitung von Irmela Fromme
Ausführende für Tadelakt: Eigenleistung unter Anleitung von Piet Karlstedt

B5-7
Putzträger aus Schilfmatten wurden auf der Holzschalung der Dachgeschossdecke aufgebracht.

B5-8
Mit Lehm verputzte Dachgeschossdecke. Der fachgerecht ausgeführte Kellenschnitt zu den angrenzenden Holzteilen ist deutlich sichtbar. Die Putzoberfläche weist feine Haarrisse auf.

6 Putzoberflächen schützen und pflegen

6-1
Lehmfarbe in Stucco-Technik geglättet.
Ausführung: Sylvie Wheeler

Erst wenn die Rohbauwände verputzt sind, gewinnen wir langsam das Gefühl, dass hier Räume entstehen, in denen es sich leben lässt. Wände, eventuell auch Decken, haben durch den Putz eine einheitliche „Haut" erhalten. Der nicht weiter behandelte Lehmputz gefällt vielen Nutzern als Oberflächen bereits so gut, dass sie die Flächen „lehmsichtig" lassen möchten. Inzwischen wird als oberste Schicht deswegen oft ein farbiger Lehmedelputz aufgetragen, der allenfalls noch farblos fixiert wird, um die Oberfläche stabiler gegen Abrieb zu machen. Auch auf Kalkbasis gibt es edle, meist mit Pigmenten eingefärbte Putzoberflächen wie Tadelakt und Stuccolustro, die an ausgewählten Flächen eingesetzt werden.

6-2 Sanierungsbedürftiger Lehmputz einer Fachwerkscheune, Frankenhain/Thür.

In der Regel werden Putzoberflächen im Innenbereich aber gestrichen oder tapeziert. Auf manchen Flächen sind auch Fliesen vorgesehen.

Oberflächen sind mehr oder weniger verletzlich. Sie nutzen ab, werden beschädigt, sind eventuell äußeren Einflüssen wie Wind und Wetter ausgesetzt. Lehmaußenflächen sind besonders gefährdet. Aber auch Innenflächen müssen gepflegt und in gewissen Zeitabständen überarbeitet oder renoviert werden.

Manche Flächen haben Mängel, die ausführungsbedingt sind und manchmal erst nach einiger Zeit wahrnehmbare Schadensbilder zeigen. Diese gilt es sorgfältig zu reparieren, vor allem, wenn es sich um sichtbar belassene Putzflächen handelt.

6.1 Anstriche und Fixierungen

Alle Wandfarben bestehen im Wesentlichen aus einem Bindemittel und den Farbstoffen/Pigmenten; nur in der weißen Kalkfarbe erfüllt der Kalk beide Funktionen. Darüber hinaus werden noch andere Zuschlagstoffe und eventuell auch Lösungsmittel zugesetzt. Grundsätzlich enthalten alle nassen Farbprodukte Konservierungsmittel, mit Ausnahme der alkalischen Kalk- und Silikatfarben. Es gibt auch Farben in trockener Form, die vor den Arbeiten mit Wasser vermischt werden.

Anstrichsystem	Bindemittel
Lehmfarbe	Ton und weiteres Bindemittel, z.B. Metylzelluloseleim
Kalkfarbe	Kalk
Kaseinfarbe	Kaseinleim
Leimfarbe	Methylzelluloseleim
Silikatfarbe	Kaliwasserglas, z.T. Zusatz von Kunstharzdispersionen
Naturharzdispersionen	Naturharze und –öle

Tabelle 6-1 Anstrichsysteme und ihre Bindemittel.

Innenanstriche

Um die raumklimatische Qualität der Lehm- und Kalkputze zu erhalten, sollten dampfdiffusionsoffene Anstrichsysteme gewählt werden, welche die Sorptionsfähigkeit der Putze erhalten [Minke 2009, S. 14-15]. Bei Luftkalkputzen dürfen nur dampfdiffussionsoffene Anstriche gewählt werden, da der Kalkputz dauerhaft Kohlenstoffdioxidzufuhr aus der Luft braucht, um seine Festigkeit zu erhalten. Ein Luftkalkputz wird durch einen Kalk- oder Silkatanstrich aktiviert und erhält sein Alkalität wieder.

Mindestens zwei Anstriche sind notwendig, bei Kalkanstrichen oft mehr. In der Regel wird vor dem ersten Anstrich noch eine Grundierung aufgebracht, die den Untergrund festigt und das Saugverhalten herabsetzt und egalisiert. Günstig ist, die Grundierung auf den folgenden Anstrich abzustimmen, z.B. eine Kaseingrundierung vor einem Kaseinanstrich. Alternativ kann auch ein verdünnter erster Anstrich als Grundierung eingesetzt werden.

Bei der Wahl des Anstrichsystems ist zu beachten, dass es spröde und weiche Anstriche

gibt. Weichere Anstriche sind die neu entwickelten Lehmfarben und die traditionellen Leimfarben, während Kasein- und vor allem Silikatfarben spröder sind. Wird auf einem sehr weich eingestellten Lehm- oder Kalkputz mit einer zu spröden Farbe gestrichen, kann es zu Spannungsproblemen und Schäden (Ablösen der Farbe) kommen.

Bei Leimfarbe ist zu beachten, dass sie wasserlöslich bleibt. Sie darf daher nicht im Außenbereich und in Feuchträumen eingesetzt werden. Außerdem ist sie nur bedingt mit Leimfarbe überstreichbar. In der Regel muss sie vor einem Neuanstrich abgewaschen werden – unbedingt, wenn ein anderes Farbsystem angewendet wird. Aus diesem Grund sollten Lehmflächen nicht mit dem verdünnten Farbenleim, sondern mit verdünntem Kaseinleim grundiert werden.

Im Folgenden werden wir Lehm- und Kalkfarben ausführlicher vorstellen. Lehmfarben können im Innenbereich auf den meisten Untergründen gestrichen werden. Kalkfarben werden traditionell sowohl im Innen- als auch im Außenbereich auf Kalk- und Lehmputzen eingesetzt.

Lehmfarbe

Es scheint naheliegend – und ist in anderen Kulturen auch realisiert – mit farbigen Lehmschlämmen einen Anstrich auszuführen. Nur, so leicht ist es dann leider doch nicht. Lehmschlämmen dürfen nicht zu dick angerührt werden. Und wenn weitere Zusätze wie Marmormehl oder Pigmente zugegeben werden, macht man schnell die Erfahrung, dass die Farbe überhaupt nicht wischfest ist. Dünn lässt sich so eine

6-3
Kalkfarbe auf Kalkglätte.
Ausführung: Fa. Wandkontakt, Günter W. Schulze, Wiehl

6-4
In diesem über 200 Jahre alten Fachwerkhaus wurden die Wände mit Lehmfeinputz neu verputzt und mit Lehmfarben gestrichen. Der historische Deckenputz, ein Kalkputz mit Schweineborsten erhielt als Decklage lediglich einen weißen Lehmfeinputz.
Ausführung: Fa. Lunz, Litzendorf

6-5
Lehmlasur. Die aus einem roten Tonmehl hergestellte Lasur verändert den Lehmputz deutlich in seiner Farbe

6-6
Lehmstreichputz naturweiß und reinweiß.

6-7
Mit Oxidrot pigmentierte Lehmfarbe.

Herstellung eines Mehlklebers

1. 1 Teil weißes Weizenmehl (kein Vollkornmehl!) wird mit 2 Teilen kaltem Wasser klümpchenfrei aufgerührt.
2. In einem großen Topf werden 6 Teile Wasser zum Kochen gebracht.
3. Das Mehl wird unter Rühren langsam in das kochende Wasser eingerührt.
4. Die Masse unter ständigem Rühren köcheln lassen, bis sie andickt und leicht transluzent wird (nach ca. 10 Minuten).
5. Den Mehlkleber durch ein Sieb geben und vor Benutzung abkühlen lassen.

Angaben nach [Weismann, Bryce 2008]

6-8
Aufbringen eines Lehmstreichputzes mit der Lasurbürste.

6-9
Einen Lehmstreichputz ausführen.

Schlämme aber wie eine Lasur einsetzen und kann z.B. einem braunen Lehmputz eine andere Farbnuance geben. Man kann diese Lasur auch mit einem Schwamm in den Putz reiben und erhält dann eine wolkige Struktur.

Lehmlasur (ein Beispiel)
1 Teil Tonmehl in
2-3 Teile Wasser einstreuen
und nach 10-15 Minuten gut durchrühren.
Beim Verarbeiten immer wieder aufrühren!

Im Handel erhältliche Lehmfarben, zu denen auch die Lehmstreichputze gehören, enthalten als Bindemittel Tonmehle und häufig zusätzlich Leim, meist Methylzelluloseleim, der in geringen Mengen zugesetzt wird und als Verdicker wirkt, was auch die Streichfähigkeit verbessert. Lehmstreichputze enthalten Anteile von feinem Quarzsand und haben deshalb den etwas irreführenden Begriff „Putz" in ihrer Bezeichnung. Der Anstrich hinterlässt eine feinkörnige Struktur auf der gestrichenen Oberfläche.

Es gibt Farben, die eine Mischung verschiedenkörniger Füllstoffe enthalten – vergleichbar mit dem Korngerüst der Putze. Dadurch kann sich die Farbe gut mit dem Lehmputz verbinden. Aus diesem Grund ist es ratsam, hier anstelle einer Grundierung einen Voranstrich mit verdünnter Farbe auszuführen. Lehmfarben sind bedingt lasierbar und mit Lehmfarben überstreichbar. Vor Folgeanstrichen mit anderen Farbsystemen muss die Lehmfarbe ggf. aber abgewaschen werden. Lehmfarben sind auf allen Putzen sowie auf mineralischen Leichtbauplatten einsetzbar.

Häufig bieten die Hersteller zwei Weißtöne an: naturweiß und reinweiß; letzteres ist in der Regel mit Titandioxyd versetzt. Einige Produkte bleiben dem Erdfarbenbereich treu und enthalten auch keine Farbpigmente. Andere bedienen ein sehr breites Farbspektrum und enthalten natürliche und künstliche Pigmente. Manche Hersteller bieten ihre Farbe in zwei Weißtönen an und darüber hinaus eine Auswahl an Pigmenten zum Abtönen vor Ort. Es gibt Produkte in trockener Form zum Selbstanrühren und angerührte Farben zum Sofortgebrauch.

Die fortschreitende Produktentwicklung macht die grundsätzlich positive baubiologische und ökologische Beurteilung von Lehmfarben schwieriger, weil zunehmend bedenkliche Additive beigemischt werden. So wird z.B. manchen Farben Isothiazolinon als Konservierungsmittel zugesetzt, das schwere Allergien auslösen kann. Isothiazolinone können auch in Farben enthalten sein, die fertig angerührt im Eimer auf die Baustelle kommen, sie müssen allerdings deklariert sein.

Der Verbrauch von Lehmfarben pro Quadratmeter liegt oft höher als bei anderen Farben. Obwohl Lehmfarbe gut mit einer Malerrolle aufgetragen werden kann, wird sie aus optischen Gründen gerne mit einer Lasurbürste aufgetragen. Das hat besonders auf glatten Untergründen eine belebende Wirkung. Auf unregelmäßigen Altputzen, deren Struktur etwas kaschiert werden soll, empfiehlt sich eher ein mit der Rolle aufgetragener Streichputz.

Grundsätzlich können Lehmfarben auch selbst hergestellt werden. Rezepte zur Herstellung einer Lehmfarbe unter Zusatz eines Mehlklebers (siehe Kasten) kommen aus dem englischsprachigen Raum. Diese Anstriche sind im Strohballenbau auf Lehmputzen beliebt.

Der Mehlkleber wird dann mit mehreren Teilen Lehm oder Tonmehl und ggf. feinem Quarzsand und Pigmenten zu einer Farbe angerührt. Wie bei Putzen muss auch hier das genaue Mischungsverhältnis durch praktische Versuche ermittelt werden. Für den ersten Anstrich kann z.B. folgende Mischung probiert werden: 2 Teile gesiebter Lehm + 2 Teile feiner Quarzsand + 1 Teil Mehlkleber. Beim zweiten Anstrich kann der Anteil des Quarzsandes reduziert bzw. weggelassen werden. Die Farbe wird in zwei Schichten mit einer Bürste aufgetragen. Der erste Anstrich wird gut in die leicht angenässte Lehmfläche eingearbeitet. Statt mit Mehlkleber kann auch mit einem Zusatz von Kasein- und Farbenleim experimentiert werden (vgl. die Rezeptur von E. Beuchel im Beispiel: Rußdorfer Wassermühle).

Kalkfarbe

Eine Sonderstellung bei den Anstrichsystemen nimmt der traditionelle Kalkanstrich ein. Kalk ist sowohl Bindemittel als auch weißer Farbstoff. Durch seine Alkalität wirkt er antibakteriell und kann Schimmelbildung verhindern. Kalkfarben sind im Innenraum unbedenklich einsetzbar, auch in Räumen mit Wasserdampfentwicklung wie Waschküchen und Ställen. Kalkfarbe wird hergestellt, indem Sumpfkalk oder eingesumpftes Weißkalkhydrat stark mit Wasser verdünnt wird.

Kalkfarbe eignet sich als Anstrich für Kalkputze. Es gibt zwei Methoden: nass in nass – auch frescal genannt – wobei der Kalkanstrich auf den noch frischen Kalkputz aufgebracht wird, oder der Anstrich wird auf den trockenen Putz aufgebracht, was auch als Secco-Technik bezeichnet wird. Ideal ist der Anstrich auf frische Kalkputzflächen. Dann bindet die Farbe gemeinsam mit dem Putz ab und bildet eine sehr stabile Verbindung.

Schwieriger ist die Verbindung zwischen Kalkfarbe und einem Lehmputz, da hier keine chemische Bindung stattfindet. In diesem Fall kann die Haftung verbessert werden, indem:

- der Lehmoberputz bereits Kalkanteile enthält, z.B. durch Zugabe von max. 20% Marmormehl,
- in die noch feuchte Putzschicht eine Mischung aus Kalk und Feinsand im Verhältnis 1:2 eingerieben wird,
- der erste, stark verdünnte Kalkanstrich auf dem noch feuchten, aber schon ausreichend festen Putz aufgebracht wird, so dass er tief einziehen kann.

Leider ist Kalkfarbe nicht immer ausreichend wischfest und wetterbeständig, besonders wenn unter ungünstigen Temperaturbedingungen gestrichen wird oder ebenfalls auf Untergründen, mit denen die Kalkfarbe keine chemische Bindung eingehen kann. Zusätze wie Kasein oder Leinöl können hier Abhilfe schaffen.

Optisch haben Kalkanstriche eine reizvolle Wirkung durch die Art des Auftrags mit einem Kalkquast. Die Pinselstriche geben der Fläche Lebendigkeit. Außerdem wird das Licht nicht einfach von der Oberfläche reflektiert, sondern bricht sich in der kristallinen Struktur des Kalkes, bevor es zurückgeworfen wird. Dieser Effekt stellt sich auch bei mit Kasein- oder Zelluloseleim gebundenen Farben ein, wenn das Weißpigment Kreide ist und damit ebenfalls Calciumcarbonat enthält. Durch den lasurähnlichen Auftrag der sehr wässrigen Kalkfarbe können zudem farblich interessante Effekte erreicht werden, wenn jede Anstrichschicht anders pigmentiert ist.

Auf historischen Kalkputzen wurden 25 bis 40 oft farbige Anstrichschichten analysiert.

Moderne Kalkfarben werden durch Zusätze so verändert, dass schon zwei Anstriche decken können und die Gefahr des Aufbrennens und Kreidens reduziert wird. Solche Zusätze können z.B. Marmormehle verschiedener Körnung und Zelluloseleim sein. Das hat allerdings auch Einfluss auf den optischen Eindruck, da die Farbe füllender ist.

Da historische Kalkanstriche nicht mehr üblich sind und vorwiegend in der Denkmalpflege eingesetzt werden, ist das Fachwissen hierzu nur wenig verbreitet. Werden die Anstricharbeiten an Firmen vergeben, so sollten erfahrene Handwerkerinnen herangezogen werden. Wie Kalkfarben angesetzt und Kalkanstriche selbst ausgeführt werden können, wird noch beschrieben (s.S.103 Kalkanstriche ausführen).

Silikat- und Silikonharzfarben

Kalkputze werden besonders zu Erhöhung der Wetterbeständigkeit mit Silikat- bzw. Silikonharzfarben gestrichen. Deshalb werden wir hier kurz auch auf die Besonderheiten dieser Farben eingehen. Silikatfarben sind mineralische Farben, bestehend aus dem Bindemittel Kaliumwasserglas, kalkhaltigen Füllstoffen und Farbpigmenten. Kaliumwasserglas ist eine dem Glas ähnliche Verbindung von Silizium und Sauerstoff, die als Salz mit Kalium in Wasser eine klare, gallertartige Masse bildet. Das Alter der Silikatfarben ist nicht belegt, die Technik zur Herstellung von Wasserglas, das bei der Glasschmelze durch hohen Druck in geschlossenen Behältern entsteht, ist sicherlich schon lange bekannt [Schönburg, 2011]. Ab 1875 hat diese Farben Adolf Wilhelm Keim entwickelt, sie waren daher auch unter dem Namen Keim'sche Mineralfarben bekannt.

Silikatfarben sind dampfdurchlässig und ebenso durchlässig für CO_2, das der Kalkputz notwendig zum vollständigen Erhärten braucht. Sie können nur auf rein mineralischen Untergründen angewendet werden. Beim Abbinden bilden sie keinen Farbfilm auf der Putzoberfläche, sondern die wässrige Wasserglaslösung bildet mit dem CO_2 der Luft, den kalkhaltigen Füllstoffen und mit dem kalkhaltigen Untergrund eine harte, lichtechte und wetterbeständige Schicht. Diese chemische Reaktion nennt man auch Verkieselung. Diese reinen Mineralfarben, auch 2-Komponenten-Silikatfarben genannt, sind nicht leicht zu verarbeiten [Reul 2007].

Daher sind mittlerweile weiterentwickelte Produkte auf dem Markt erhältlich, insbesondere die sogenannte 1K-Silikatfarbe, auch *Dispersions-Silikatfarbe* genannt, die wie Dispersionsfarbe auch Kunststoffanteile und organische Lösungsmittel enthält. *Silikonharzfarben* dagegen sind ein chemischer Zwitter mit Silikat- und Kunstharzbindemitteln [Wecobis 2011a]. Je mehr Kunststoffdispersionen in der Farbe enthalten sind, desto besser ist einerseits ihre Filmbildung und Festigkeit, andererseits nimmt je-

6-10
Historische Kalkanstriche auf dünnem Kalkputz [Volhard 2010].

6-11 und 6-12
Kalkanstrich auf Kalkputz. Die Pinselstriche sind bei bestimmtem Lichteinfall wahrnehmbar.

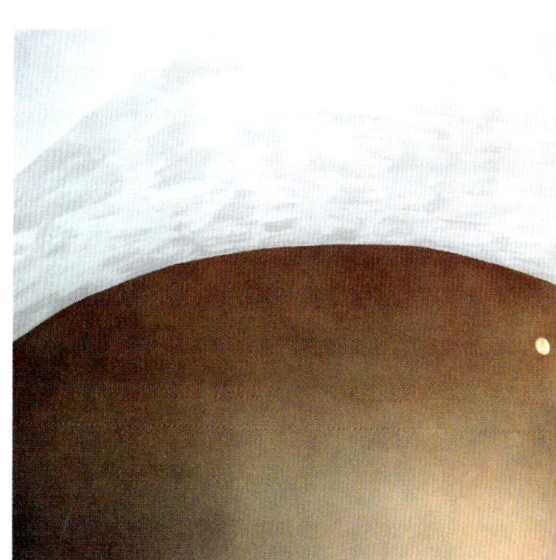

Rezept Kalksinterwasser

1 Liter Sumpfkalk wird mit rund 20 Liter Wasser vermischt und über Nacht stehen gelassen, damit sich der Kalk absetzen kann. Das über dem Kalk befindliche Wasser ist gebrauchfertiges Kalksinterwasser. [Kremer 2011]

6-13
Blau pigmentierter Kalkanstrich auf Lehmputz.

doch die Wasserabweisung und die Dampfdurchlässigkeit ab.

Silikatfarbe ist wie Kalkfarbe alkalisch und wirkt deshalb desinfizierend. Im Gegensatz zu Kalkfarben sind sie waschbeständig und müssen nicht so häufig erneuert werden.

Zwei-Komponenten-Silikatfarben werden aus Spezialpigmenten und einem Fixativ auf der Baustelle zubereitet, 1-Komponenten-Silikatfarben oder Silikonharzfarben werden fertig gemischt geliefert, enthalten aber dafür oft wieder bedenkliche Zusätze. Es empfiehlt sich auch hier nach zertifizierten ökologischen Produkten, z.B. NaturePlus-Produkten, Ausschau zu halten. Bezugsquellen finden sich im Anhang. Ausführliche Rezepte und Anwendungsempfehlungen vor allem für die Restaurierung beschreibt Kurt Schönburg [Schönburg 2011].

Lehmaußenputzflächen schützen

Traditionellerweise waren Sumpfkalkanstriche als Wetterschutz üblich, allerdings häufig auf einer dünnen Kalkputzschicht als Träger, mit dem die Farbe eine chemisch stabilere Verbindung eingeht. Grundsätzlich ist davon auszugehen, dass Kalkanstriche, die direkt auf Lehmputzen aufgetragen wurden, häufiger überstrichen werden müssen als es sonst bei Anstrichen üblich ist.

Über andere Anstriche auf Lehmaußenputzflächen liegen uns kaum Erfahrungen vor. Die sonst im Außenbereich sehr guten, reinen Silikatfarben sind auf Lehmputzen äußerst problematisch. Auf Fachwerkfassaden sind sie auf keinen Fall zu empfehlen, da die Lehmgefache über die Balken Feuchtigkeit – auch hinter der Anstrichebene – aufnehmen. Es entsteht ein ähnliches Spannungsproblem wie beim Zementputz.

Grundsätzlich ist zu bedenken, dass auf allen gestrichenen Flächen kleine mechanische Verletzungen und Auswitterungen sofort optisch störend auffallen, da unter der meist hellen Farbe der dunkle Lehm sichtbar wird. Feine Verwitterungen auf einem naturbelassenen Lehmputz, dem möglichst Dung zur Stabilisierung zugesetzt wurde, fallen da weniger auf. Zur Erhöhung der Wetterbeständigkeit kann auch eine Kalkkaseinfixierung aufgebracht werden, der ggf. ein zweiter Anstrich mit einer Verdünnung 1:5 bis 1: 6 folgen kann.

6-14
Zweilagiger Lehmaußenputz mit Zusatz aus Pferdemist auf Schilfrohrmatten als Putzträger und Dämmung.
Ausführung: Fa. LehmART, Potsdam und Axel Harms.

Kalkaußenputze schützen

Auf Kalkputzen sind grundsätzlich zwei Anstrichsysteme möglich, solche auf Kalkbasis oder auf Silikat- bzw. Silikonharzbasis. Beide Systeme erhöhen die Witterungsbeständigkeit des Kalkputzes, daher ist es empfehlenswert, Kalkaußenputze durch einen Anstrich zu schützen. Kalkanstriche verbinden sich sehr gut mit dem Kalkputz, sollten jedoch regelmäßig erneuert werden.

Ein freskaler Anstrich ist vorzuziehen, er führt zu einer dauerhafteren Verbindung der Kalkfarbe mit dem Putz. Der erste Anstrich sollte spätestens am Folgetag auf den frisch aufgebrachten Putz gestrichen werden. Aber auch bei der Frescotechnik müssen Kalkanstriche an Außenfassaden häufiger erneuert werden.

Bei der Erneuerung empfiehlt es sich, Altanstriche zuvor mit Kalksinterwasser mehrfach einzustreichen. Kalksinterwasser, auch Kalkwasser genannt, kann sowohl über den Handel bezogen als auch selbst hergestellt werden. Es ist ein klares Wasser mit gelösten Anteilen an Kalkhydrat [Förderverein für Handwerk und Denkmalpflege 2005].

Streicht man dagegen mit Silikat- oder Silikonharzfarben, muss der Kalkputz erst ausreichend karbonatisieren. Auch hier ist, wie beim Aufbringen des Oberputzes, eine Wartezeit von mindestens einem Tag pro mm Putzdicke einzuhalten. Eine eventuelle Kalksinterschicht an der Oberfläche ist durch Aufstreichen einer Ätzflüssigkeit (Kieselfluorwasserstoffsäure), auch Fluatieren genannt, zu entfernen. Am besten wird die Kalkputzfläche schon während der Standzeit zweimal fluatiert.

Bei der Verarbeitung der Silikatfarben sind angrenzende Flächen gut abzudecken. Haut und Augen sind wie beim Arbeiten mit Kalk zu schützen.

Erhärten von Luftkalkputz

Luftkalkputze sind nur dann beständig, wenn in ausreichendem Maße kohlendioxidhaltige Luft eindringen kann. Sie benötigen das Kohlendioxid der Luft zur Nachhärtung. Wenn die ständige Kohlendioxidzufuhr aus der Luft in die Putzschicht nicht mehr möglich ist, versanden diese Putze und verlieren an Festigkeit. Man sagt, der Kalkputz beginnt zu „faulen“. Kalkputze dürfen daher nur mit Anstrichen versehen werden, die eine hohe Durchlässigkeit für Kohlendioxid (CO_2) aufweisen.

6.2 Fixierungen

Ungestrichene Lehm- oder Kalkputzflächen müssen fixiert werden, wenn sie z.B. aufgrund eines zu mager eingestellten Mörtels absanden.

Lehmedelputzflächen, die aufgrund der feinen Bestandteile des Mörtels abpulvern, obwohl sie ausreichend tonhaltig und stabil sind, werden ebenfalls durch eine Fixierung gefestigt. Dies wird vor allem nötig sein, wenn der Mörtel keine stabilisierenden Zusätze wie Zellulose enthält.

Fixierungen können fertig gekauft und ggf. mit Wasser angesetzt oder selbst angerührt werden, als verdünnter Zellulose- oder Kaseinleim oder als Fixativ auf Kaliwasserglasbasis.

Man kann sie mit einer Lasurbürste im Kreuzgang aufstreichen oder mit einem Sprühgerät aufsprühen. Der verdünnte Zellulose- oder Kaseinleim wird nach dem Quellen und Verdünnen durch ein feines Sieb gegeben, bevor das Sprühgerät damit gefüllt wird. Kaseinleimfixierung sollte nicht bei Sonneneinstrahlung gesprüht werden, da sich dann kleine weiße Kristalle bilden können. Angrenzende Bauteile sind zu schützen, ein unbedingtes Muss, wenn mit Wasserglas gearbeitet wird. Auf dem Boden sollte, eventuell auf einer Folie, saugfähiges Material wie Zeitungspapier, Stoffe o.ä. ausgelegt werden. Elektrodosen müssen abgeklebt werden.

Nach dem Sprühen sollte das Gerät sofort gereinigt werden, damit die Düsen nicht verkleben. Bei der Arbeit mit Kalk und Wasserglas gilt: Augen und Haut schützen!

Rezepte für Fixierungen

Im Folgenden wird beschrieben, wie verschiedene Leime angerührt werden. Diese Leime können

- mit Wasser verdünnt und dann als *Grundierung* für die Putzoberfläche vor dem Anstrich verwendet werden oder auch zur Stabilisierung eines zu weichen Putzes.
- mit Wasser verdünnt und dann als *Fixierung* auf die Putzoberfläche aufgebracht werden, die dann keinen weiteren Anstrich mehr erhält.
- mit einem in Wasser angeteigten Pigmentbrei zu einer *Farbe* verrührt werden. Traditionell wurde das Pigment in Wasser eingestreut und mehrere Stunden, meist über Nacht stehen gelassen, damit das Pigment vollständig in Wasser gelöst wurde. Heute geschieht das Vermengen des Pigments mit Wasser mit Hilfe eines Quirls direkt vor dem Ansetzen der Farbe. Es wird ca. 25 - 35% ggf. leicht verdünnter Leim mit 65 - 75% Farbbrei verrührt.
- mit wenig Pigment versetzt und mit viel Wasser verdünnt als *Lasur* eingesetzt werden.
- unverdünnt als *Zusatz* zu einer Kalkfarbe gegeben werden, um die Verarbeitungseigenschaften zu verbessern und die Wischfestigkeit zu erhöhen (Kasein-/Zelluloseleim).

Grundsätzlich gilt:

Leim + viel Wasser = Grundierung, Fixierung
Leim + angeteigtes Pigment = Farbe
Leim + wenig angeteigtes Pigment + viel Wasser = Lasur

Wer seine Kenntnisse in diesem Bereich vertiefen oder auch Farben selbst herstellen möchte, dem seien die Fachbücher folgender Autoren empfohlen: [Wehlte 1985], [Schönburg 2011], [Weismann, Bryce 2008], [Ziesemann, Krampfer, Knieriemen 1996].

Rezept Zelluloseleim

Der hierfür verwendete Leim basiert auf Methylzellulose. Er ist im Handel als Farbenleim erhältlich, allerdings kaum in Baumärkten, sondern eher im Fachhandel. Die Produkte sind vergleichbar mit Tapetenkleister. In der Regel enthalten die Abpackungen 125 g und eine Rezeptur ist angegeben (immer Herstellerangaben beachten! Sie können von der folgenden Rezeptur abweichen).

Leimansatz

- 125 g Farbenleim in 3 Liter Wasser anrühren,
- 20 Minuten quellen lassen und anschließend kräftig durchrühren

Grundierung/Fixierung

Farbenleim mit der 7 bis 8fachen Menge Wasser anrühren

6-15
Der verdünnte Kaseinleim wird durch ein feines Sieb in das Sprühgerät gefüllt.

6-16
Eine Lehmedelputzfläche wird mit Hilfe eines Sprühgerätes fixiert.

6-17 a -c
Anrühren eines Kaseinleims aus Magerquark und Sumpfkalk.

6-18 *unten rechts*
Anrühren eines Kaseinleims mit einem Küchenmixer.

Auftragsschichten	Frescotechnik (Sumpfkalk : Wasser)	Seccotechnik (Sumpfkalk : Wasser)
1. Auftrag	ca. 1:2 bis 1:3	ca. 1:3 bis 1:5
2. Auftrag	ggf. ca. 1:3 bis 1:4	ca. 1:2 bis 1:3 + Leinölfirnis (bis 1% auf den Kalkanteil)
3. Auftrag	Nicht erforderlich	ca. 1:4 bis 1:5

Tabelle 6-2: Richtwerte zum Verdünnen von Sumpfkalk nach Höpfer [Höpfer 2011]

Rezepte Kaseinleim

Magerquark oder Pulverkasein kann mit Kalk zu einem Leim aufgeschlossen werden. Pulverkasein muss trocken gelagert werden. Es verliert bei zu langer Lagerung an Qualität. Kaseinleime sollten am gleichen Tag verarbeitet werden, da sie gelieren können.

Kalkkaseinleim aus Magerquark

4-5 Teile Magerquark + 1 Teil Sumpfkalk (ca. 1 gehäufter Esslöffel Kalk auf 250 g Magerquark) verrühren und mindestens 10 Minuten quellen lassen.

Kalkkaseinleim aus Pulverkasein

40 g Pulverkasein (alkalilöslich) in 125 ccm kaltem Wasser an einem warmen Ort zugedeckt einige Stunden (über Nacht) quellen lassen, mit ca. 33 g Kalkbrei gut verrühren (Kaseinbrei : Kalk = 4 : 1), 1/2 bis 2 Std. ruhen lassen.

Grundierung/Fixierung

Kaseinleim nach dem Quellen mit der 8-10-fachen Menge Wasser verdünnen.

Alternativ zu Kalk kann auch Natronlauge oder Borax zum Aufschließen des Kaseins zu Leim verwendet werden, allerdings mit einer anderen Rezeptur. Da Borax aber seit Anfang 2011 als gesundheitsschädlich gilt (was derzeit genauer untersucht wird), wird es für Herstellung von baubiologischen Produkten zur Zeit nicht eingesetzt.

Silikatfixierung

Zum Fixieren oder Grundieren von Putzflächen kann Kaliumwasserglas mit 1 bis 3 Teilen möglichst weichem (z.B. kalkfreien Regen-) Wasser oder destilliertem Wasser verdünnt werden. Bei starker Porosität des Untergrundes muss der Anstrich mehrmals wiederholt werden, um den Porenraum zu sättigen. Im Handel erhältliches Fixativ kann auch unverdünnt eingesetzt werden. Zum Einfärben einer Fixierung dürfen nur Silikatpigmente verwendet werden.

6.3 Kalkanstriche ausführen

Die Konsistenz von Kalkfarbe ist sehr wässrig, weshalb sie auch als Kalkmilch bezeichnet wird. Daher sind 3 bis 5 Anstriche auf einem neuen Putz nötig. Für einen dreimaligen Anstrich wird ca. 150 g Sumpfkalk pro Quadratmeter benötigt. Ein Eimer à 10 kg reicht demnach für eine Fläche von ca. 60 qm.

Für hochwertige Kalkanstriche, z.B. im restauratorischen Bereich, sollte mehrjährig abgelagerter, holzgebrannter Sumpfkalk verwendet werden. Für einfache Anstriche kann auch mit Wasser angesetztes Weißkalkhydrat zum Einsatz kommen.

Die Kalkfarbe ansetzen

Für den ersten Anstrich wird 1 Teil Kalkbrei mit 4 bis 6 Teilen Wasser verdünnt, bei weiteren Anstrichen reicht die Zugabe von 2 bis 3 Teilen Wasser als Verdünnung aus.

Verschiedene Mischungsverhältnisse in Abhängigkeit von der Auftragtechnik, ob nass in nass oder in Secco-Technik, sind in Tabelle 6-2 zusammengestellt. Dies sind lediglich Richtwerte, da das beste Mischungsverhältnis immer auch von der Qualität und Konsistenz des Kalkes abhängt. Wichtig ist, dass die Kalkfarbe auf keinen Fall zu dick angerührt wird, da sie dann reißen und stark abpulvern kann. Auf keinen Fall darf der erste Anstrich bereits deckend sein. Der Sumpfkalk oder das eingesumpfte Weißkalkhydrat wird zunächst mit wenig Wasser sämig gerührt. Eventuelle Zusätze werden jetzt zugegeben. Dann wird weiteres Wasser bis zur gewünschten Verdünnung zugegeben.

Um die Eigenschaften dieser Farbe beim Streichen und nach dem Trocknen zu verbessern oder um sie einzufärben, können verschiedene, im Folgenden aufgeführte Zusätze zugesetzt werden. Solche Zusätze sind sehr empfehlenswert, wenn auf Lehm- oder bereits abgebundenen Kalkputzen gestrichen werden soll.

Zusätze

Alle im Folgenden genannten Zusätze, ausgenommen Sand und Pigmente, verbessern die Wischfestigkeit. Eiweiß aus Milchprodukten geht mit Kalk eine wasserunlösliche Verbindung ein, wodurch die Witterungsbeständigkeit der Farbe verbessert wird, außerdem kann der Anstrich sauberer und ansatzfreier ausgeführt werden. Die Zugaben werden vorwiegend dem Deckanstrich zugegeben, mit Ausnahme von Leinöl, das nur in Grund- und Zwischenanstrichen beigegeben werden sollte. Die Mengenangaben in Volumen-Prozent beziehen sich stets auf die Menge an reinem Kalkbrei.

Magermilch: Aus Milchfett und Kalk entsteht Kalkseife. Zugaben von 15 - 30% der Kalkbreimenge sind möglich.

Magerquark: Magerquark kann vor der Zugabe zu Kaseinleim gerührt werden, indem 4 - 5 Teile Magerquark und 1 Teil Sumpfkalk vermengt werden und danach 20 Minuten quellen. Der Leim soll direkt vor dem Ansetzen der Farbe angerührt werden, da er bei längerem Stehen geliert. Es können 10 - 20% Magerquark bzw. Kaseinleim zugesetzt werden (siehe: Rezepte für Fixierungen).

Leinöl (Firnis): Durch die Zugabe von Leinöl (-firnis) bildet sich fettsaurer Kalk, auch Kalkseife genannt, der porenfüllend wirkt und die Elastizität und Festigkeit des Anstriches erhöht. Es können etwa 0,5 - 1% zugesetzt werden, was ca. 1 Esslöffel pro Liter entspricht. Das Öl wird dem Kalkbrei langsam unter Rühren zugegeben, so dass eine Emulsion entsteht, die anschließend mit Wasser zu Kalkfarbe verdünnt werden kann. Bei Außenanstrichen wird das Öl nur dem Grund- und Zwischenanstrich zugesetzt, nicht dem Endanstrich.

Schmierseife: Auch durch den Zusatz von Schmierseife entsteht Kalkseife. Streichbarkeit und Festigkeit werden verbessert. Die Zugabemenge beträgt 5% der Menge an Kalkbrei.

Leim: Zelluloseleimzugaben sind nur für Innenanstriche geeignet, da Zelluloseleim wasserlöslich ist. Zugesetzt werden kann bis zu 20%. Farbenleim ist im Handel erhältlich und wird ähnlich wie Tapetenkleister angesetzt (siehe: Rezepte für Fixierungen).

Quarzsand und Feinsand vermindern die Oberflächenspannung des Anstrichs. Quarzmehl kann auch als Karbonatisierungshilfe bezeichnet werden, da es das Anstrichgefüge durch seine Kornung auflockert. Ein Zusatz von 5 - 10% ist möglich, bei gleichzeitiger Zugabe von Farbpigmenten entsprechend weniger, so dass Sand und Farbe zusammen 10% ausmachen. Da sich der Sand absetzt, muss häufiger durchgerührt werden.

Farbpigmente: Trockene Farbpigmente werden einen Tag vorher in Wasser angeteigt. Eine Menge von 5 bis max. 10% Zusatz kann vom Kalk gebunden werden. Das ergibt vor allem bei Erdfarben einen relativ pastellfarbenen Ton. Wird ein intensiverer Farbton gewünscht, ist ein

6-19
Sumpfkalk hat eine pastöse Konsistenz.

6-20 Herstellen einer Kalkfarbe.

6-21 Kalkfarbe anrühren.

6-22 Farbfächer für Kalkfarben.

6-23 Kalkquast mit Naturborsten.

zusätzliches Bindemittel wie Kasein- oder Farbenleim erforderlich. Bei Anstrichen auf frischem Kalkputz können mehr Pigmente ohne weitere Zusätze gegeben werden, da der Kalk im Putz sie binden kann – ein Prozess, der Frescomalereien ermöglicht. Die Pigmente müssen kalkecht sein, was zum Beispiel bei Erdfarben, den meisten Oxydfarben, Ultramarinblau und Chromoxydgrün der Fall ist.

Anstrichaufbau

Es sind mindestens drei Anstriche notwendig. Trockene Putze müssen angenässt werden. Jeder Anstrich sollte erst am folgenden Tag überstrichen werden, damit er ausreichend karbonatisieren kann, eventuell nach erneutem Anfeuchten. Der Auftrag erfolgt mit einem Kalkquast oder einer Lasurbürste in wechselnden Pinselstrichrichtungen – entweder abwechselnd horizontal und vertikal oder im Kreuzgang mit liegenden Achten. Der Kalkquast ist wesentlich dichter als ein normaler Quast und kann die wässrige Farbe dadurch besser halten.

Kalk ist ätzend! Deshalb müssen beim Arbeiten vor allem die Augen geschützt und Gummihandschuhe getragen werden. Auch die umgebenden Baumaterialien sollten geschützt und abgedeckt werden, hier vor allem Holz, Metall, Öl- und Lackanstriche.

Die Witterungs- bzw. Temperaturbedingungen sind für die Qualität des Anstrichs entscheidend. Es soll auf eine langsame Trocknung geachtet werden – ohne Zugluft und ohne zuviel Wärme – da sonst die Farbe nicht ausreichend karbonatisiert; sie brennt auf und kreidet. Ideal sind Temperaturen von 10 bis 20°C. Bei direkter Sonneneinstrahlung und trockenen Winden sollte möglichst nicht gestrichen werden. Wenn doch, müssen die Außenflächen mit feuchten Tüchern vergehängt werden. Andererseits darf es auch nicht regnen. Die Temperatur soll nicht unter 10°C sinken. Nach Gebrauch ist der Kalkquast gut zu säubern, eventuell mit einem Schuss Essig im Wasser, und so aufzuhängen, dass das Wasser aus den Borsten abtropfen kann. So wird verhindert, dass eventuell verbliebene Kalkreste die Borsten am Fußpunkt zerstören.

6-24
Nach dem Reinigen wird der Quast so aufgehängt, dass das Wasser gut aus den Borsten abläuft.

6-25 a -d *(Bilder rechts)*
Fachwerk-Steinhaus in den Rodopen, Bulgarien. Der Lehmoberputz enthält bereits 10% Kalkanteile. Der Kalkanstrich wird in 4 Schichten aufgebracht. Für die ersten beiden Anstriche wurde Sumpfkalk mit Wasser im Verhältnis 1:10, für die oberen beiden Anstriche im Verhältnis 1: 5 verdünnt.

6.4 Tapeten und Fliesen

Tapeten

Bevor auf Putzflächen tapeziert wird, sollten sie grundiert werden. Auf Lehmputzen wird in der Regel nicht tapeziert, da eine gestrichene Oberfläche optisch sehr viel ansprechender ist. Ausserdem behindert die Tapete die Dampfdiffusion.

Die Oberfläche sollte nicht absanden. Vor dem Tapezieren sollte mit stark verdünntem Kleister grundiert und dann vorgeleimt werden (doppelt so viel Wasser wie für das Ansetzen von Tapetenkleister). Wesentlich günstiger ist eine Grundierung, die einigermaßen waschfest ist, so dass es später möglich ist, alte Tapeten zu entfernen, ohne die Putzschicht dabei zu sehr anzulösen (z.B. auf Kaseinleimbasis).

Auf Kalkputzen ist ein Vorleimen der Flächen mit verdünntem Kleister sowohl auf Neu- als auch auf Altputzen in jedem Fall empfehlenswert.

Vorsicht: Frische Luftkalkputze dürfen *nicht* tapeziert werden. Schon der Tapetenleim kann die notwendige Zufuhr von CO_2 behindern.

Fliesen

Auf einzelnen (meist Teil-) Flächen können Fliesen erwünscht sein. Handwerkstechnisch ist das auf Lehm und hydraulischen Kalkputzen möglich. Bei Luftkalkputzen gilt wieder die Regel: Die CO_2-Zufuhr darf nicht behindert werden. Lehmputze sollten nicht absanden. Von geschwammten Flächen sollten oberflächlich liegende Sandkörner abgefegt werden. Vor dem Verkleben werden die Flächen mit einem handelsüblichen Tiefengrund behandelt. Im Spritzwasserbereich dürfen keine Fliesen auf einen Lehmputz geklebt werden. Ein vorhandener Lehmputz in diesem Bereich kann z.B. durch eine davor gesetzte Glasscheibe vor dem Spritzwasser geschützt werden. Auf Flächen mit wenig oder keinem Feuchteanfall ist das Fliesen möglich, z.B. hinter der Arbeitsfläche in der Küche oder als Mosaik auf einer Ofenbank. Es ist auch möglich, Fliesen direkt in einem Lehmmörtelbett zu verlegen. Wird mit feinsandigem Lehmmörtel verfugt, so sollte die Fugenmasse einen Leinölfirnis-Zusatz von ca. 5% enthalten.

6-26

Fliesenmosaik. In dem Bereich der Fliesen wurde ein Kalkputz (mit hydraulischen Anteilen) aufgebracht, auf den das Mosaik geklebt wurde. Übrige Flächen: Lehmputz.

6-27

Fliesenspiegel in der Küche. Historische Fliesen wurden im Dickbettverfahren in einem Lehmmörtel auf Lehmuntergrund neu verlegt.

6-28

Lehmputz im Bad. Die Fliesen wurden auf einen Kalkzementputz aufgebracht, der vorher mit einer Streichisolierung eingestrichen worden war.

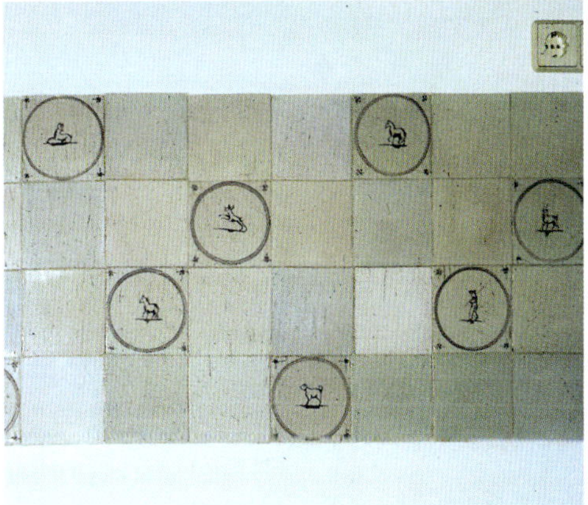

6.5 Schadensbilder an Putzoberflächen

Leider bleibt nicht jede Putzoberfläche in dem guten Zustand erhalten, den sie direkt nach der Fertigstellung hat. Bereits beim Trocknen können sich erste Schwindrisse zeigen, andere Risse treten vielleicht erst nach Monaten der Nutzung in Erscheinung. Sehr viele Schäden zeigen sich in Form von Rissen, die aber sehr verschiedene Ursachen haben können. Darüber hinaus gibt es auch Verfärbungen sowie Schäden durch unzureichende Haftung oder mangende Festigkeit und mechanische Verletzungen durch täglichen Gebrauch.

Schadensursachen

Die Schadensursachen können sowohl in konstruktiven Bedingungen als auch in der Putzausführung sowie in der späteren Nutzung und durch äußere Einwirkungen begründet sein. Auch „arbeitet" ein Neubau, vor allem ein Holzhaus, und bewirkt Bewegung in einzelnen Bauteilen.

6-29

Fehlende Stoßarmierung. Hier ein Putzriss, der durch die fehlende Stoßarmierung von Holzwolleleichtbauplatten verursacht wurde.

Erscheinungsbild	Ursache
Unregelmäßige, netzartig verlaufende Risse, evtl. mit hohl liegenden Stellen	Schwindrisse: - Putz zu fett oder an einzelnen Stellen zu dick aufgetragen. Bei sehr fettem Putz wölbt sich der Riss vor und der Putz liegt hohl. - Bindemittelreiche Oberfläche durch starke Glättung. - Falsches Festigkeitsgefälle: Oberputz fester als Unterputz. - Im Lehmbau: stark quellfähiger Putzgrund (z.B. Grünlinge) - Bei Kalkputzen auch durch zu schnelles Austrocknen bei heißer Witterung, Zugluft und Sonneneinstrahlung
Gerade vertikale und horizontale Risse in der Fläche	- Balken sind nicht oder unzureichend überspannt - Fehlerhafte Überspannung an Plattenstößen - Unzureichende Einbettung des Armierungsgewebe in den Untergrund (Riß an der Gewebekante) - Zu dünner Putz auf Schilfrohr (Riss entlang einzelner Halme) zu geringe Putzdicke auf Mauerwerksfugen - Materialwechsel - Absacken einer zu dicken Putzschicht, die evtl. zu früh bearbeitet wurde (horizontale Risse)
Gerade Risse an Flächenanschlüssen wie Decke oder Dachschräge, an Wänden und in Raumecken	- Sollriss durch Kellenschnitt fehlt oder ist unzureichend. Bewegungen an Decken oder Dachschrägen. - In Raumecken vor allem, wenn die Wände in unterschiedlichen Konstruktionen oder Materialien ausgeführt wurden.
Risse am Anschluss Balken - Putzfläche, Putzabplatzungen am Rand	Kellenschnitt fehlt. Besonders neu eingesetztes Holz schwindet beim Trocknen.
Putz liegt hohl und löst sich ab.	Unzureichende Haftung: - Untergrund ist zu wenig aufgeraut oder Haftgrund fehlt - Untergrund ist verschmutzt oder verstaubt - Untergrund ist instabil - Gefrorener Putzgrund bei Mörtelauftrag - Putz ist zu fett im Verhältnis zum Putzgrund - Untergrund für Lehmputz wurde mit zu dickflüssiger Lehmschlämme eingestrichen (Trennschicht) - Stark saugender und zu wenig angenässter Untergrund (bei Kalkputzen).
Putz sandet ab.	- Mischungsverhältnis falsch: zu wenig Bindemittelgehalt, ungünstiges Korngerüst - Bei Kalkputzen auch durch zu schnellem Entzug des Mörtelwassers oder bauschädliche Salze
Zerstörung des Mörtelgefüges und Ausblühungen	Hygroskopische Feuchtigkeit, die Salze transportiert (z.B. durch aufsteigende Feuchtigkeit infolge fehlerhafter Sperrschicht)
Dunkle, punktförmige Flecken und Verfärbungen im Lehmputz	Verunreinigungen im Lehm oder Stoffe aus dem Untergrund schlagen durch.
Feine, fast kreisförmige Risse um kleine Tonklumpen im Lehmputz	Schwinden von Tonklumpen, die nicht ausreichend aufgeschlossen und mit Sand vermischt sind

Tabelle 6-3: Schadensbilder und ihre Ursachen

Bevor mit Reparaturen begonnen wird, sollte die Ursache ermittelt werden. Sofern man die Putze nicht selbst ausgeführt hat, muss man sich zunächst über die Baukonstruktion kundig machen und feststellen, welche Baustoffe bei den verputzten Bauteilen zum Einsatz kamen.

Schäden durch Nutzung

Nutzungsbedingte Mängel und Schäden entstehen meist durch mechanische Verletzung aufgrund der Weichheit des Materials.

Sind starke Beanspruchungen absehbar, sollten im Vorfeld Maßnahmen getroffen werden, die während oder nach den Putzarbeiten auszuführen sind, wie etwa das Setzen von Türstoppern, Scheuerleisten etc. Kanten müssen manchmal während der weiteren Bauarbeiten durch andere Gewerke oder während des Einzugs geschützt werden z.B. durch einen provisorischen Kantenschutz. Sichtputzflächen sollten so spät wie möglich im Bauablauf eingeplant werden. Für solche kleineren Ausbesserungen empfiehlt es sich, Materialreste aufzuheben.

Schäden durch äußere Einwirkungen

Hierzu zählen z.B. Feuchteschäden – sei es durch ein Leck im Dach, eine auslaufende Waschmaschine des Obermieters oder durch Frosteinwirkungen. Diese richten bei Lehmputzen größere Schäden an als bei Kalkputzen.

Zu den äußeren Einwirkungen zählen auch starke Erschütterungen, z.B. durch den Verkehr einer sehr befahrenen Straße oder den Neubau des Nachbarhauses.

Außenputze werden durch die Einwirkung des Wetters besonders beansprucht. Die hier auftretenden Schäden werden häufig durch fehlerhafte Putzausführung oder konstruktive Mängel mit verursacht.

6-30 a - c Frostschäden an Kalkputzen. Vorzeitiger Frosteinbruch hat den frischen Putz beschädigt, vor allem im Bereich der Fenster und Außentüren.

6-31
Beschädigung einer geputzten Außenecke im Durchgangsbereich.

6-32
Mechanisch verursachte Beschädigung. Wenn Stühle zu dicht an Lehmwänden stehen, können sie Kratzspuren hinterlassen.

6-33
Konstruktionsbedingte Auswaschungen an einem Lehmaußenputz.

6.6 Lokale Putzausbesserungen

Reparaturmörtel

Der Reparaturmörtel sollte dem bestehenden Putz in Körnung und Bindemittelanteil ungefähr entsprechen. Auf keinen Fall darf er fetter eingestellt werden, da das zu Spannungen führen wird. Auch ist wichtig, dass eine dem Bestand entsprechende Oberflächenbearbeitung möglich ist.

Bei mehrlagigem Putz sind eventuell verschiedene Mörtel notwendig, die im Zweifelsfall durch Muster zu erproben sind. Abgeschlagene Lehmputze können in Wasser eingeweicht und wiederverwendet werden, sofern sie nicht verunreinigt sind.

Arbeitsschritte

1. Der Putz wird an der schadhaften Stelle abgeklopft. Noch brauchbare Lehmputze (d.h. nicht z.B. durch Salze etc. verunreinigte) können für die Reparatur aufgehoben werden.
2. Die Kanten werden leicht abgeschrägt. Die Abschrägung darf nicht zu flach auslaufen, da sonst der Reparaturmörtel am Rand aufgrund seiner Körnung leicht erhaben wäre (6-34).
3. Da der Putz an den Kanten gelockert ist, werden die Kanten von Kalkputzen gefestigt, z.B. mit Kaliwasserglas-Fixativ. Bei Lehmputzen ist das in der Regel nicht notwendig. Sie werden vor der Reparatur mit Wasser angesprüht, lösen so etwas an und verbinden sich mit dem Reparaturmörtel.
4. Der Putzgrund wird trocken abgefegt oder mit Pressluft ausgeblasen. Je nach Schadensursache wird er dann ggf. vorbereitet:
   - repariert,
   - fixiert, um die Oberfläche zu festigen,
   - mit einem Putzträger versehen und
   - mit Spritzbewurf oder Haftgrund versehen.
5. Direkt vor dem Auftrag des Reparaturmörtels wird auf die Kanten von Kalkputzen eine Kalkschlämme als Haftbrücke aufgepinselt. Bei Lehmputzen kann eventuell eine dünnflüssige Lehmschlämme aufgetragen werden (Abb. 6-35), dies ist jedoch nicht unbedingt notwendig.
6. Die angrenzende Putzfläche und ggf. der Untergrund werden angenässt. Der Putz wird, ggf. in mehreren Lagen, aufgebracht und sorgfältig an die Kante angearbeitet. Die Bearbeitung der Oberfläche ist an die Gesamtfläche anzupassen. Bei Lehmputzen kann die oberste Schicht vorsichtig mit Fummelbrettern in die umfassende, angenässte Fläche eingerieben werden, sofern der Putz nicht zu grobkörnig ist. Alternativ kann der Übergang mit einem Schwamm verrieben werden, sofern die Struktur zur übrigen Fläche passt. Dies empfiehlt sich auf Flächen, die insgesamt nochmals mit dem Schwamm überarbeitet oder gestrichen werden.
7. Während der Trocknung bzw. Erhärtung des Putzes ist es sinnvoll, den Randbereich öfter mit Wasser anzusprühen, um zu verhindern, dass es einen Riss rund um die Ausbesserung gibt. Dem Reparaturmörtel wird nämlich dort das Anmachwasser schnell entzogen.

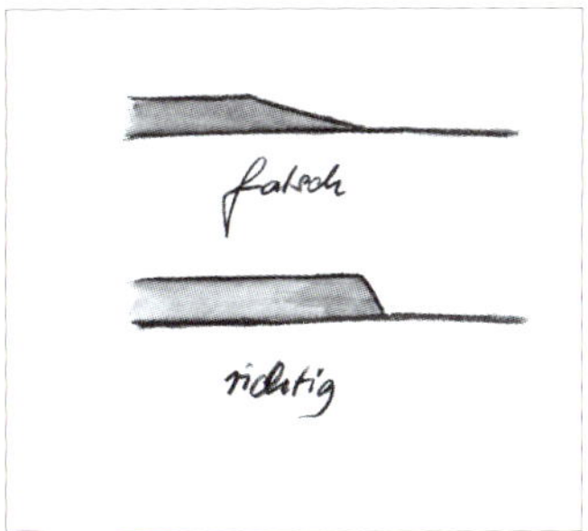

6-34 Die Kanten werden leicht abgeschrägt, nicht verflacht.

6-35 Grundieren vor dem Auftrag des Reparaturmörtels: Auftragen einer Kalk- oder Lehmschlämme als Haftbrücke.

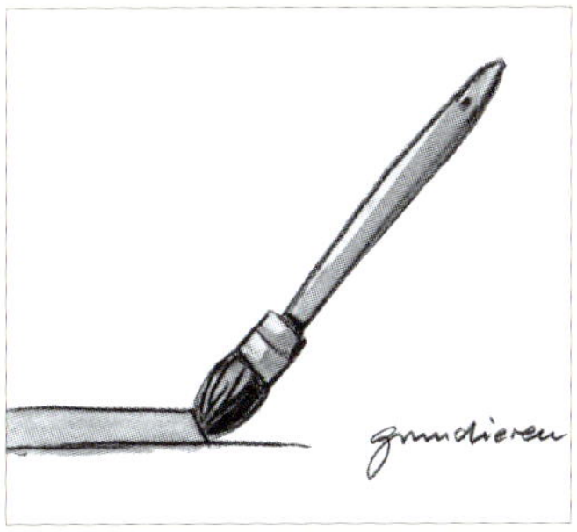

6-36 *oben links*
Anarbeiten einer Reparatur an den angrenzenden Putz mit dem Reststück einer Styroporplatte.

6-37 a + b
Größerer Riss im Putz. Er wird V-förmig ausgekratzt, bevor er mit Lehmmörtel verfüllt wird.

6-38 *links*
Der fertig reparierter Lehmputz.

6.7 Mängel an Lehmputzen beheben

6-39 a + b
Behutsame Reparatur einer kleinen Beschädigung an einer Lehmedelputzfläche.

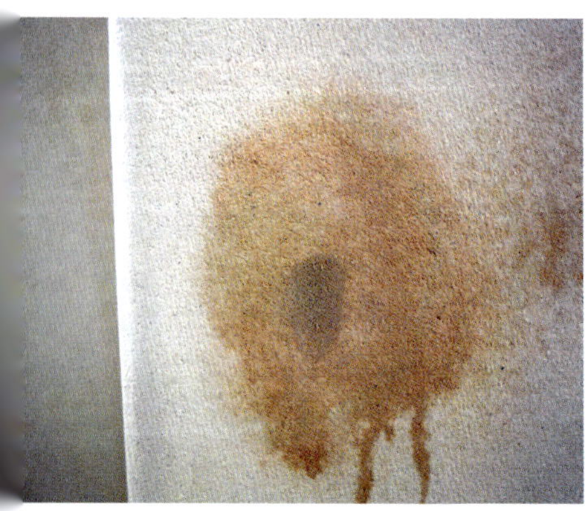

Einerseits ist es einfach, Reparaturen an Lehmputzflächen auszuführen, da der Lehm durch Wasser wieder angelöst wird und sich deshalb gut mit dem frischen Lehm der reparierten Stelle verbinden kann.

Andererseits ist es aber nicht einfach, Mängel an der Oberfläche so zu beheben, dass die Reparatur nachher nicht sichtbar ist. Das betrifft natürlich v.a. sichtbar belassene Flächen; aber auch auf Flächen, die gestrichen werden sollen, werden eventuelle Änderungen in der Struktur durch Nachreiben ggf. sichtbar. In jedem Fall sollte man zunächst sehr behutsam nur die betroffenen Stellen reparieren. Und es ist besser, ein Sprühgerät oder eine Blumenspritze statt eines Schwammes zu benutzen. Viele versuchen, die Übergänge zur Fläche mit einem Schwamm zu kaschieren, was aber leider auch den gegenteiligen Effekt haben kann: Wolken ziehen nun über die Wand, aber leider zu unregelmäßig.

Auch das Nachreiben kann Probleme bereiten, sofern die Mischung gröbere Sandkörner enthält, die sich nicht ausreichend in den angenässten Putz drücken lassen und so unerwünschte grobe Reibespuren verursachen. Sehr feinsandige Mörtel lassen sich hingegen oft recht gut nach dem Ansprühen mit einem Plastikglätter in die Fläche verreiben.

Es gibt hier also keine Rezepte, sondern man braucht einiges Fingerspitzengefühl. Auch spielt der Lichteinfall im Raum eine nicht unbedeutende Rolle. Und wenn möglich sollte man die Reparatur an einer Stelle ausprobieren, die nicht ins Auge fällt.

Im Folgenden wollen wir auf einige typische Mängel an Lehmputzarbeiten und deren Reparatur eingehen.

Schwindrisse

Schwindrisse sind nicht völlig auszuschließen und sie sind bis zu einem gewissen Maß tolerierbar. Sie haben keine Nachteile für die Funktion des Putzes, solange die Haftung gewährleistet ist. Sie stellen v.a. optisch eine Beeinträchtigung dar.

Da Reparaturen auf Sichtputzflächen auch nicht unsichtbar sind, ist abzuwägen, welche optische Beeinträchtigung größer ist.

Feine Schwindrisse im Lehmputz können nach dem Trocknen (mehrmals) angesprüht werden. Nachdem das Wasser etwas eingezogen ist, werden sie leicht zugedrückt, z.B. mit dem Fingernagel. Es sollten sich dabei keine Vertiefungen abzeichnen. Sollen Flächen gestrichen werden, können die Risse evtl. auch mit einer feinen Lehmschlämme geschlossen werden.

6-40 a - d
Reparatur einer kleinen Beule im Lehmedelputz. Bei Lehmputzen ist das möglich: Die Beule wird mehrmals angesprüht und mit Folie abgedeckt, so dass die Feuchtigkeit in den Untergrund zieht. Die Klebekraft des Lehms wird dadurch wieder aktiviert. Dann wird die Beule vorsichtig angedrückt.

Größere Risse müssen eventuell V-förmig ausgekratzt und mit einem feinen, z.B. mittels eines Küchensiebes gesiebten Reparaturmörtel verfüllt werden.

Problematisch sind große Schwindrisse, bei denen sich der Putz vom Putzgrund abhebt. Klopft man auf solche Stellen, klingt der Putz hohl. Er muss an dieser Stelle entfernt und ausgebessert werden.

Wie bereits oben erwähnt, sind Schwindrisse aufgrund starker Glättung oder eines falschen Festigkeitsgefälles nicht unbedingt einfach zu reparieren. Da kann es schon mal passieren, dass Flächen komplett überarbeitet werden müssen, vor allem, wenn es sich nicht nur um wenige vereinzelte Risse handelt.

Mangelnde Haftung

Die Ablösung vom Untergrund kann auch andere Gründe haben: Der Untergrund kann unsauber oder zu glatt sein, die Auftragsstärke war zu groß gewählt bzw. die Mischung war falsch eingestellt. Den Grund sollte man vor der Reparatur herausfinden. So muss ggf. der Untergrund gut gereinigt oder grundiert werden, die Stelle in mehreren Lagen statt in einer ausgebessert oder die Rezeptur verändert werden.

Kleinere, hohl liegende Stellen müssen nicht unbedingt abgeklopft und repariert werden, solange noch kein weiterer Schaden (Risse, Abbröckeln) sichtbar ist (Abb. 6-40 a - d).

Unzureichender oder fehlender Kellenschnitt

Kommt es zu Rissen in einer Ecke, in der zwei oder mehrere Flächen – meistens Wand und Decke – aneinander stoßen, sind Bewegungen der Flächen gegeneinander oft die Ursache. Teilweise werden durch die Spannung auch kleine Teile des Putzes aus den beiden Flächen „heraus"gerissen, so dass der Riss sehr unregelmäßig verlaufen kann.

Einen Kellenschnitt an bereits fertiggestellten und getrockneten, eventuell gestrichenen Flächen herzustellen, ist kaum möglich. In diesem Fall sollte man den Riss öffnen, grundieren und mit elastischer Acrylmasse ausspritzen.

Beispiel:
Reparatur eines Kellenschnittes an einer Sichtfläche

Der ausgeführte Kellenschnitt zwischen Lehmedelputzwand und gestrichener Gipskartondecke in diesem Beispiel war nicht ausreichend und es kam zu Abplatzungen.

Reparaturmaßnahme: Die abgeplatzten Stellen werden mit dem Originalputzmörtel ausgebessert und durch einen Kellenschnitt von der Decke getrennt (Abb. 6-41 a+b). Da der Kellenschnitt insgesamt in dieser Situation jedoch keinen optisch sauberen Abschluss bildete, wurde auf der ganzen Länge eine Acrylfuge ausgebildet.

Praxis: Eine Acrylfuge ausbilden

1. Der Kellenschnitt oder Riss auf der ganzen Länge mit einem Stukkateureisen öffnen.
2. Die Fuge mit einem Pinsel oder durch Absaugen säubern.
3. Auf beiden Flächen neben der Fuge ein Klebeband anbringen.
4. Die Fuge fixieren.
5. Nachdem die Fixierung getrocknet ist, Acryl spritzen, das sofort mit dem angefeuchteten Finger verstrichen wird.

6-41 a + b
Schadhafter Kellenschnitt vor und nach der Reparatur.

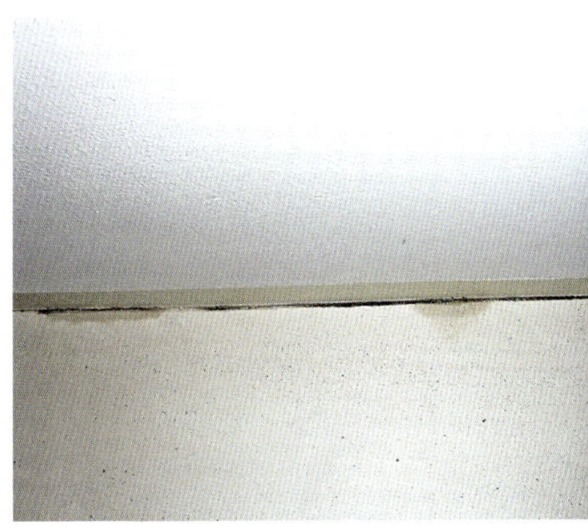

6-42 a + b
Eine Acrylfuge wird ausgebildet.

6-43
Andrücken eines Risses am Anschluss zweier Wandflächen.

6. Das Klebeband sofort danach entfernen. Acrylfugen können bei späteren Anstrichen überstrichen werden. Abb. 6-42 a + b).

Risse in Wandinnenecken

Häufig ist die Ursache ein Wechsel in der Konstruktion bzw. in den Baustoffen der beiden Wandflächen, und der Riss ist durch unterschiedliche Setzung verursacht. Feine Risse sind oft weniger wahrnehmbar als Reparaturen. Ansonsten sollte man zunächst immer eine behutsame Reparatur antesten und das erst, nachdem sich der Neu- oder Umbau ausreichend setzen konnte. Also nicht sofort den Riss öffnen!

Die in Abb. 6-43 gezeigte „Reparatur“ fand in einem Holzhaus statt, das seit 2 Jahren bewohnt ist. 1/2 Jahr nach der Reparatur waren keine neuen Risse aufgetaucht. Die Fuge wurde mehrmals mit Wasser angesprüht und größtenteils mit einem geschwungenen Modellierholz zugedrückt. Dort, wo der Riss recht groß war, wurde eine fein gesiebte Mörtelmasse mit einer normalen Spritze ohne Aufsatz dahinter gespritzt oder mit einem Finger eingerieben.

Sollten allerdings wieder störende Risse auftauchen, müssten umfangreichere Reparaturen versucht werden, z.B. eine Acrylfuge ausbilden oder die Fuge öffnen, ggf. armieren und neu verfüllen, was aber ebenfalls nur möglich ist, wenn keine weiteren Bewegungen der Wandbauteile zu befürchten sind. Eine Acrylfuge wäre hier optisch störend. Sie ist nur zu empfehlen, wenn sie übergestrichen werden kann.

Gerade Risse in der Fläche

Wie schon aufgezeigt, können gerade Risse verschiedene Ursachen haben. Diese sollten ermittelt werden, bevor mit der Reparatur begonnen wird. Falls keine Informationen über Untergrund und Putzaufbau vorhanden sind, muss ggf. dazu eine Stelle im schadhaften Putz geöffnet werden.

Etliche Risse sind auf eine fehlende oder fehlerhaft eingebrachte Gewebearmierung zurückzuführen.

Beispiel 1: Putzschaden auf Schilfrohrmatte

In diesem Beispiel (Abb. 6-45) wurde der Putz extrem dünn auf eine Schilfrohrmatte aufgebracht. Die Armierung der Fläche ist nicht konsequent bis zum Türanschluss eingebracht. Der Putz selbst enthielt keine Faserarmierung. Zudem ist ungünstig, dass statt des 70ig-stängeligen Schilfrohrgewebes die dicht gebundene Sichtschutzmatte aus dem Gartenbedarf verwendet wurde.

Bei der Reparatur wurde zwar wieder relativ dünn geputzt, um an die Fläche gut anzuschließen – diesmal aber mit einer Gewebearmierung. Noch besser wäre eine dickere Putzschicht gewesen.

Beispiel 2: Fehlerhafte Gewebearmierung

Dass in diesem Fall (Abb. 6-46) eine Gewebearmierung eingebracht wurde, um den Stoß zwischen Schilfrohrmatte und Lehmputz zu überbrücken, ist richtig, nicht aber die Ausführung. Die Überlappung ist viel zu schmal; sie sollte mindestens etwa 10 cm betragen. Es ist auch wahrscheinlich, dass das Gewebe nicht ausreichend in die Mischung eingearbeitet worden ist. So ist erklärlich, dass der Riss nicht am Stoß der beiden Materialien, sondern am Gewebeand entstand.

Bei der Reparatur sollte ein Gewebe mit ausreichender Überlappung eingelegt werden, das gut in den Mörtel gedrückt wird.

6-44
Das Werkzeug-Set für kleine Reparaturen.

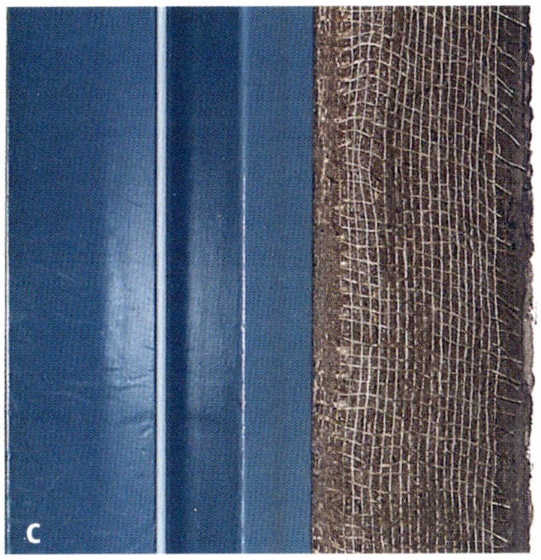

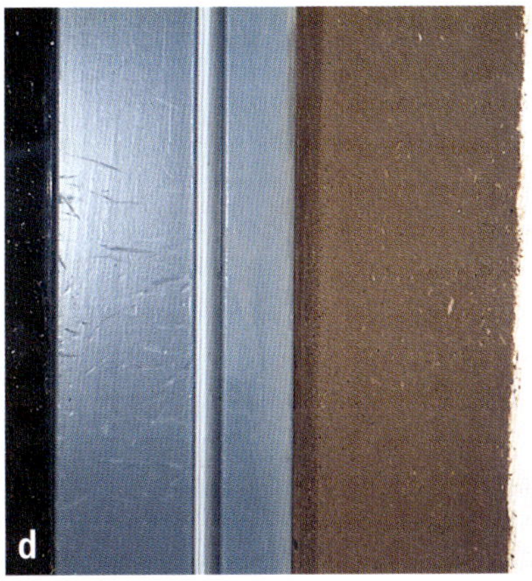

6-45 a - d
Reparatur eines Putzschadens auf Schilfrohrmatte.
a Das Schadensbild
b Abklopfen des losen Oberputzes
c Aufbringen eines Unterputzes mit Gewebearmierung
d Der Oberputz wurde angepasst und geglättet.

6-46
Fehlerhafte Gewebearmierung.

6.8 Lehmputzflächen instandhalten und renovieren

Jede Oberfläche nutzt mit der Zeit ab, Anstriche vergilben, Zimmer werden umgeräumt, Haken und Nägel aus der Wand genommen etc. So ist von Zeit zu Zeit eine Renovierung fällig.

Lehmsichtige Flächen

Diese Flächen halten sich – sofern sie nicht starken Belastungen ausgesetzt sind – besonders gut. Sie vergilben nicht wie mancher Anstrich. Daher kann ein „Auffrischen" auch erst einer längeren Zeitspanne notwendig werden als sonst bei Renovierungen üblich.

Die Renovierung beginnt mit der Reparatur schadhatter Stellen, die , wie oben beschrieben, mit Lehmmörtel sehr gut ausgeführt werden kann. Um den Flächen eine neue Frische zu geben, kann nach dem Trocknen der Reparaturstellen die gesamte Fläche nochmals mit einem feuchten Schwamm überarbeitet werden. Allerdings ist zu beachten, dass sich die Struktur der Oberfläche dadurch eventuell verändert. Auch werden Texturen sichtbarer.

Lehmedelputzflächen so zu überarbeiten, dass Ausbesserungen möglichst wenig sichtbar sind und die Struktur erhalten bleibt, erfordert ein sehr behutsames Vorgehen.

Gestrichene Lehmputze

Bei gestrichenen Flächen ist es nicht unbedingt empfehlenswert, Reparaturen mit dunklem Lehmmörtel durchzuführen, der dann ggf. erst grundiert und gestrichen werden muss. Es ist schwierig, am Anschluss zur Fläche den alten Anstrich so weit wegzukratzen, dass der Lehmmörtel auf der Ebene des bestehenden Putzes angearbeitet werden kann. Besonders bei kleineren Ausbesserungen empfiehlt es sich, die schadhaften Stellen zu festigen, z.B. mit einer Fixierung auf Leim- oder Wasserglasbasis oder aber mit Halböl (halb Leinölfirnis, halb Terpentinöl). Nach dem Erhärten, ggf. erst am nächsten Tag, können die Stellen dann mit einem handelsüblichen Spachtel repariert werden, eventuell unter Zugabe von Quarzsand, um eine nicht zu glatte Oberfläche herzustellen. Es empfiehlt sich, die nachgebesserten Stellen mit der vorgesehenen Farbe vorzustreichen.

Falls sich in den Rauminnenecken Risse gebildet haben, können diese ebenfalls geöffnet, grundiert und mit überstreichbarem Acryldichtstoff ausgespritzt werden (s.S. 109 ff., Mängel beheben).

6.9 Putze auf Lehmbauteilen restaurieren

6-47 a + b
Halmlängen des Strohs in historischen Putzen [Volhard 2010].

Leider sind alte Putzaufbauten in Lehmhäusern bisher wenig untersucht worden, und sicherlich gibt es auch regionale Unterschiede. Wir möchten hier auf die Veröffentlichung von Franz Volhard verweisen, der fünf Gefache des Gotischen Hauses Römer in Limburg untersucht hat, die aus dem 13. bis 18. Jahrhundert stammen [Volhard 2010]. Einige Ergebnisse werden im Folgenden zusammengefasst.

Historische Strohlehmputze

Die untersuchten Lehmputze dienten als Ausgleichsschicht zwischen Lehmbewurf und Kalkoberputz. Auch wenn es sich hier um regionaltypische Putze handeln mag, seien einige interessante Aspekte genannt, die sich von heute üblichen Techniken unterscheiden:

- Die Putzmörtel enthalten Strohhalme in Längen bis zu 20 cm. Teilweise war das Stroh durch die Aufbereitung zerfasert, was für die Armierung des Putzes von Vorteil ist.
- Der Strohanteil im Mörtel war wesentlich höher als heute üblich. Die Strohbeigabe lag zwischen 27 und 59 kg/m^3, das Raumgewicht entsprechend zwischen 1530 und 1100 kg/m^3. Letzteres ist schon als schwerer Leichtlehm zu werten.
- Der Putz wurde in weichplastischer Konsistenz vermutlich mit einem Brett in großen Patzen aufgetragen und glatt gestrichen, so dass durch die Verstrichspuren und die Strohhalme an der Oberfläche eine leicht raue Struktur entstand.
- Der Putz hatte eine Dicke von 3 - 5 cm. In einem Gefach betrug die Putzdicke 5,5 cm in der Mitte und nur 0,5 cm (!) am Rand.
- Die überputzten Balken hatten keinen Putzträger. Die Armierung wurde durch die vielen langen Strohhalme im Putz geleistet. Auf diese Weise fungiert der Lehmputz über dem Holz als Putz „träger“ für den folgenden Kalkputz. Meist wurde der Strohlehmputz, der bis zu 4 cm dick sein konnte, mit zwei gespalteten Weidenruten (5 x 20 mm) regelrecht angenagelt.

Zum letzten Punkt kann noch ergänzt werden, dass früher Balken häufig angebeilt wurden, um so durch die Kerben und leicht vorstehenden Holzfasern eine Putzhaftung zu fördern.

Lehmoberputze waren bei den untersuchten Gefachen nicht vorhanden. Aber es ist vielfach überliefert, dass sie in der Regel feine Faserstoffzusätze enthielten. Statt Stroh fein zu häckseln wurden Kaff, Flachsschäben oder Spreu genommen.

Historische Lehmputze restaurieren

Bei der Restaurierung und Reparatur alter Substanz sollte der Reparaturmörtel dem Putz im Bestand entsprechen. Das bezieht sich in jedem Fall auf die Zusammensetzung: Korngerüst und Tongehalt sowie Faserstoffe. Bei lehmsichtigen Flächen geht es aber auch um die Farbigkeit und Textur, die stark von den Korngrößen und den Faserlängen abhängen – abgesehen von der Oberflächenbearbeitung.

Es ist empfehlenswert, nach regionalen Vorkommen Ausschau zu halten, die neben ihrer Qualität auch über die gleiche Farbigkeit verfügen. Erfahrene Lehmbauer können allerdings auch Fertigprodukte, vielleicht entsprechend modifiziert, einsetzen.

Soll möglichst viel von der bestehenden Substanz erhalten bleiben, auch wenn kleinere Partien leicht abscheren oder hohl liegen, empfiehlt sich folgendes Vorgehen:

Die zu restaurierende Stelle wird sehr sorgfältig über mehrere Stunden oder einen Tag lang wiederholt angenässt, so dass die Feuchtigkeit in den Untergrund zieht. Dazu ist es hilfreich, die Oberfläche nach dem Anfeuchten durch feuchte Tücher oder Folie abzuhängen. Man kann sich den Vorteil des Lehms zunutze machen, dass die Klebekraft durch Anfeuchten wieder aktiviert wird. Dann kann versucht werden, einzelne Partien zu verdichten bzw. anzudrücken. Hohl liegende Stellen können mit Lehmschlämme, ggf. mit Zellulose-Zusatz, hinterspritzt und angedrückt werden. Leicht abscherende Putzteile sollten vorher von Staub befreit werden.

6-48
Balken, der zur besseren Haftung des Lehmputzes angebeilt wurde.

6-49 Restauriertes Ritzmuster.

7 Mit Putzflächen gestalten

Beim Thema „Oberflächengestaltung mit Putzmörteln" geht es um die Vielfalt ästhetischer Wirkungen, die mit Putzflächen auch ohne weitere Beschichtungen wie Anstriche etc. möglich sind. Am Anfang steht die Frage: Was nehmen wir bei der Betrachtung einer Wandfläche wahr?

Jede Oberfläche hat eine Farbigkeit und eine Textur. Als *Textur* wird eine „organische Abschlussfläche jeder Struktur, aber auch die Oberfläche von Verarbeitungen" verstanden [Meerwein, Rodeck, Mahnke 2007, S. 50]. Das heißt, in der Textur wird ein Teil des Innenlebens, also der Struktur des Materials sichtbar. Während sich z.B. bei Holz die Maserung abzeichnet, können es bei Putzen die Sandkörner, Faserstoffe und andere Zusätze sein. Diese sind aber, je nach Bearbeitungstechnik, unterschiedlich gut wahrnehmbar. So kann z.B. durch das Überarbeiten einer geglätteten Lehmfläche mit Schwämmen die Textur freigewaschen und hervorgehoben werden.

Aber auch die *Art der Oberflächenbearbeitung* hinterlässt eigene Spuren. Einerseits kann derselbe Mörtel je nach angewandter Technik rau oder glatt erscheinen. Andererseits kann zum Erzielen z.B. einer rauen, strukturierten Oberfläche ein anderer Putzmörtel eingesetzt werden als zum Erzielen einer glatten Oberfläche.

Ein wichtiger Faktor bei der *Wahrnehmung der Oberflächen* ist das Licht. Bei Seitenlicht werden die Porigkeit einer geriebenen Fläche oder die Reliefeffekte von strukturierten Flächen stark betont.

Die *Farbigkeit einer Fläche* hängt in erster Linie von der Zusammensetzung des Mörtels ab, man kann aber durch die Auftragstechnik verschiedene Nuancen erreichen. Farbige Putze werden in der Regel nur als oberste Putzschicht eingesetzt.

Farbige und vor allem strukturierte Kalkputze sind vorwiegend im Außenbereich zu finden. Sehr ausführlich werden sie in den Fachbüchern von Kurt Schönburg vorgestellt [Schönburg 1991, 2007]. Im Innenbereich sind vor allem die edlen Stuccolustro- oder Tadelakt-Flächen für spezielle Anwendungen beliebt. Naturfarbige

7-1
Innenraum mit verschieden farbigen Lehmputzen.
Ausführung: Isabelle Melchior, Mazeyrolles

7-2
Unterschiedliche Effekte durch die Mörtelzusammensetzung und die Oberflächenbearbeitung. Während die linke geglättete Fläche malerisch wirkt, ist bei der rechten Fläche die Textur freigewaschen worden: Glimmer und blaues Glas wird sichtbar. Darüber hinaus wirkt der Warm-Kalt-Kontrast der Farben dieser Lehmedelputze.
Ausführung: Irmela Fromme.

und eingefärbte Lehmoberputze und -edelputze werden hingegen in Innenräumen durchaus als Alternative zu gestrichenen Wandoberflächen eingesetzt.

Die Beurteilung und Vorbereitung von Putzuntergründen sowie der Putzaufbau erfolgen nach den bereits beschriebenen Grundregeln.

Um aufzuzeigen, wie sich bestimmte ästhetische Wirkungen auf einer Oberfläche gezielt erreichen lassen, möchten wir den Zusammenhang von Putzmörtel, Bearbeitungszeitpunkt und Bearbeitungstechnik hier vertiefen. Dabei gelten für Lehm- und Kalkputze weitgehend dieselben Gesetzmäßigkeiten. Die wesentlichen Unterschiede im Erhärtungsverhalten müssen allerdings bei der Ausführung unbedingt beachtet werden.

7.1 Putzoberflächen bearbeiten

7-3
Je nach gewünschter Oberflächengestaltung kommen verschiedene Werkzeuge zum Einsatz [FAL 2005].

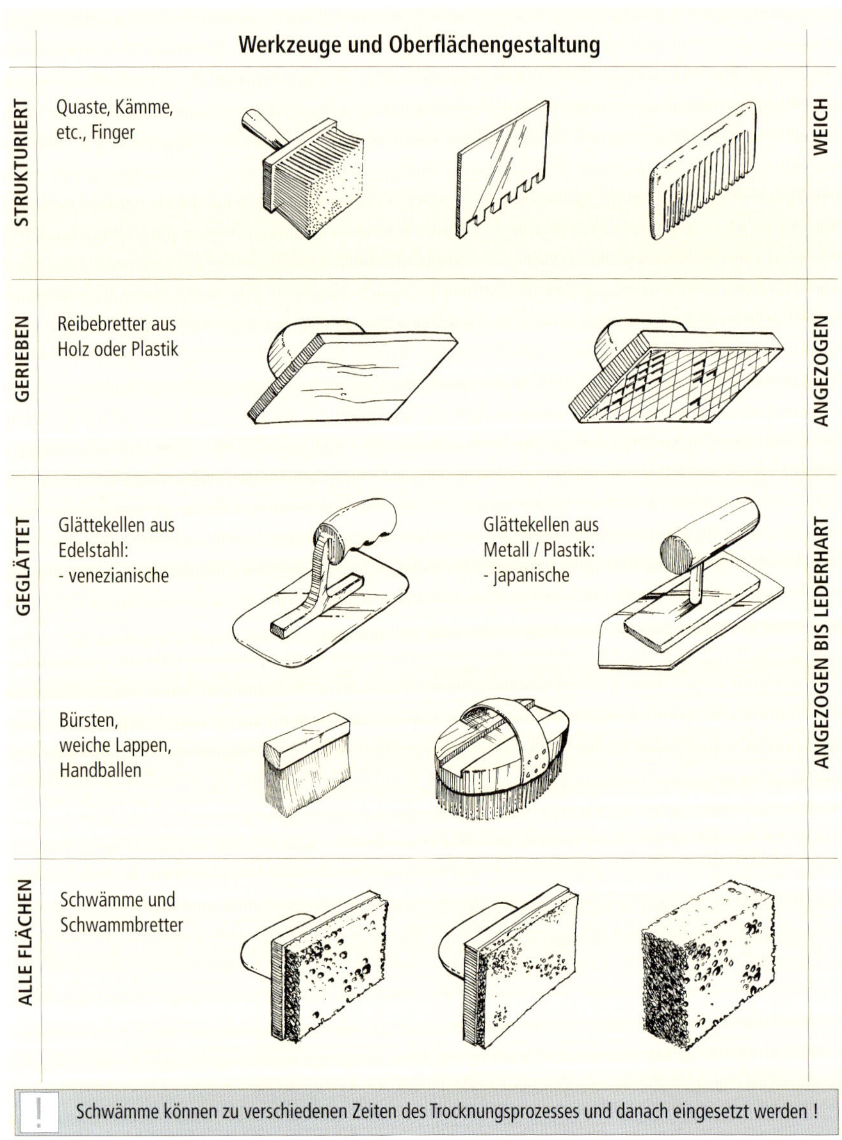

Putze haben bei und nach dem Auftrag eine plastische Konsistenz und bleiben dann noch für eine gewisse Zeit verformbar. Danach beginnt der erste Wasserentzug durch Putzgrund und Raumluft, bis der Putz dann zusehends erhärtet und trocknet. In dieser Zeitspanne sind verschiedene Bearbeitungstechniken mit unterschiedlichen Werkzeugen möglich. Bei Lehmputzen dauert die Spanne wesentlich länger als bei Kalkputzen. Lehmputze können selbst nach dem Trocknen noch bearbeitet werden, wenn sie vorher angenässt werden, denn die Bindekraft wird durch Wasserzugabe reaktiviert. Auch während des Bearbeitungsprozesses sind erneute Wasserzugaben möglich. Außerdem können Lehmputze mit der Hand bearbeitet werden. Der Übergang von Strukturieren zum Modellieren ist fließend. Wie uns afrikanische Kulturen zeigen, können sogar große Flächen modelliert und strukturiert werden, mit den Händen oder mit einfachen „Werkzeugen“ wie Steinen und Gabeln.

Im Verlauf des Trocknungsprozesses, also mit abnehmendem Feuchtegehalt des Putzmörtels, gibt es ideale Zeitpunkte für die verschiedenen Bearbeitungstechniken, und diese wahrzunehmen, ist von entscheidender Bedeutung für das Gelingen von Sichtflächen.

Strukturieren

Zum Strukturieren der Oberfläche wird die sehr plastische Phase des Materials genutzt, um durch den Putzauftrag selbst oder direkt danach reliefartige Strukturen zu erzeugen. Es wird mit wenig Druck gearbeitet, da die Mörtelmasse sehr nachgiebig ist.

Beispiele:

- *Lehmputz* wird mit der Hand aufgetragen und verstrichen und erhält so eine wellige, plastische Struktur. Eine faserreiche, nicht zu weiche Mischung ist von Vorteil.
- Beim sog. *Kellenstrichputz* wird der Putz mit Dreiecks-, Vierecks- oder Glättekellen aufgetragen. Die Ecken der Werkzeuge sollten abgerundet sein. Durch entsprechende Handbewegungen können z.B. viertel- bis halb-

kreisförmige Muster erzeugt werden. Der Grat an den Kanten kann durch Nachglätten gebrochen werden oder mit einem feuchten Pinsel verschlichtet werden, nachdem der Putz etwas angezogen hat. Es ist einige Übung nötig, um eine gleichmäßige Struktur in der Fläche zu erreichen, und Kollegen müssen aufeinander eingespielt sein, wenn sie an derselben Fläche arbeiten.

- Direkt nach dem Aufziehen, ggf. auch Abziehen des Mörtels werden mit Hilfe von gezahnten Glättekellen oder Kämmen *Rillen gezogen*. Der Mörtel sollte dabei eher feinkörnig bzw. feinfaserig oder faserfrei sein. Auch hier können die Kanten anschließend mit einem weichen, feuchten Pinsel gebrochen werden.

7-4
Verschiedene Putzoberflächen im Maßstab 1:2.

Lehmedelputz

Lehmfeinputz, gerieben

Lehmedelputz, geglättet

Dreifarbiger Lehmfeinputz in Spachteltechnik

Kalk-Lehm-Glanzputz

Stuccolustro

Roter Lehmoberputz mit Hanfschäben

Strohlehmputz, Oberfläche „verklebt“

Lehmaußenputz, gerieben

7-5
Mit den Händen aufgetragener und bearbeiteter Lehmputz, der mit pigmentierter Kalkfarbe gestrichen wurde.

7-6
Lineare Struktur durch gezogene Rillen.

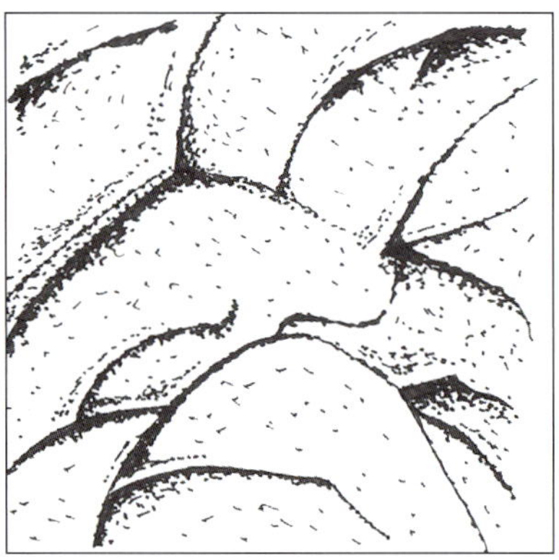

7-7 Kellenstrichputz.

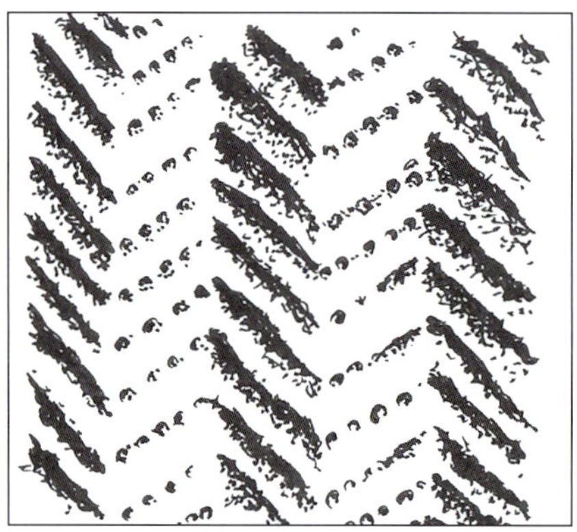

7-8
Fischgrätartig angeordnete Stempelabdrücke mit Pflanzenkolben.

- Durch *„Stempeln"* mit verschiedensten Materialien können vollflächige Abdrücke erzeugt werden, z.B. mit Gewebe oder porösen Schwämmen. Aus afrikanischen Kulturen sind uns Hirseabdrücke in Fischgrätmuster bekannt. Maiskolben sind ebenfalls möglich. Auch bei dieser Technik ist ein feinkörniger Mörtel von Vorteil. Der Putz sollte leicht angezogen sein, sonst wird zu viel Putz durch die Stempel von der Fläche abgezogen.
- Bei einer anderen Putzvariante werden spezielle Mörtel eingesetzt: Beim sogenannten *gezogenen Strukturputz* werden dem Mörtel z.B. für einen 10 mm dicken Putz runde, ca. 8 mm große Körner zugesetzt, die beim Abziehen Rillen ziehen. Ihr Anteil kann zwischen 5 und 10% des Zuschlagstoffes betragen, ggf. sogar mehr. Das Überkorn, das im Mörtel sonst abgelehnt wird, wird hier bewusst zu gestalterischen Zwecken eingesetzt. Im Lehmputz kann Strohhäcksel einen ähnlichen Effekt haben.
- Der Mörtel wird mit Kartätschen in einem Winkel von 60 - 70° horizontal oder vertikal abgezogen und kann etwas später mit einer flacher geführten Kartätsche (ca. 30°) entgratet werden.

Strukturputze auf Kalkbasis sind grundsätzlich zweilagig auszuführen; der Unterputzmörtel (bis 4 mm Korngröße) sollte ebenflächig grob abgezogen werden und nicht vollständig abgebunden sein. Günstig ist, bereits am folgenden Tag den Strukturputz auszuführen.

Je dicker die Putzschicht ist, desto plastischer und reliefartiger werden die Strukturen, sofern der Mörtel noch ausreichend weich ist. Die Flächen treten dann optisch sehr in Erscheinung und erfordern zur Beurteilung einen gewissen Abstand des Betrachters. Entsprechend bedachtsam sollten sie in Innenräumen eingesetzt werden. Zudem sind reliefartige Putze auch „Staubfänger". Kalkputze dieser Art werden vorwiegend an Fassaden ausgeführt.

Bei dünnen Putzschichten < 4 mm können nur sehr feine Strukturen, z.B. durch einen Quast oder einen rauen Handfeger, erreicht werden.

7-9 a + b
Traditionelle Wanddekoration in Moravien/Tschechien. Die Linien werden mit der Hand in den plastischen Lehm gezogen.
Ausführung: Marek Vlček, Vyškov.

Reiben

Für diese Technik sollte der Mörtel so weit angezogen haben, dass er beim Reiben keine Schlieren mehr zieht. Diese Putztechnik wird standardmäßig und damit sehr häufig ausgeführt.

Auch durch das Reiben lassen sich unterschiedliche Oberflächengestaltungen erzeugen, je nachdem, wie gleichmäßig die Oberfläche bearbeitet wurde und wie stark Reibespuren, bedingt durch Mörtelzusammensetzung und/ oder Werkzeuggebrauch, sichtbar sind.

Grobkörnige Putze ziehen leichter Reibespuren, vor allem, wenn der Putz schon etwas zu stark angezogen ist, da große Körner nicht mehr in den Hintergrund gedrückt werden können. Auch die Werkzeugoberfläche spielt eine Rolle: raue Reibebretter erzeugen mehr Reibespuren als die grauen Plastikglätter, die ebenfalls zum Reiben benutzt werden können.

Möchte man gezielt Reibespuren erzeugen, so kann man hier denselben Mörtel wie für gezogene Strukturputze verwenden.

Der Mörtel darf nicht so fett eingestellt sein, dass das Reiben zu mühselig wird und optisch kein befriedigendes Ergebnis liefert.
Um eine homogene Struktur zu erreichen, ist es wichtig, Arbeitsansätze zu vermeiden. Werden bereits geriebene Partien mit starkem Druck nochmals gerieben, so kann es zu einer Konzentration von Bindemittel an der Oberfläche kommen. Das führt zu einzelnen speckig wirkenden Stellen. Es empfiehlt sich, bei großen Flächen mit mehreren Personen zu arbeiten.

Glätten

Beim Glätten ist es schwer, *einen* Zeitpunkt als den günstigsten zu benennen, da das Glätten mehrmals, zu verschiedenen Zeitpunkten, eventuell auch mit verschiedenen Werkzeugen erfolgen kann. Von Vorteil für die Glättetechnik ist ein sehr ebener Putzgrund. Es gibt aber auch das freie Glätten. Hierbei wird der aufgetragene und leicht angezogene Mörtel direkt mit Kelle geglättet – eine der ältesten Kalkputztechniken [Schönburg 1991].

Nachdem der Mörtel ausreichend angezogen ist, wird er mit Glättekellen, bevorzugt mit venezianischen oder japanischen Kellen geglättet, zunächst mit leichtem Druck, später, wenn die Putzlage weniger nachgibt, mit stärkerem Druck, zunächst mit Metall-, später mit Plastikkellen. Während sich der Mörtel beim ersten Glättungsvorgang noch ein wenig verschieben lässt, wird er später zunehmend verdichtet. Dabei werden Bindemittel und Wasser an die Oberfläche gezogen, die dadurch sehr fest und geschlossen wird. Durch diesen Prozess wird aber auch eine gewisse Spannung zwischen der härteren Oberfläche und dem weicheren Hintergrund dieser Putzlage bzw. des Unterputzes geschaffen und es besteht die Gefahr der Schwindrissbildung oder, im Extremfall, der Ablösung vom Untergrund.
Bei Lehmedelputzen hat sich folgende Technik bewährt: Nachdem der Putz ausreichend angezogen hat, wird er mit dem groben Schwammbrett gefilzt. Anschließend, eventuell nach erneutem Anziehen, kann geglättet werden. Das Glätten kann zu einem späteren Zeitpunkt wiederholt werden. Zunächst werden Metallkellen, später aber Plastikglätter benutzt.

Bei den Glättetechniken muss man ein gutes Gefühl dafür entwickeln, einen wie starken Druck man bei welchem Feuchtezustand ausüben darf. Außerdem sollte die Schichtdicke des Putzes nirgends überschritten werden. Glättetechniken sind daher in der Ausführung sehr anspruchsvoll und erfordern Fingerspitzengefühl und Übung. Die Technik wird häufig bei sehr dünnlagigen Putzen eingesetzt.

7-10 a + b
Raue Werkzeugoberflächen erzeugen auch stärker sichtbare Reibespuren als glatte Reibebretter. Im Vergleich: das gröbere Kunststoff-Reibebrett (PU-geschäumt) oben und die feinere Kunststoff-Glättekelle (aus PVC) unten, mit der ebenfalls gerieben werden kann.

7-11 a - c
Geriebene Oberflächen. Die Struktur variiert von links nach rechts zwischen „leicht porös" und deutlichen Reibespuren, die auch durch Anteile gröberer Sandkörner bewirkt wurde.

Kontraste im Haus eines Kunstsammlers

Die Idee

Wie kann ein Haus gestaltet werden, ohne damit die darin gezeigte Kunstsammlung zu stören? Wie kann das Heim eines südfranzösischen Kunstsammlers aussehen, wenn alle ästhetischen Möglichkeiten des Lehms ausgereizt werden, ohne aufdringlich und dominant zu sein und ohne eine Konkurrenz zu den Kunstwerken zu schaffen?

Während des Planungsprozesses wurden die Auftraggeber von der ausführenden Lehmputzspezialistin Sylvie Wheeler und dem Hersteller der Lehmputzprodukte beraten. Die Bauherren nahmen die Idee auf, weitere Lehmbaustoffe wie Lehmsteine, Stampflehm und Lehmbauplatten einzusetzen. Im Ergebnis passen die Farben der Wände zu denen des braun/violetten Bodenbelags, die Ecken sind abgerundet. Zu den feinen geglätteten Lehmputzoberflächen gibt es nur zwei Kontraste: Mitten im Raum und über mehrere Etagen steht ein Baumstamm, eine Birke. Und es gibt eine Stampflehmwand mit Kaminofen.

Sylvie Wheeler arbeitete vorwiegend mit Lehmputz-Produkten, wobei sie Produkte verschiedener Hersteller und Farbgebungen miteinander mischte, um die gewünschten Effekte und Farben zu erzielen. Eine graue Lasur verleiht dem Birkenstamm ein altehrwürdiges Aussehen.

Wände aus Lehmsteinen:
2-lagiger Lehmputz, Oberfläche geglättet
Lehmunterputzmörtel mit 30 mm Strohhäcksel und Armierungsgewebe aus Jute.

Mörtel aus Lehmfein- und Lehmedelputzprodukten: Lehmfeinputz mit Flachsfasern und farbige Lehmedelputze der Farben grau, rot und grün, um den purpurfarbenen Farbton zu erzielen.

Lehmbauplatten an den Decken:
Vorbehandlung: Armierung der Stöße mit Gewebestreifen
2-lagiger dünner Spachtelputz, Dicke je Lage 2 - 4 mm
1. Lage: Lehmedelputz, 2. Lage: weißer Lehmedelputz.

Lehmfarben auf Gipskartonplatten
Erdgeschoss: Um den gewünschten weißen Farbton zu erzielen, wurden zwei Lehmfarben unterschiedlicher Weißtönungen miteinander gemischt.

Obergeschoss: Für den purpurfarbenen Anstrich wurden verschiedene Lehmfarben gemischt.

B6-1
Vor dem Putzen: Die Lehmsteinwand links im Bild erhält einen 2-lagigen Lehmputz, die Gipskartonplatten rechts in Bild werden mit Lehmfarben gestrichen. Im Hintergrund sieht man die Stampflehmwand mit der Feuerstelle.

B6-2
Die Putzarbeiten sind abgeschlossen. Die leicht glänzende, purpurfarbene Putzoberfläche aus geglättetem, farbigem Lehmedelputz kontrastiert mit dem Birkenstamm.

B6-3 Blick ins Foyer.

B6-4 Die Galeriewand ist mit einer purpurfarbenen Lehmfarbe gestrichen. Die Lehmplatten der Deckenfelder erhielten als oberste Putzlage einen 2 bis 3 mm dünnen weißen Lehmedelputz.

B6-5 Detail Türsturz.

B6-6 Die abgerundeten Ecken, die den Lehmputz vor Schäden schützen, sind Teil des Gestaltungskonzeptes.

B6-7 Eingerichtet. Die glatten Putzoberflächen harmonieren mit dem Plattenbelag des Fußbodens und bieten einen ruhigen Hintergrund für die Sammlung.

Ausführende Firmen

Lehmputz- und Malerarbeiten:
Sylvie Wheeler, Montpellier,
in Zusammenarbeit mit:
Caracol SCOP, P.AT, B.Gouttry, C.Pesc

Raumausstatter:
Laurence Praboneau, Montpellier

7-12
Roter Lehmedelputz, der nach dem Trocknen mit dem Schwamm gefilzt wurde, womit hier eine bewegte Struktur erzielt wurde.
Ausführung: Fa. LehmBauWerk, Berlin.

7-13
Wand in Stuccolustrotechnik.
Ausführung: Neundörfer Stukkateure, Litzendorf

Beispiele:

- Bei farbigen Lehmedelputzen lassen sich nach dem Trocknen gut Texturen oder Glanzzusätze wie Glimmer und Perlmutter freiwaschen.
- Bei japanischen Putztechniken werden solche Glättungstechniken sehr häufig eingesetzt, sowohl für Lehm- als auch für Kalkputze und für die dort ebenfalls üblichen Lehm-Kalk-Putze. Es gibt ein riesiges Sortiment verschiedenster Kellen, von denen auch eine kleine Auswahl in Deutschland erhältlich ist (siehe Seite 155). Es braucht enorm viel Erfahrung, um zu beurteilen, welches Werkzeug (aus welchem Material und mit welcher Blattstärke) zu welchem Zeitpunkt (also bei welcher Putzkonsistenz) mit welchem Druck eingesetzt werden kann. Wer genügend geübt ist, kann auf der obersten, oft sehr dünnen Schicht von kalkhaltigen Putzen einen matten oder spiegelnden Glanz erreichen.
- Der Tadelakt ist eine aus Marokko stammende Kalkputztechnik. Die Fläche wird mit Steinen poliert und mit Glätteseife behandelt, so dass sie im Bad- und Küchenbereich eine ästhetisch hochwertige Alternative zu Fliesen bietet.
- Beim Stuccolustro, einer frescalen Glanzglättetechnik, die ursprünglich aus Italien kommt, wird auf einem speziellen Malgrund aus Marmorkalk ein Farbanstrich aufgebracht. Anschließend wird die Oberfläche mit kalten oder erwärmten Glättekellen durch gleichmäßigen Druck poliert, bis eine Glanzbildung entsteht, die an Marmorflächen erinnert. Zum Glätten können auch spezielle Bügeleisen verwendet werden.

Filzen

Während im Lehmbau die Putzflächen zu verschiedenen Zeitpunkten (bis hin zum trockenen Zustand) gefilzt werden können, ist der Zeitraum für die Bearbeitung bei Kalkputzen wesentlich begrenzter.

Zum Filzen werden Bretter genommen, die mit einem weichen Material belegt sind, ursprünglich mit Filz, inzwischen aber mit vielen Schwammsorten. Im allgemeinen Baubedarf gibt es die groben orangen und die feineren gelben Schwämme, die Fliesenleger verwenden. Für Edelputze sind inzwischen auch neue Produkte, z.B. mit Latex beschichtete Bretter, entwickelt worden.

Filzbretter werden vor allem für Kalkfeinputze verwendet. So kann z.B. eine Kalkschlämme mit Feinsandanteil auf einen Kalkoberputz gefilzt werden, um eine feinere homogene Oberfläche zu erzielen und eventuelle Haarrisse zu füllen.

Im Lehmbau werden Schwammbretter oder große weiche Schwämme bevorzugt. Auf Lehmbaustellen wird daher auch vom „Schwammen" oder „Schwämmeln" gesprochen.

Aufgrund der Weichheit des Werkzeugs wird der Putz beim Filzen mit Schwämmen kaum verdichtet und hat dadurch eine geringere Oberflächenfestigkeit. Es stellt sich gegenüber dem Reiben oder Glätten der gegenteilige Effekt ein: nicht das Bindemittel, sondern die Sandkörner werden an die Oberfläche gebracht. Dies geschieht umso mehr, je plastischer der Putz oder je feuchter die Schwämme sind. Dann entsteht eine entsprechend grobe Struktur, und viele Sandkörner haben keine ausreichende Haftung. In diesem Fall sollte die Putzfläche nach dem Filzen mit einem weichen Handfeger abgefegt und/oder fixiert werden.

7-14
Dezente Glitzereffekte. Ausführung: Sylvie Wheeler, Montpellier.

7-15
Bad in Tadelakttechnik.
Ausführung: Fa. Lifeboxx, Sandro Freund, Frankfurt

7-16
Filzbrett (links) und Schwammbrett (rechts).

7-17
Verschiedene Schwammbretter. Auch Fliesenschwämme (vorne) sind verwendbar.

7-18
Freigewaschene Textur.

Es empfiehlt sich, einen Mörtel, der nur gefilzt werden soll, etwas fetter einzustellen. Je feiner der Mörtel ist, desto feinere Oberflächen können erreicht werden.

Hinweise für die Anwendung:

- Das Filzen ist eine schneller auszuführende Alternative zum Reiben. In diesem Fall zieht man den Putz sehr gut ab, so dass nur geringfügige Vertiefungen auszugleichen sind, und lässt ihn ausreichend anziehen. Beim Filzen werden kleine Unebenheiten sehr gut verschlichtet. Die Textur wird sichtbar.
- Es ist eine häufige Bearbeitungstechnik bei Lehmedelputzen.
- Nach dem Trocknen werden Schwämme, vor allem für das Freiwaschen der Texturen, eingesetzt. Optisch entstehen dadurch oft wolkige Schattierungen. Auf diese Weise kann man auch alte Flächen, eventuell nach kleinen Reparaturen, wieder „auffrischen" (s. Kap.6.8, S. 115).

Weitere Bearbeitungsmöglichkeiten

Die eben genannten Bearbeitungsmöglichkeiten mögen als Beispiele dienen und anregen, weitere Gestaltungsmöglichkeiten auszuprobieren und auch vor dem Einsatz ungewöhnlicher Werkzeuge nicht zurückzuschrecken. Hier seien noch einige Anregungen aus dem Lehmputzbereich gegeben:

- Manfred Fahnert hat Lehmputzflächen zu verschiedenen Zeitpunkten mit verschieden weichen Bürsten bearbeitet. Im lederharten Zustand des Putzes können dadurch ähnliche Effekte entstehen wie durch Polieren mit Kellen. Die Texturen werden freigelegt. Der Farbton wird häufig durch diese Bearbeitung deutlich dunkler.
- Die Lehmputzspezialistin Sylvie Wheeler hat Schilfrohrmatten in einen Putz eingebettet

7-19
Bürsten einer Fläche, nachdem der Putz bereits im lederharten Zustand ist.

7-20 a+b
In den Wandputz eingelegte und freigewaschene Schilfrohrmatte. Ausführung: Sylvie Wheeler.

7-21
Eingearbeitete lange Strohhalme. Bei dieser japanischen Technik werden die Halme bewusst nicht freigewaschen, sondern zeichnen sich als dezente Struktur ab – was im Laufe der Jahre optisch noch stärker hervortritt.

7-22
Diese Wandfläche mag an ausgetrocknete Lehmböden erinnern. Ausführung: Naoki Kusumi.

7-23
Drei verschiedene Oberflächen wurden mit Lehmputzen aus dem gleichen regionalen Lehm hergestellt. Ausführung: Sylvie Wheeler, Laurent Coquemont

und freigewaschen (Abb. 7-20). Sehr dezente lineare Strukturen lassen sich auch erreichen, wenn lange, eingeweichte Strohhalme in den Oberputz eingelegt und eingeglättet werden, wie es uns japanische Putzmeister gezeigt haben.

Außerdem lassen sich sogar Fehler in der Standardausführung von Putzen zu ästhetischen Qualitäten ummünzen. Das Überkorn, das strukturierend wirken kann, ist ein Beispiel dafür. Ein anderes ist das bewusste Herbeiführen von Rissbildern. Das ist kein einfaches Unterfangen, denn der Zusammenhang von Mörtelzusammensetzung, Wassergehalt, Kornverteilung, Schichtdicken und Bearbeitungstechnik ist ggf. durch eigene Experimente zu erforschen.

Wichtige Impulse zu diesem Thema gibt auch Daniel Duchert [Duchert 2008]. Wer sich auf das Material und seine Gesetzmäßigkeiten einlässt und Freude am Experiment hat, kann noch Einiges entdecken.

7.2 Putzmörtel für farbige Flächen herstellen

Bei Mörteln für farbige Putze ist nicht nur der Gehalt an Bindemitteln und Zuschlägen von Bedeutung, sondern auch die gewünschte Farbe. Alle Inhaltsstoffe nehmen Einfluss auf die Farbe.

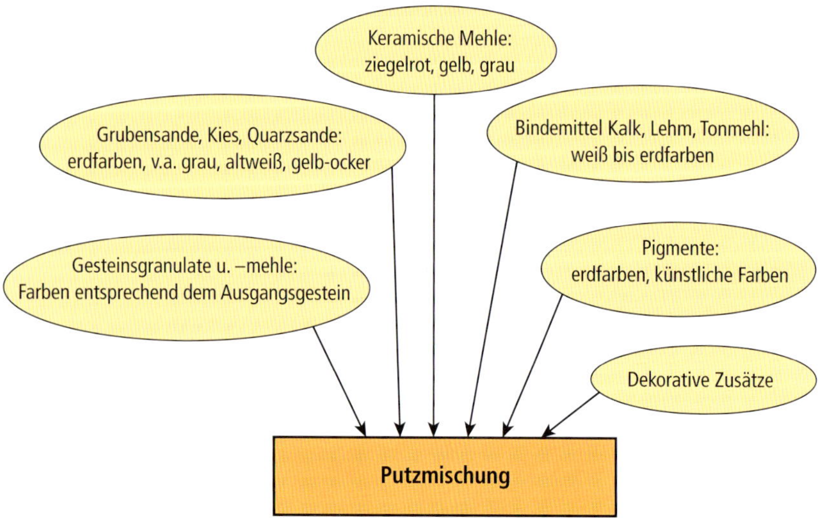

7-24
Farbigkeit der Ausgangsstoffe von Putzmörteln.

Folglich geht es bei der Herstellung von farbigen Putzen nicht einfach darum, einen Mörtel mit Pigmenten einzufärben, was durchaus möglich ist. Allein durch die Farbigkeit von Bindemitteln, Zuschlagstoffen und anderen Zusätzen kann bereits ein breites Farbspektrum erreicht werden.

Korngrößen und Mischungsverhältnisse sind nach den bereits aufgeführten Regeln zu bestimmen und der Mörtel wird – wie beschrieben – hergestellt (s. Kap. 2 und 3). Edelputze für 2 - 3 mm Putzdicke brauchen sehr feine Zuschlagstoffe. Das Größtkörn sollte max. 0,8 - 1 mm groß sein, ggf. auch kleiner.

Möchte man den Mörtel selbst herstellen, gibt es häufig das Problem, als Endverbraucher kleine Mengen des gewünschten Rohstoffes im Handel zu beziehen. Deshalb sei auf eine Auswahl uns bekannter Bezugsquellen verwiesen (siehe Bezugsquellen im Anhang).

Bindemittel

Während naturfarbene Kalkputze den Farbbereich von Weiß- und Grautönen abdecken, ist das Spektrum der Lehmputze wesentlich breiter. Regionale Lehme sind zwar häufig (rot)braun. Tonmehle hingegen weisen unterschiedlichste, z.T. auch sehr helle Farbtöne auf. Das Mischungsverhältnis von Tonmehl : Sand bewegt sich häufig zwischen 1 : 2 und 1 : 3. Der Sandanteil kann aber bei quellfähigen Tonmineralien, durchaus höher liegen. Das Mischungsverhältnis sollte immer ausgetestet werden.

Zuschlagstoffe

Es müssen nicht immer die ortsüblichen Sande sein. Es können auch andersfarbige Zuschlagstoffe zugegeben werden, wie z.B. Gesteinsgriese und -mehle. Sind diese verhältnismäßig grobkörnig, werden sie in der Fläche als farbige Punkte sichtbar. Da diese Zuschläge scharfkantig sind, sollten immer auch gerundete Körner zugefügt werden, um die Oberfläche gut bearbeiten zu können.

Kalkaußenputze sollten nicht ausschließlich durch Pigmente, sondern immer auch durch die witterungsbeständigeren farbigen Zuschläge ihre Farbgebung erhalten, z.B. durch schwarzen Basalt, roten Quarzporphyr oder grünen Syenit.

Für Edelputze geeignete Sande feiner Korngröße sind Quarzsande. In Baumärkten ist häufig nur eine Sorte mit der Körnung 0,1 - 0,4 mm

7-25 Tonmehle in verschiedener Farbigkeit: a) weiss, b) gelb, c) orange, d) rotbraun.

7-26
Mineralische Zuschlagstoffe: a) französischer roter Sand, b) Baskensand, c) Quarzsand 0,1/0,4 mm, d) Schamotte 0/1mm, e) Marmorgries 0,5/1mm, f) Marmormehl korallenrosa.

Ocker gelb | Terra Ercolano | Eisenoxidrot | Veroneser grün | Ultramarinblau

7-27 Farbaufstriche verschiedener Pigmente:

Farbton	Erdfarben	Künstliche Mineralfarben
Weiß	Kreide	Titandioxid
Gelb	gelbe Ocker	eisenoxidgelb, spinellgelb
Rot	rote oder gebrannte Ocker	eisenoxidrot
grün	grüne Erden	chromoxidgrün, spinellgrün
Blau		ultramarinblau, spinellblau
Braun	Umbra (natur: grünlich, gebrannt: rotbraun)	
Schwarz		eisenoxidschwarz

Tabelle 7-1: Baubiologisch akzeptierte Farbpigmente.

7-28 Musterplatten in der Lehrwerkstatt der Europäischen Bildungsstätte für Lehmbau, Ganzlin.

erhältlich, die zudem meist recht grau ist. Hellere Sorten gibt es im Malergroßhandel, allerdings zu sehr hohen Preisen. Für größere Mengen sollte man nach einem Fachhandel für Sand Ausschau halten.

Für Lehmedelputze im Innenraum werden oft Mamorgriese und -mehle und die sehr hellen Carrara-Sande eingesetzt, um hellere Farbtöne zu erzielen.

Keramikgranulate und -mehle können ebenfalls eingesetzt werden. Hell- oder rotbrennende Schamotten (Eigenfarbe: grau, rotbraun) in feinen Korngrößen sind im Töpfereibedarf erhältlich.

Pflanzenfasern in Lehmputzen werden häufig nicht primär wegen ihrer armierenden Funktion, sondern aus ästhetischen Gründen eingesetzt: sie wirken als Textur (siehe Abb. 3-33 bis 3-39).

Pigmente

Für das Einfärben von Putzmörteln empfehlen wir baubiologisch akzeptierte Pigmente, die in Tabelle 7-1 aufgeführt sind.

Weit verbreitet sind Erdpigmente, die meist Eisenoxid(hydrat)e enthalten. Sie werden aus farbigen Erden hergestellt durch Trocknung, Vermahlen und Windsichtung. Aus gelbem Ocker und dem grünlich bis bräunlichen Umbra, welches auch Mangan enthält, können durch Brennen rote bis braune Pigmente hergestellt werden.

Ein ähnliches Farbspektrum, aber wesentlich farbintensiver, bieten die synthetisch hergestellten Eisenoxidfarben. Die Rottöne sind häufig violettstichig, auch gibt es Oxidschwarz. Grüne Erden haben eine äußerst geringe Farbkraft, weshalb sie häufig mit künstlichem Grün „geschönt" werden, z.B. durch Chromoxydgrün.

Ultramarinblau wird künstlich hergestellt, indem Kaolin entweder mit Schwefel und Soda oder mit Quarz und Natriumsulfat gebrannt wird. Es gibt Nuancen von grünstichig bis violett. Meist wird das dunkle Ultramarinblau verwendet.

Spinell ist ein Mineral vulkanischen Ursprungs, das mit Spurenelementen wie Kobalt, Eisen, Mangan u.a. angereichert wird und dadurch verschiedene Farbtöne erhält.

7-29
Sandgrube mit farbigen Sanden, Rudice/Tschechien.

7-30
Der Luftkalk-Werkmörtel wurde in Abstimmung mit dem Architekten im Werk mit dem Erdpigment Französisch Ocker gemischt. Architekt: Manderscheid Stuttgart, Ausführung: Fa. Andreas Eith

Farbpigmente sind nur sehr selten im Malerbedarf erhältlich. Sie können von Farbmühlen direkt, im Künstler- und Restauratorenbedarf und manchmal auch bei Herstellern von baubiologischen Farben und Lehmedelputzen bezogen werden (siehe Bezugsquelle im Anhang).

Beim Färben von Putzen mit Pigmenten ist zu beachten, dass je nach Färbekraft des Pigments eine sehr unterschiedliche Dosierung nötig sein kann.

- **Einfärben von Kalkputzen**

Beim Einfärben von Kalkputzen ist unbedingt zu beachten, dass nur kalkechte, d.h. alkalibeständige Pigmente verwendet werden. Im Außenbereich sollten sie außerdem wetter- und säurebeständig (wg. saurem Regen) sein. Die Zugabe sollte 5 Vol% im Verhältnis zum Bindemittel nicht überschreiten. Aufgrund der geringen Färbekraft von Erdpigmenten werden künstliche Pigmente bevorzugt.

Bewährt haben sich: Titanweiss, Eisenoxidgelb und -rot, roter Ocker, Umbra natur oder gebrannt, Chromoxidgrün, Ultramarinblau und Eisenoxidschwarz. Auch gibt es synthetische Farben unter den Bezeichnungen Kalkgelb, Kalkblau etc.

Die Pigmente werden mit dem trockenen Bindemittel gemischt, bevor Zuschlagstoffe und Wasser zugegeben werden, oder sie werden mit Wasser angeteigt einer fertigen Sumpfkalkmischung zugegeben.

- **Einfärben von Lehmputzen**

Für Lehmputze haben sich auch höhere Pigmentzusätze bewährt, zumindest bei den Erdpigmenten, nämlich bis zu 3 - 5 Vol% bezogen auf die Mörtelmenge. Allerdings sind diese hoheren Dosierungen auszutesten. Oft pulvert die Oberfläche mehr oder weniger ab, wenn man mit der Hand darüber streicht. Sie muss dann fixiert werden, oder die Mischung erhält eine Leimzugabe als zusätzliches Bindemittel. Außerdem ist Vorsicht geboten, wenn viel mit Schwämmen gearbeitet wird. Dann kann eine stark eingefärbte Fläche zu scheckig geraten, da das Pigment ausgewaschen wird. Besonders bei künstlichen Pigmenten ist eine geringe Dosis oft ausreichend.

Das Pigment kann dem trockenen Mörtel zugesetzt werden. Bewährt hat sich aber auch folgende Methode: In den feuchten Mörtel wird eine Vertiefung gedrückt und mit wenig Wasser gefüllt, in die das Pigment eingestreut wird. Nachdem es sich gelöst hat, wird alles maschinell gemischt.

Zuschläge für dekorative Zwecke

Weitere texturgebende Stoffe können besonders gut den Lehmputzen zugefügt werden, da die Texturen nach dem Trocknen freigewaschen werden können. Beliebt sind der schuppenförmige Muskovitglimmer oder Perlmutter in Lehmedelputzen. Kleine Mengen, z.B. < 1 Vol% bezogen auf den Mörtel, können ausreichen. Möglich ist auch die Zugabe von feinem Glassplitt, der z.B. auch als Rohstoff für Glasuren verwendet wird.

Japanische Putzmeister überraschen mit der Zugabe von Eisenspänen in Lehmputzen, die sich durch ihren Rost abzeichnen, oder durch den Zusatz von kleinen, abgebundenen Kalkpartikeln, die sehr vorsichtig unter den Mörtel gemischt werden, damit sie als Punkte „Schneeflocken“ bilden.

Der Phantasie sind hier keine Grenzen gesetzt. Nur ist es nicht immer einfach, die gewünschten Rohstoffe, insbesondere in der gewünschten Feinheit, im Handel ausfindig zu machen (siehe Bezugsquellen im Anhang).

Tipps zur Herstellung von Lehmfein- und -edelputzmörteln

Da diese Putze vorwiegend im Innenraum eingesetzt werden, müssen die Lichtverhältnisse im Raum unbedingt berücksichtigt werden. Häufig sind lichte Farbtöne erwünscht, die mit Lehmedelputzen eher zu erreichen sind als mit Feinputzen.

- Die Mörtel für Lehmfeinputze (Dicke 3 - 5 mm) können aus ortsüblichen Sanden (0 - 1 mm) und gesiebtem Lehm (Maschenweite max. 6 mm) bzw. Tonmehlen hergestellt werden. Sie werden wie Oberputze aufgetragen und bearbeitet. Diese Ausführung ist in der Regel kostengünstiger und die erzielbaren Farbtöne sind erdiger und dunkler als entsprechende Lehmedelputze
- Helle Putze brauchen sehr helle Ausgangsstoffe. Der natürliche Farbton der weißen Tonmehle ist ein mehr oder weniger stark gebrochenes Weiß.

7-31 a - d
Texturgebende Zusätze: a) Perlmutt, b) rotes Glas (Float Fritten), c) Muskovit Glimmer Schuppen 2-3 mm, d) angerostete Eisenspäne.

7-32
Mustertafel: Lehmputz mit angerosteten Eisenspänen.

Edle Putze im Neubau

Dieses Wohnhaus wurde in Massivbauweise aus porosiertem Ziegelmauerwerk mit Betondecken und leichten Trennwänden aus Gipskarton errichtet. Es dient einer Familie als Wohnhaus, angegliedert sind Praxisräume. Auf die Mauerwerkswände wurden farbige Oberputze und Lehmedelputze auf einlagigem Lehmunterputz aufgetragen. Geschossdecken aus Stahlbeton, Gipskartonwände und mit Gipskarton verkleideten Dachschrägen erhielten einen Anstrich mit abgetönten Lehmfarben.

Ausschlaggebend für die Entscheidung der Bauleute, Lehmputze und -farben anzuwenden, waren hier in erster Linie die gestalterischen Möglichkeiten des Materials. Farbige Lehmputze und Lehmfarben geben jedem Raum, jedem der vier Stockwerke eine andere Farbigkeit. Im großzügigen Wohn-, Ess- und Küchenbereich sowie im Eingang und Treppenhaus schaffen erdfarbene Putze in gelb-ocker Farbtönen eine warme Atmosphäre. Im Wohnbereich kontrastieren steinig wirkende Strukturputz-Oberflächen des Kaminofens und des gegenüberliegenden „Wandbildes" mit den übrigen, eher samtig wirkenden feingeriebenen Flächen. Blau und lichtgrün ist dagegen die Farbgebung der Lehmedelputze in den ruhigeren Schlaf- und Arbeitsräumen.

Das Treppenhaus hat einen ähnlichen Farbklang wie der Wohnbereich, jedoch mit einer erdigeren Note. Ausgehend von einem intensiven Rotton im Dachgeschoss – der hohe Lichteinfall durch die Dachfenster erlaubt die kräftigere dunklere Farbgebung – verändert sich die Farbe von Geschoss zu Geschoss bis zu einem Gelbton im Keller. Da die Wände im Treppenhaus größeren Stoßbeanspruchungen ausgesetzt sind, muss der Lehmputz hier eine höhere Festigkeit aufweisen. Der Mörtel wurde durch Auswahl der Sandkörnungen entsprechend eingestellt.

Waagerechte Schmuckbänder grenzen die Geschosse von einander ab. Dafür wurde zuerst ein Wandstreifen ausgespart, der nach dem Trocknen der angrenzenden Putzflächen hier mit zwei dünnen Feinputzlagen aufgefüllt wurde. Die Oberfläche wie auch die Motive der senkrechten Schmuckbänder wurden mit Sgraffitowerkzeugen ausgekratzt.

Wohnraum

Putzgrund: Wärmedämmziegel

Unterputz: Lehmunterputz 10 mm, Baustellenmörtel gemischt aus 1 Teil Tonmehl und 2,5 Teilen Sand (0/2 mm), Strohhächsel 30 mm

Oberputz: Lehmedelputzprodukt, cremefarben, abgetönt mit gelben und rötlichen Erdpigmenten, Oberfläche gerieben

Wandbild und Kaminofen: Lehmedelputz, intensiver abgetönt, Zugabe von gröberem Kies, zusätzlich in den frischen Putz eingedrückte grobe Kiesel,
Strukturputz mit Reibespuren

B7-1 Ausschnitt Ornamentband.

B7-2
Der freistehende Pfeiler sowie die Stirnseite einer Treppenwand sind mit einem senkrecht verlaufenden Ornamentband verziert. Die steinmetzartige Oberfläche wurde mit Sgraffitowerkzeugen ausgekratzt. Das Ornamentband ist erhaben.

B7-3
Farbige Lehmfeinputze im Treppenhaus. Ein helles Schmuckband mit steinmetzartiger Oberfläche trennt die verschieden farbigen Lehmedelputzflächen.
Ausführung des Sgraffitos: Karin Börjes, Bremen

B7-4
„Wandbild" mit steinig wirkender Strukturputz-Oberfläche. Zusätzlich in den frischen Putz eingedrückte, grobe Kiesel werden beim Reiben mitgeführt und hinterlassen Reibespuren.

Treppenhaus
Putzgrund: Ziegelmauerwerk
Lehmunterputz: 10 mm, wie oben
Lehmoberputz: 4-6 mm, gemischt aus
Tonmehl (85 - 90% weiß u. 10 - 15% gelb)
Sand (0/1 mm und 0/2 mm),
Marmormehl, ca. 5% bezogen auf den Sandanteil) und
Erdfarbpigment (1 - 3%, bezogen auf die Sandmenge);
Oberfläche gerieben.
Durch spezielle Auswahl der Sande wird eine hohe Festigkeit erreicht.

Schmuckbänder im Treppenhaus
Lehmunterputz: 10 mm, wie oben
Lehmedelputze: 2-lagig aufgebracht, 2 - 3 mm dick je Putzlage
Mörtelmischung aus
Tonmehl,
Quarzsand 0,1/0,4 mm,
Marmormehl, etwas Pigment;
steinmetzartige Oberfläche, ausgekratzt mit Sgrafittowerkzeugen.

B7-5 Kaminofen mit steinigem Strukturputz.

Ausführung der Lehmputzarbeiten
Fa. Lehmbauwerk,
Karin Börjes,
Irmela Fromme,
Carola Schreiber, Berlin/Bremen

B7-6
Der Mörtel für das „Wandbild" ist intensiver abgetönt und enthält grobe Kiesel.

B7-7
Der Wohnraum erhält einen hellen, terrakottafarbenen Lehmedelputz, hier als Umrahmung des „Wandbildes" sichtbar.

7-33
Ausstellungsraum. Aufgrund des dunklen Farbtons braucht der Raum viel Licht.
Ausführung: Irmela Fromme

Mörtel: Regionaler Grubenlehm mit Erdpigmenten

In Mischung 1: französischer gelber Ocker
In Mischung 2: terra pozzuoli

Auftragstechnik: Mit der Glättekelle fleckhaft nebeneinander gespachtelt

Oberfläche: gerieben; nach dem Trocknen geschwammt

7-34
Raum für Bewegung und Meditation.
Die Tageslichtsituation ist hier sehr günstig.
Ausführung: Irmela Fromme, Karen Börjes

Mörtel:
2 Teile regionaler Sand ca. 0/1 mm,
1 Teil Quarzsand 0,1/0,4 mm
Tonmehl: 66% weiss, 33% gelb
Altpapierflocken eingeweicht (ca. 10 Vol%)
Chinaschilffasern, sehr fein (ca. 2 Vol%)

Oberfläche: gerieben

Vol% bezogen auf Gesamtmenge

7-35
Yogaraum. Die Fläche wurde bewusst durch einen weißen Streifen vom Korkfußboden getrennt. Die Acrylfuge am Deckenanschluss schafft eine klare Linie. Ausführung: Irmela Fromme

Mörtel:
5 Teile Quarzsand 0,1/0,4 mm
1 Teil Marmormehl
Tonmehl: 75% weiss, 25% gelb

Kurze Wand: ohne Pigmente
Lange Wand: mit ocker hell und sehr wenig oxidgelb

Oberfläche: geschwammt und fixiert

7-36
Privater Wohnraum. Der Schräglichteinfall vom Fenster unterstützt die Wahrnehmung der Texturen und die Glitzereffekte. Das rötliche Wandsegment bildet einen warmen Kontrast zur kühlen blauen Fläche.
Ausführung: Irmela Fromme

Blauer Mörtel:
Lehmedelputzprodukt weiss
Glassplitt kobalt blau, ca. 0,3 Vol%
Muskovit Glimmer-Schuppen 2 - 3 mm, ca. 0,7 Vol%
Pigmente: Spinellblau + ultramarin hell, insges. ca. 0,6 Vol%

Oberfläche: geglättet;
nach dem Trocknen: Texturen freigewaschen

- Kaoline haben in der Regel ein schöneres Weiß, haben aber eine für Putze zu geringe Festigkeit. Ein überwiegend mit Kaolin gebundener Mörtel sollte ein zusätzliches Bindemittel, z.B. Methylzellulose, enthalten. Demgegenüber haben die Montmorillinit-Tonminerale zwar eine höhere Festigkeit, sie wirken aber farblich sehr grau (Siehe 39, Kap 3.2 Tonminerale).
- Marmorsande wie Carrara-Sand sind sehr hell, sollten aber mit rundkörnigen Sanden gemischt werden. Bereits ein Zusatz von ca. 5 Vol% Marmormehl kann Putzen etwas mehr Leuchtkraft verleihen. Bei Lehmedelputzen sind höhere Anteile kein Problem.
- Eine bedeutende Aufhellung ist durch Titanweiss zu erreichen.
- Der Zusatz von Kalk ist ebenfalls möglich, aber nicht einfach zu handhaben, da er gleichzeitig als Bindemittel wirkt.
- Beim Einfärben mit Pigmenten ist die Eigenfarbe der Mischung zu beachten. Wird z.B. ein intensiver Ocker-Ton gewünscht, so sollte schon die Grundmischung Ockeranteile enthalten, z.B. durch einen Anteil von gelbem Tonmehl oder gelblichen Sanden. Dies empfiehlt sich auch bei Terrakotta-Tönen, die etwas zum Orange tendieren.
- In jedem Fall ist es förderlich, Mustertafeln anzufertigen und in der räumlichen Situation zu beurteilen. Dabei ist zu berücksichtigen, dass Farbtöne, die auf der Probe blass wirken, im Gesamtraum recht intensiv ausfallen können. Gegebenenfalls sollten 1 - 2 m^2 große Musterflächen vor Ort angelegt werden. Als Trägermaterial für Platten eignen sich Weichfaserplatten oder grundierte Gipskarton- oder Gipsfaserplatten.
- Alle Ausgangsstoffe sollten mit Messbechern (Eimern, Messbechern und Messschaufeln) nach Rezeptur abgemessen werden, um durchgängig denselben Farbton zu erreichen.
- Wird von Hand oder mit einem Rührgerät gemischt, so empfiehlt es sich, die Zutaten zunächst trocken zu mischen und dann mit Wasser zu versetzen.

Lehmedelputzprodukte

Es gibt inzwischen zahlreiche fertig angemischte Lehmedelputze auf dem Markt. Im Anhang wird dazu auf eine Auswahl uns bekannter Bezugsquellen verwiesen. Die Produkte können unter verschiedenen Aspekten ausgewählt und angewendet werden:

- *Farbigkeit:* Die meisten Firmen bieten eine Palette von 6 - 10 Standardfarben an, von weiß über sandfarben zu gelben und rötlichem Ocker, manchmal auch Grün, Grau und Schwarz, die untereinander mischbar sind. Viele Produkte erhalten ihre Farbigkeit ausschließlich aus den Tonmehlen und den mineralischen Zuschlagstoffen. Andere enthalten Farbpigmente oder es werden zusätzlich Pigmente zum Abtönen angeboten.
  Die Weißtöne haben eine große Variationsbreite. Viele Hersteller bieten inzwischen ein Naturweiß und ein Reinweiß an.
- *Festigkeit:* Je nach Zusammensetzung sind die Putze unterschiedlich stabil und abriebfest. Einige Produkte enthalten stabilisierende Zusätze, z.B. Zellulose. Stabilisierende Zusätze können Einfluss auf die Bearbeitung haben: Der Mörtel rutscht nicht wie üblich von der Kelle, sondern ist zäher. Die Wasserzugabe muss genau beachtet werden. Auch kann es schwieriger sein, die Fläche zu verschiedenen Zeitpunkten bzw. nach dem Trocknen zu bearbeiten.
- *Texturen:* Je nach Zusammensetzung variiert auch die Textur. Es ist ein zunehmender Trend, neben den Standardmischungen auch Produkte anzubieten, die zusätzlich texturgebende pflanzliche, mineralische oder sonstige Stoffe enthalten. Solche Putze werden z.B. als Strukturputze oder Steinputze bezeichnet. Auch Zuschläge wie Perlmutt oder feines Gerstenstroh werden als Zusatz verkauft.
- *Oberflächenbearbeitung:* Nicht alle Putztechniken sind mit allen Produkten auszuführen. Die meisten Putze sind für die Schwamm- und Glättetechnik geeignet. Um geriebene Oberflächen herzustellen, sind sie häufig zu fett eingestellt. Manchmal sind sogar Produkte derselben Firma unterschiedlich fett eingestellt, was bei der Bearbeitung zu berücksichtigen ist.
- *Baubiologische und ökologische Kriterien:* Sie spielen nicht für jeden Hersteller eine Rolle. Für manche geht es in erster Linie um den ästhetischen Aspekt. Bedenklich können Zusätze sein, die die Stabilität erhöhen, oder auch künstliche Pigmente. Um das Produkt beurteilen zu können, ist eine Volldeklaration der Inhaltsstoffe notwendig.

7-37 a + b
Lehmoberputz (links), dessen Mörtel aus hellen „Zutaten" (rechts) angerührt wird.

- In der Regel haben Tonmehle und feine Sande, bis sie auf die Baustelle gelangen, andere Transportwege und Bearbeitungsprozesse, die mehr Energie benötigen, hinter sich als Grubenlehme: Trocknen, Mahlen, lange Anfahrtswege (z.B. aus Italien). Manche Hersteller verwenden jedoch sowohl Sande als auch Tonmehle aus der Region. Sicherlich gibt es auch hier Unterschiede bei den Produkten, die aber schwierig nachzuvollziehen sind, da die Herkunft der Ausgangsstoffe selten deklariert ist.
- Die *Sorptionsfähigkeit* hängt sehr von den Tonmineralien im Bindemittel ab, wobei viele Messungen und Aussagen dazu auf Putzdicken von 1,5 cm bezogen sind. Der raumklimatische Effekt von lediglich 2 - 3 mm dicken Edelputzen sollte da nicht überbewertet werden.

7-38 a + b
Herstellung von Musterplatten – ein Beispiel: HFD-Platten werden eingeritzt und mit Lehmschlämme gestrichen. Nach dem Trocknen wird ein dünner Unterputz aufgebracht. Nach dessen Trocknung kann der Farbputz auftragen und bearbeitet werden.

Tadelaktmörtel

Wie bereits im Kapitel **Kalkputzmörtel herstellen** erläutert, haben wir die Wahl zwischen zwei Ausgangsstoffen, nämlich einmal das Kalkhydrat aus original marokkanischem Tadelakt, und zum anderen hiesiger Tadelakt-Werktrockenmörtel, der aus verschiedenen Grundstoffen gemischt wird. Wir beschreiben im Folgenden, wie Tadelaktmörtel aus original marokkanischem Tadelakt angemischt wird. Für jedes Produkt sind jedoch immer die Angaben der Hersteller und Importeure zu beachten (vgl. Liste im Anhang).

- **Putzmörtel aus marokkanischem Tadelakt**

Kalkhydratpulver aus dem originalen Tadelakt ist in der Regel höchstens 6 - 12 Monate lagerfähig. Es darf keine Feuchtigkeit ziehen und muss in jedem Fall frostfrei gelagert werden. Wenn es mit Feuchtigkeit in Kontakt kommt, verliert es seine Reaktionsfähigkeit und ist als Bindemittel nicht mehr brauchbar. Die angerührte Mischung kann bei richtiger Aufbewahrung bis zu zwei Monaten gelagert werden. Zur

7-39
Die mit Goldglanz verzierte Tadelaktkugel schmückt den Eingang zum Grundstück eines Wohnhauses. Die Tadelaktmischung wurde mit orangenem Pigment gemischt und auf eine Tonkugel aufgetragen. Der Glanz entsteht durch Beimischung eines Goldglanzpigments in der Glätteseife. Um den Glanz zu erhalten, sollte die Kugel hin und wieder mit Glätteseife nachpoliert werden. Ausführung: Maria Teichmann, Dresden.

Aufbewahrung sollte der Kalkteig mit 4 - 5 cm Wasser bedeckt werden und unbedingt luftdicht abgeschlossen sein. Daher kann und sollte man die erforderliche Putzmenge auf einmal anrühren, um eine möglichst gleichmäßige Farbmischung zu erhalten.

Für 1 kg Tadelaktpulver benötigt man ca. 0,5 Liter Wasser. Die erforderliche Wassermenge kann jedoch, da der Tadelakt ein Naturprodukt ist, leicht schwanken. Man sumpft das Tadelakt-Kalkpulver in die vorgegebene Menge sauberen Wassers in einem Putzeimer oder einer Mörtelwanne ein und lässt die Mischung 3 - 4 Tage sumpfen. Durch das Einsumpfen wird der Kalkbrei geschmeidiger. Nach dem Einsumpfen wird dem Mörtel nochmals eine kleine Menge Wasser, ca. 200 ml pro kg eingesumpfter Tadelakt, zugegeben und alles mit einem Handrührwerk rund 10 Minuten lang aufgerührt, bis sich eine geschmeidige Masse von gleichförmiger breiiger Konsistenz, ähnlich einem „Kartoffelbrei" bildet. Der Mörtel ist dann richtig, wenn er leicht an der Kelle kleben bleibt und man ihn lang aufziehen kann, etwa vergleichbar mit der Konsistenz handelsüblicher Gipsmörtel.

Um den Putzmörtel einzufärben, sind zwei Methoden gebräuchlich. Manche geben die trockenen Pigmente kurz vor dem Verarbeiten in den Kalkteig und rühren die Mischung zusammen auf. Andere sumpfen die Pigmente einen Tag vorher ein, um eine gleichmäßigere Farbentfaltung zu erzielen, und geben dann die eingesumpften Pigmente in den Kalkteig. Die Menge der Pigmente sollte 5% des Gewichtes des trockenen Kalkhydrats nicht überschreiten.

- **Putzmörtel aus Tadelakt-Fertigprodukten**

Der angerührte Mörtel kann nicht lange aufbewahrt werden, daher sollte man nur soviel Mischung anrühren wie am gleichen Tag verarbeitet werden kann.

Pigmente werden zuvor in Wasser angeteigt und dem angerührten Mörtel zugegeben. Ein zusätzliches langes Stehenlassen ist nicht unbedingt notwendig, es kann aber am Abend vorher eingesumpft werden. Man sollte in der Regel nicht mehr als 10% Pigmente zugeben.

Tipps zur Herstellung von Tadelaktmörtel

Die erforderliche Putzmenge wird entsprechend den Herstellerangaben berechnet. Es empfiehlt sich, wie bei Kalkputzmörteln 10% Schwund dazuzugeben. Die Herstellerangaben sind oft sehr knapp berechnet. Vor allem farbiger Putzmörtel ist in ausreichender Menge anzumischen, da ein Nachmischen in der gleichen Farbe kaum gelingt.

Auch bei Verwendung von naturbelassenem, ungefärbtem Tadelaktmörtel wird empfohlen, die erforderliche Mörtelmenge auf einmal anzumischen und die einzelnen Chargen gut miteinander zu mischen. Tadelakt ist ein Naturprodukt, daher können auch die einzelnen Chargen einer Lieferung farblich voneinander abweichen.

Bei der Auswahl der Pigmente (vgl. Seite 124) ist unbedingt darauf zu achten, dass sie kalk- und lichtecht sind. Nicht kalk- und lichtechte Pigmente können mit der Zeit ausbleichen oder durch die Reaktion mit dem Kalkhydrat ihre Farbe verändern.

7-40
Tadelaktpulver aus original marokkanischem Tadelakt, kalkechte Pigmente, Olivenölseife und Holzreibebrett.

7.3 Lehmedelputz ausführen

Als Lehmedelputze werden sehr feine Oberputze mit 2 - 3 mm Putzdicke bezeichnet, die auf der Basis von farbigen Lehmen und Tonmehlen und sehr feinem Sand zubereitet werden.

Sie bleiben sichtbar und wirken durch ihre Farbigkeit, Textur und Bearbeitungstechnik. Dadurch besteht ein hoher Anspruch an Rissefreiheit und Homogenität in der Oberfläche.

Die Arbeitsschritte auf Seite 132 beziehen sich auf einen Lehmedelputz, der nach dem Auftragen gefilzt oder geglättet wird.

Untergrund	Vorbereitungen
Lehmputze	Eventuell Schwindrisse mit dem Schwamm zureiben; Annässen
Mineralische Neu- und Altputze	Ggf. reinigen und festigen, Ausbesserungen ausführen, evtl. Haftgrund streichen
Kunststoffgebundene Putze	Auf Festigkeit prüfen, evtl. Unregelmäßigkeiten nachspachteln, Haftgrund streichen
Anstriche	Auf Haftung und Stabilität prüfen, evtl. säubern, Haftgrund streichen
Beton	Evtl. von Schalungsölresten reinigen, Sinterhaut entfernen, mit Beton-Kontaktgrund streichen
Lehmbauplatten	Stöße armieren, Empfehlenswert: Aufziehen eines dünnen Lehmunterputzes
Gipskarton-, Gipsfaserplatten	Stöße armieren; ggf. vollflächig spachteln, Haftgrund streichen, ggf. feinen Lehmunterputz aufziehen

Tabelle 7-3 Untergründe für Lehmedelputze.

Putzgrund

Der Auftrag eines Lehmedelputzes setzt einen ebenen Lehmputz mit einer geschlossenen, stabilen Oberfläche bzw. einen anderen geeigneten, ebenen und ggf. vorbereiteten und grundierten Putzgrund voraus.

Mörtel

Für den Mörtel für Lehmedelputz der Dicke 2 - 3 mm sollten mineralischen Zuschläge mit einem Korngerüst 0/0,8 und 0/1 mm, eventuell auch feiner, verwendet werden. Die Länge der Faserstoffe sollte 5 mm nicht überschreiten.

Werkzeuge

(siehe Abb. 7-41, die Zahlenangaben in Klammern beziehen sich auf die Nr. in der Zeichnung)

- Glättekellen (1) zum Putzauftrag.
- Flächenspachtel (auch Rakel oder Schmetterling genannt) zum Abziehen (2).
- Japanische Kellen zum Putzauftrag und Glätten (3+4) Japanische Kellen zum Aufziehen und zum Verteilen des Mörtels auf der Fläche haben eine Blattstärke von 0,5 – 0,8 mm; die Kellen zum Glätten 0,3 – 0,5 mm.
- Venezianische Kellen zum Putzauftrag und Glätten (5-6). Auch sie unterscheiden sich in der Blattstärke.
- Kunststoffkellen (Blattstärke 1 mm) zum Polieren (7).
- Schwämme (8) und Schwammbretter unterschiedlicher Qualität (9-10).
- Flieseneimer.

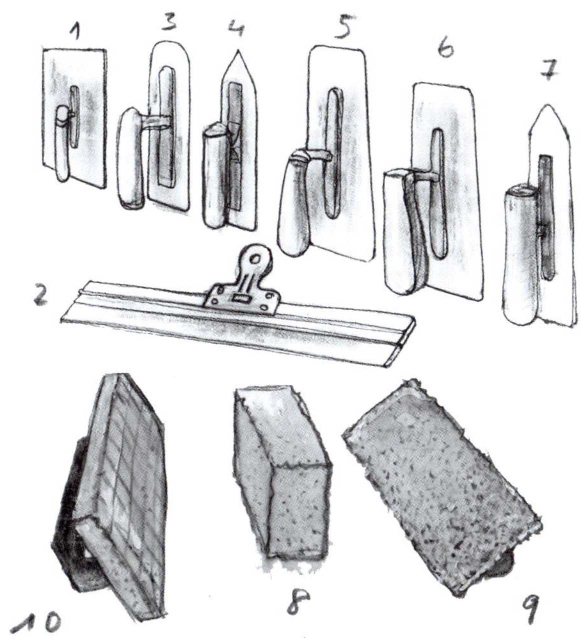

7-41 Werkzeuge für Lehmedelputze (Erläuterungen im Text).

Tipps zur Ausführung

- Um sichtbare Arbeitsansätze zu vermeiden, sollte zügig gearbeitet und die Arbeit an einer Wandfläche nicht für längere Zeit unterbrochen werden.
- Die Wasserzugabe während des Glättens muss vorsichtig dosiert werden, da es ansonsten zu unerwünschten Rissen kommen kann.
- Für das Glätten von gerundeten Außenecken und Kehlen ist Feingefühl nötig. Es kann passieren, dass sich durch zu viel Druck der Putz abschält oder reißt.
- Werden geglättete Flächen nach dem Trocknen mit dem Schwamm bearbeitet, so empfiehlt es sich, weiche Schwämme anstelle von Schwammbrettern zu nehmen. Sie dürfen

nicht zu feucht sein und müssen häufig ausgewaschen werden, da sonst der Bindemittelfilm auf der Fläche verteilt wird, was zu stark wolkigen Effekten führen kann. Das Wasser sollte häufig gewechselt werden. Auch ist es günstig, direkt nach der Benutzung des feuchten Schwamms den Bindemittelfilm mit einem trockenen Schwamm abzunehmen. Allerdings setzt sich dieser mit der Zeit zu, so dass trockene Schwämme in ausreichender Zahl vorhanden sein müssen.

- Alternativ kann die Fläche leicht angesprüht und anschließend mit einer weichen Bürste bearbeitet werden.
- Um gerundete Innen- und Außenecken herzustellen, gibt es japanische Spezialkellen mit verschiedenen Radien.
- Kunststoffkellen haben einen größeren Verschleiß als Metallkellen. Bei Metallkellen führt ein zu starker Druck auf bereits stark angezogenem Putz u.U. zu Metallabrieb, wodurch dunkle Stellen in der Fläche entstehen können.
- Es empfiehlt sich, Mörtelreste für eventuelle Reparaturen aufzuheben. Enthält der Mörtel organische Zusätze, so muss der Mörtel ausgebreitet und getrocknet werden, da er sonst faulen kann und unbrauchbar wird.

Arbeitsschritte beim Ausführen eines Edelputzes

1.
Ein trockener Lehmputz und andere saugende Untergründe werden angenässt. Hierzu sollte ein Sprühgerät genommen werden, z.B. ein 5-Liter-Druckspeicher-Sprühgerät.

2.
Der Putzmörtel wird mit Glättekellen, venezianischen oder japanischen Kellen aufgezogen. Alternativ kann der Mörtel auch maschinell, aber nicht zu dick, angespritzt werden (spezielle Schläuche und Düsen nutzen).

3.
Mit Hilfe eines Flächenspachtels wird der Putz in verschiedenen Richtungen abgezogen, so dass er ausreichend eben wird.

4. Die Oberfläche wird bearbeitet.
Gefilzte Oberfläche: Nachdem der Putz etwas angezogen ist, wird er zunächst mit einem gröberen Schwamm(brett) gefilzt. Schwämme sollen gut ausgedrückt werden, Schwammbretter werden über einem Flieseneimer abgerollt. Nach weiterem Anziehen kann er mit feineren Schwämmen nochmals gefilzt werden, um eine feinere Oberfläche zu erreichen.

oder
Geglättete Oberfläche: Auch hier kann der Putz nach dem Anziehen mit einem Schwamm gefilzt und geglättet werden. Der Putz kann mehrmals nachgeglättet werden, ggf. unter erneuter Zugabe von Wasser durch Ansprühen oder Nachschwammen. Je nach Plastizität des Putzes werden unterschiedlich flexible Kellen verwendet, zuletzt Kunststoffkellen zum Polieren des lederharten Putzes.

5.
Nach dem Trocknen können die Flächen nochmals geschwammt werden, z.B. um Texturen freizuwaschen.

6.
Gegebenenfalls müssen die fertig gestellten und getrockneten Flächen mit einem weichen Handfeger abgefegt und/oder fixiert werden, damit sie nicht abpulvern.

7-42 Abziehen einer Edelputzfläche mit dem Rakel.

7-43 Verschiedene Techniken: Der Eine glättet, der Andere filzt mit einem Schwammbrett.

7-44 Bearbeiten einer Lehmputzfläche nach dem Trocknen mit Schwamm und Handfeger.

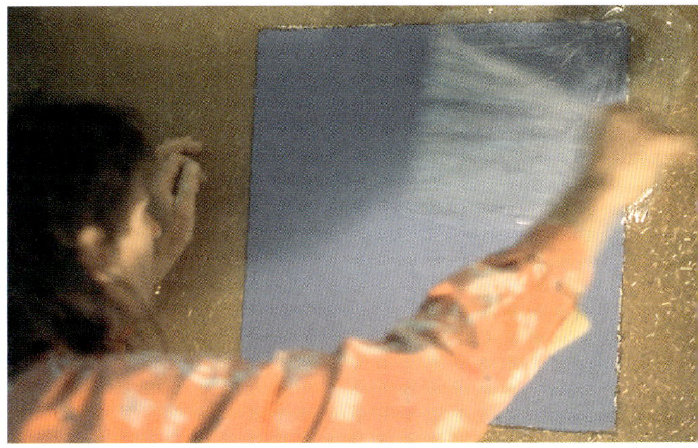

7-45 a + b
Abgegrenzt durch einen Rakel kann der Anschluss zweier verschiedenfarbiger Flächen sauber ausgeführt werden.

7-46
Eine Malerfolie wurde auf eine feuchte Putzfläche gelegt, um die Zeit des Erhärtens zu verzögern.

7.4 Japanische Putztechniken

Im japanischen Handwerk wird grundsätzlich viel Wert auf Oberflächenqualitäten gelegt. Am bekanntesten sind die japanischen Holz- und Lackarbeiten. Aber auch im Bereich von Lehm- und Kalkputzen werden sehr edle Oberflächen geschaffen, die nicht nur in traditionellen Teehäusern angewendet werden, sondern auch in modernen Bauten. In traditionellen Teehäusern mit ihrem scheinbar schlichten Charakter erhalten auch einfache Lehmputze durch sorgfältige Ausführung und genaue Detailanschlüsse an das Holz eine hohe Qualität und mit zunehmendem Alter eine Patina, die Japaner sehr schätzen – im Gegensatz zu vielen Europäern, deren Anspruch das möglichst lange unveränderte Aussehen von Oberflächen ist („wie neu"). Heute sind edle Lehm- und Kalkputzflächen auch in modernen Läden, Cafés und Restaurants zu finden [Speidel 2010].

Das japanische Wort für *Putz* bedeutet auch *Wand* („kabe", sprich: ka'bä). Die Konstruktion ist im Allgemeinen eine Holzständerbauweise. Im Teehaus stehen deren Pfosten gemäß dem Tatami-Raster im Abstand von ca. 80 cm. Die Ausfachung der Wand besteht aus einem Bambusgeflecht, das auf beiden Seiten verputzt wird, und zwar in mehreren Lagen zuerst mit Grobputz und anschließend mit einem mehrlagigen Feinputz. Die Wand entsteht also erst

7-47
Unter Anleitung von Putzmeister Susuma Harada wird ein Gefach mit Bambusstäben ausgefacht, die mit Schnüren miteinander verbunden werden.

7-48 Im Geflecht bleibt eine runde Fensteröffnung, der Rest wird verputzt.

7-49 Kellen aus dem Werkzeugsortiment des japanischen Putzmeisters Naoki Kusumi

7-50
Tatsuya Tokura trägt den Putz mit einer japanischen Kelle auf, nachdem er ihn vom Putzmörtelbrett abgenommen hat.

7-51
Die Putzoberfläche (O-TSU) wird von Putzmeister Harada geglättet.

durch das Aufbringen von bis zu 10 Putzlagen. Nach den mehrwöchigen bis mehrmonatigen Trockenpausen zwischen den einzelnen Lagen, kommen die Feinputzer und führen zwei, besser drei Lagen Lehmputz und evtl. hauchdünne Lagen Kalkputz aus. Die Ausführung der Putzlagen kann sich so bis zu einem Jahr hinziehen, was sicherlich auch mit den klimatischen Bedingungen in Japan zu tun hat. Putzmörtel, Putzausführung und Werkzeuge unterscheiden sich in vielen Punkten von den europäischen.

Ausführungstechnik und Werkzeuge

Der Putzauftrag erfolgt auch in den unteren Putzlagen durch Aufziehen und nicht durch Anwerfen, und die Fläche wird mit Kellen (statt mit Kartätschen) egalisiert, was ein sehr gutes Gefühl des Putzers für die Fläche voraussetzt. Der Putzer gibt Mörtel auf das Putzmörtelbrett. Von diesem Brett nimmt er den Mörtel mit einer Japankelle auf, indem er das Brett leicht kippt, den Mörtel nach oben auf die Kelle nimmt und direkt auf die Wand streicht. Der Putzauftrag erfolgt von links nach rechts und von oben nach unten. Mit derselben Kelle wird der Putz anschließend auf der Fläche egalisiert. Das spätere Glätten erfolgt durch andere Kellen.

Es gibt ein ungeheuer großes Sortiment an Kellen (weit mehr als 100 Sorten). Die Blattformen sind sehr schmal und häufig an einer Querseite spitz zulaufend oder gerundet. Material und Blattstärke variieren. Japanische Experten können die Qualität unterschiedlicher Kellen an dem Klang unterscheiden, der zu hören ist, wenn man mit einer kleinen Kelle daran stößt.

Die Kellen zum Putzauftrag - v.a. von Unterputzen – sind aus Eisen gefertigt. Mit Hilfe dieser weicheren (Eisen)-Kellen kann das Material bei diesem Arbeitsgang leichter mitgenommen werden als es bei härteren Stahlkellen der Fall ist. Letztere reiben über die Fläche. Japanische Putzer lassen sich individuell kostspielige, handgeschmiedete Kellen anfertigen (sehr wertvolle sind aus Damaszener-Stahl), die auf die Größe ihrer Hände und die gewünschte Ausführungstechnik abgestimmt sind. Die Kellen haben eine Blattstärke von ca. 0,8 bis 1,0 mm. Da die Kel-

7-52 a+b Putzmeister Naoki Kusumi arbeitet den Anschluss an die Öffnung mit kleinen Spezialwerkzeugen aus.

len leicht rosten, müssen sie besonders gut gepflegt werden. Nach Gebrauch werden sie sofort gereinigt und abgetrocknet. Zusätzlich werden sie mit Öl eingerieben, vor allem, wenn sie längere Zeit nicht benutzt werden. Neben dem speziellen Kellenpflegeöl ist auch Maschinen- oder Waffenöl geeignet. Es wird sehr dünn mit einem Baumwolllappen aufgetragen.

Für das Glätten von Feinputzen werden Stahlkellen verwendet. Mit Blattstärken von 0,3 bis 0,5 mm sind sie elastisch, aber durch das harte Metall gut zum Verdichten geeignet. Bedingt sind sie auch zum Putzauftrag von Lehm- und Kalkfeinputzmörteln geeignet. Für das Polieren von Glanzputzen gibt es Kunststoffkellen mit 1,0 mm Blattstärke.

Außerdem gibt es zahlreiche Spezialkellen zur Ausbildung von Schattenfugen, Hohlkehlen, abgerundeten oder gefaßten Außenecken etc. In Deutschland ist ein sehr begrenztes Angebot im Lehmbaufachhandel erhältlich (s. Bezugsliste im Anhang.)

Putzmörtel

Putzmeister wie Susuma Harada arbeiten vor allem mit regionalen Ausgangsmaterialien und bergen Lehme, die sie unterwegs finden (was in Japan erlaubt ist) und die sie z.T. auch nach ihrer Farbigkeit auswählen.

- **Lehmunterputz**

Der Lehm für den Grobputz ist wenig gemagert und oft steinig. Er enthält Langstroh als Armierung und kann doch nach dem Trocknen zahlreiche Schwindrisse aufweisen. Häufig werden Unterputzmörtel angerührt und über einen längeren Zeitraum gemaukt, bis zu 3 Monate lang. Durch den einsetzenden Gärungsprozess des Strohs entwickelt sich ein unangenehmer Geruch. In Deutschland wurde es bisher vermieden, derart gemaukte Mörtel zu verwenden – bis auf wenige Ausnahmen (s. Seite 150: Wassermühle Ruhlsdorf). Japanische Putzmeister hingegen schätzen die positiven Auswirkungen des Fermentationsprozesses auf die Qualität dieser Putzmörtel.

- **Zwischenschichten**

Sie dienen dem Ausgleich, um eine sehr ebene Fläche als Untergrund für die Feinputze herzustellen. Obwohl sie relativ fein aufgezogen werden, enthalten sie Sand 0/4 mm und Strohhäcksel bis 30 mm. Sie trocknen rissfrei auf.

- **Lehmfeinputz**

Ähnlich wie bei uns besteht der Mörtel aus Sand 0/1 mm, eventuell unter Zusatz von Quarzsand 0,1/0,4 mm, gesiebtem fettem Lehm (bis 1 mm) und sehr feinem Stroh. Wir werden die Technik „Juraku“ vorstellen.

- **Glanzputze**

Glanzputze sind extrem feine Putze, die als letzte Schicht aufgezogen und in vielen Arbeitsgängen geglättet und poliert werden. Durch den Kalkanteil kann spiegelnder Glanz erzielt werden. Es gibt reine Kalkputze. Da sie aber sehr kostspielig sind, wurde eine kostengünstigere Variante entwickelt: der Lehm-Kalkputz.

Die Kalkputztechnik „Shikui“ enthält in der obersten Schicht nur Kalk und kurze feine Hanffasern sowie traditionellerweise „Nori“, eine Seetanggelantine. In der Regel wird Leim aus 300 g getrocknetem Seetang einem Putz aus 20 kg Kalk zugesetzt. Nori verzögert den Trocknungsprozess. Im Sommer und an großen Flächen wird ggf. mehr Nori eingesetzt. Als Ersatz für das traditionelle Nori kann auch Zellulose beigemischt werden, was ebenfalls zu einer Verzögerung des Abbindeprozesses führt.

Der Lehm-Kalk-Putz „O-Tsu“ enthält in seiner obersten Schicht sowohl Kalk als auch Lehm. Um zu prüfen, ob sich Lehm und Kalk vertragen, kann folgender Test (s. Abb. 7-53) durchgeführt werden:

- 1 Teil Lehm und 1 Teil Kalk werden getrennt mit so viel Wasser angerührt, dass die gleiche cremige Konsistenz erreicht wird. Stellt man z.B. einen Strohhalm oder Bleistift in den Lehm, so kippt er langsam zur Seite.
- Nun werden Lehm und Kalk vermengt. Wird die Konsistenz dadurch fester und der Strohhalm oder Bleistift bleibt stehen, so ist dies ein erster Anhaltspunkt, dass beide Bindemittel für O-Tsu geeignet sind. Für diesen Fall können jetzt Putzproben hergestellt werden. Proben für Außenwände werden längere Zeit der Bewitterung ausgesetzt und auf ihre Witterungsbeständigkeit getestet.
- Verflüssigt sich die Mischung von Kalk und Lehm beim Vermengen, so ist der Mischung für einen Putz nicht brauchbar.

Putzaufbauten und Ausführung

Der japanische Putzmeister Susumu Harada leitete im Sommer 2010 an der Europäischen Bildungsstätte für Lehmbau/Wangelin einen Workshop zu japanischen Lehmbautechniken, im Folgejahr unterrichtete sein Schüler Tatsuya Tokura. Die Ergebnisse fassen wir hier zusammen.

Es wurden die drei Standardtechniken Juraku, Shikui und O-Tsu ausgeführt. Auf allen Flächen wurde am 1. Tag ein Zwischenputz in 2 Lagen

7-53
Test zur Bestimmung der Tauglichkeit von Kalk und Lehm als Bindemittel für einen Lehm-Kalk-Mörtel

7-54 a + b
Pigmentierter Shikui auf einem Balken. Der Lehmunterputz wird mit einer besandeten Teerpappe ‚abgezogen'. Der Shikkui-Putz wird mit Kellen geglättet.

7-55
O-TSU: Der erste Glanz stellt sich ein.

7-56
Die O-TSU-Fläche wird mit einer Kunststoffkelle geglättet.

7-57
Die Shikui Oberfläche wird geglättet. In der linken Hand das typisch japanische Putzmörtelbrett.

nass in nass ausgeführt. Auch die Feinputze wurden in 2 Lagen aufgezogen, was aber nicht zwingend notwendig ist. Die Entscheidung darüber hängt v.a. von der Witterung und den Materialien ab sowie von der Erfahrung des Putzers, den Putz zügig und gleichmäßig aufzuziehen.

Verwendet wurde: ein Baulehm-Produkt (erdfeucht, Körnung bis 5 mm), regionaler Sand 0/4 mm (der häufig noch gesiebt wurde), Strohhäcksel aus dem Viehfutterbedarf, Stroh mit viel Feinanteil aus unbekannter Quelle, Cellulosefasern (ca. 0,7 mm). Die Hanffasern wurden aus einer Sisalschnur mit der Schere in 1 cm lange Fasern geschnitten.

Wir weisen darauf hin, dass das Mischungsverhältnis für andere Lehmsorten ggf. variiert werden muss. Ausgehend von den Feinputzrezepturen kann auch mit anderen Zuschlägen < 1 mm experimentiert werden, z.B. kleinen Zugaben von Marmormehl, anderen Fasern etc.

- **Zwischenputzschichten**

1. Lage:
   - 4 Teile Lehm
   - 4 - 4,5 Teile Sand 0/4 mm, etwas 0/2 mm
   - 1,5 - 2 Teile Stroh (je 50%: 25 mm, 10 mm)
2. Lage:
   - 4 Teile Lehm
   - 4 - 5 Teile Sand 0/4 mm, etwas 0/2 mm
   - 1,5 - 2 Teile Stroh (je 50%: 25 mm, 10 mm)

Der Mörtel wurde aufgezogen und in jeder Lage mehrmals in vertikaler und horizontaler Richtung glattgezogen und verdichtet.

- **Juraku**

1. Lage:
   - 1 Teil Lehm 0/4 mm oder 0/6 mm
   - 2 Teile Sand 0/4 mm
   - etwas Strohhäcksel
2. Lage:
   - 1 Teil Lehm, gesiebt, 0/1 mm
   - 1 bis 1,5 Teile Sand 0/1 mm; unter Zusatz von Quarzsand 0,1/0,4 mm
   - 0,5 Teil Stroh, gesiebt 1 mm

Bei dieser Technik muss sehr zügig gearbeitet werden. Die Fläche wird aufgezogen und unmittelbar anschließend mit sehr leichtem Druck egalisiert. Sie darf beim Arbeiten nicht angenässt werden. Die Oberfläche wird also nicht, wie sonst üblich, durch weiteres Glätten verdichtet. Dadurch ist sie vergleichsweise porös und wirkt sehr weich. Nach dieser Oberflächenbearbeitung darf sie nicht mehr berührt werden, bevor sie getrocknet ist!!

Diese Technik ist nur scheinbar so leicht auszuführen und in der Praxis sehr anspruchsvoll und am schwierigsten auszuführen.

- **Shikkui** (nach Harada)

1. Lage:
   - 1 Teil eingesumpftes Kalkhydrat
     + 6% Hanffasern, 10 mm
   - 1 Teil Sand 0/1 mm
2. Lage:
   - eingesumpftes Kalkhydrat
     + ca. 6% Hanffasern, 10 mm

Einem Teil der Mischung wurden Cellulosefasern beigemengt.
Es wird auf den noch feuchten Zwischenputzschicht aufgezogen. Sollte der Untergrund schon getrocknet sein, wird die Fläche stark angenässt. Nach kurzer Wartezeit wird der Putz einmal aufgezogen. Der Lehmuntergrund schimmert durch. Bei starkem Antrocknen erfolgt eventuell ein zweiter Putzauftrag.

- **O-TSU** (nach Harada)

1. Lage:
   - 1 Teil aus 70 - 90% Lehm 0/1 mm
     + 10 - 30% Shikkui
   - 1 Teil Sand 0/1 mm
2. Lage:
   - 70 - 90% Lehm 0/1 mm
   - 10 - 30% Shikkui

- **O-TSU** (nach Tokura)

Es wurde einlagig ausgeführt:
- 8 Teile Lehm, 0/1 mm,
- 2 Teile eingesumpftes Kalkhydrat,
- 0,6 Teile gesiebtes Stroh (1 mm).

Die Faserzugabe erfolgt nach und nach. Zwischendurch testet der Putzer den Mörtel, indem er eine kleine Menge auf das Putzmörtelbrett gibt und mit der Kelle wiederholt glatt streicht. Dadurch bekommt er ein Gefühl, ob die Menge der zugegebenen Fasern ausreicht. Zu wenig Faserstoffe erhöhen die Gefahr der Rissbildung. Wird zu viel Faserstoff zugegeben, kann nicht mehr poliert werden.

Sowohl bei Shikkui als auch bei O-TSU wird der Putz aufgezogen und zu verschiedenen Zeitpunkten geglättet – jeweils in horizontaler und vertikaler Richtung. Am Anfang werden die Metallkellen, im lederharten Zustand die Plastigglätter verwendet. Am Schluss wird mit den Handballen poliert.

Besonders bei Shikkui ist das Zusammenspiel von Putzfeuchte und Druck beim Glätten von ausschlaggebender Bedeutung für das Gelingen. Ist der Unterputz noch zu feucht, so besteht die Gefahr, dass das Wasser unter dem Druck nach vorne kommt. Bilden sich Blasen, so muss das Glätten unterbrochen werden. Man sticht mit der Kellenspitze in die Blase, so dass sich der Putz wieder an die Fläche schmiegen kann.

7.5 Einen Tadelakt ausführen

Unter marokkanischen Handwerksmeistern wird die hohe Kunst des Tadelakthandwerks seit über 1000 Jahren überliefert. Die spezifische Zusammensetzung des hochhydraulischen Kalkputzes und die spezielle Bearbeitungstechnik machen diesen besonderen Putz wasserfest, so dass er sogar für die Beschichtung von Waschbecken und Wannen geeignet ist.

Die farbig schimmernden und glänzenden Tadelaktflächen schmücken Wände und Wasserbecken in alten marokkanischen Bauten und im traditionellen Schwitzbad, dem Hammam. Wenn man die Flächen entsprechend pflegt und die üblichen aggressiven Reinigungsmittel vermeidet, ist er auch hierzulande eine interessante, wenn auch arbeitsintensive Alternative für Fliesen und Waschbecken aus Sanitärkeramik. Feine Risse auf der Oberfläche beeinträchtigen die Gebrauchsfähigkeit nicht. Die Risse sind in der Regel nur im feuchten Zustand sichtbar.

Flächen aus Tadelakt-Fertigmischungen unterliegen verständlicherweise in geringerem Umfang Schwankungen in Zusammensetzung und Qualität als solche aus den Originalzutaten, auch sind sie in der Farbgebung und Körnung gleichmäßiger. Die für den Original-Tadelakt typische Rissbildung ist weitgehend ausgeschlossen. Flächen aus original marokkanischem Tadelakt weisen dagegen die typische Rissbildung auf. Sie sind authentischer und beim Verarbeiten findet sich auch mal ein größeres Korn im Mörtel, das man mit der Hand entfernen muss.

Putzgrund

Grundsätzlich gilt für Tadelakt, was auch für alle Kalkputze gilt. Die Untergründe müssen griffig sein.

Gut geeignet sind feste Untergründe wie Beton und Steinwände. Immer problematisch sind Untergründe, die sich bewegen können, wie Fachwerk- und Trockenbauwände, aber auch Mischuntergründe. Mischuntergründe können zu Rissen und zu unterschiedlichem Trocken- und Abbindeverhalten des Tadelakts führen, so dass sich die unterschiedlichen Untergründe an der Oberfläche später abzeichnen können. Lehmuntergründe sind nur bedingt geeignet, da sie zuviel Feuchtigkeit ziehen und auch im Verhältnis zum Tadelakt zu weich sind.

Die Hersteller von Fertigprodukten empfehlen in der Regel eine spezielle, dem jeweiligen Untergrund angepasste Vorbehandlung: Bei problematischen Untergründen wird oft ein (Glasvlies-) Gewebe mit einem mineralischen Gewebekleber vollflächig aufgebracht und anschließend ein Spritzbewurf aus Kalkzement aufgezogen. Auch Kalkhaftputze sind als Untergrund möglich, also Putze aus Werk-Trockenmörtel mit hydraulischem Kalk als Bindemittel und Zusatzstoffen wie Cellulose, welche die Haftung verbessern.

Wenn Tadelakt an Wänden mit Wasserkontakt (z.B. in Duschen) ausgeführt wird, ist nach den Regeln der Technik unter dem Putz eine Abdichtung in Form einer wasserdichten Be-

7-58
Wandspiegel und Unterbau dieses kleinen Trinkbrunnens, der auf der Insel Pantelleria/Sizilien steht, sind mit Tadelakt wasserfest beschichtet. Die verwendete Mischung ist ein Tadelaktprodukt, das mit kalkechten türkisen Pigmenten eingefärbt wurde. Dazu wurde spinellblau und spinellgrün gemischt.
Ausführung: Seminararbeit unter Anleitung von Anka Böthig und Maria Teichmann, Dresden.

Tabelle 7-4 Untergründe für den original marokkanischen Tadelakt.

Untergrund	Vorbereitungen
Kalk-, Kalkzement- oder Zementputze (Neuputz)	- Ca 24 - 48 Stunden trockenen lassen (einen Tag pro mm) - Evtl. Sinterhaut durch Abreiben mit einem Holzbrett entfernen
Kalk-, Kalkzement- oder Zementputze (Altputze)	- Auf Festigkeit prüfen - Evtl. Grundierung mit Kasein oder Farbenwasserglas
Kunststoffgebundene Putze	- Auf Festigkeit prüfen, evtl. Unregelmäßigkeiten nachspachteln - Haftgrund streichen
Anstriche	- Wenn möglich abwaschen - Auf Haftung und Stabilität prüfen, evtl. säubern - Silikat- und Dispersionsfarbenanstriche grundieren (Haftgrund streichen)
Beton	- Evtl. von Schalungsölresten reinigen, Sinterhaut entfernen - Mit Beton-Kontaktgrund streichen
Mauerwerk	- Evtl. Kalkzementspritzbewurf aufziehen
Lehmsteinmauerwerk	- Evtl. Kalkzementspritzbewurf aufziehen
Lehmputze	- Ausreichend nässen - Mit Wasserglas oder einem anderen Verfestiger verfestigen
Lehmbauplatten	Gewebe vollflächig aufbringen (mit mineralischem Gewebekleber) und Spritzbewurf
Gipsputze, Gipsplatten, Gipskarton- und Gipsfaserplatten	Untergründe aus Gips sind ungeeignet , da Gips aufgrund der eingebrachten Feuchtigkeit aufquellen kann. Wenn unbedingt gewünscht, Gewebe vollflächig aufbringen (mit mineralischem Gewebekleber), Spritzbewurf
Mischuntergründe	Gewebe vollflächig aufbringen und Spitzbewurf (empfehlenswert)

7-59
Rissbildung ist typisch für den original marokkanischen Tadelakt. Die Risse sind hier mit einem speziellen Wachs sichtbar gemacht.
Ausführung: Sandro Freund, LifeBoxx, Frankfurt.

schichtung mit Latex oder Bitumen notwendig. Allerdings gibt es immer wieder Beispiele, bei denen die Wände in Duschen ohne eine solche Abdichtung mit Tadelakt geputzt wurden. Im Gewährleistungsfall ist die Handwerkerin allerdings nicht abgesichert, denn eine solche Ausführung ist nach den Regeln des Fachhandwerkes nicht möglich!

Spezialwerkzeuge für Tadelakt

Neben den gebräuchlichen Putzwerkzeugen wie Kunststoffkelle, Holzreibebrett und Venezianerkelle oder Japankelle und einem Pinsel zum Auftragen der Olivenölseife benötigt man für die Polierarbeiten zusätzlich spezielle Poliersteine und gegebenenfalls auch einen Zellophanbausch. Als Pinsel eignet sich ein 16er oder 18er Pinsel. Den Zellophanbausch kann man leicht selbst herstellen, indem man einen weichen Stoffballen in eine Plastik-Mülltüte steckt.

Als Poliersteine kommen harte Mineralien mit einem Härtegrad über 6 in Frage, wie z.B. Basalt oder Granit. Die Härte eines Steines bezeichnet man nach der Mohr'schen Härteskala mit einer Zahl zwischen 1 und 10, wobei 10 die Härte eines Diamanten ist. Geeignet sind auch Poliersteine aus Flusssteinen mit einer Härte von 6,5 bis 8.

Gebräuchlich sind auch Poliersteine, die mit einer Hartkeramikbeschichtung versehen sind. Hartkeramik hat einen Härtegrad von 9 und nutzt sich kaum ab. Diese Poliersteine sind in der Anschaffung teurer, aber länger haltbar.

Die Auswahl der richtigen Poliersteine ist eine Wissenschaft für sich. Nicht immer lässt sich gut mit einem Hartkeramik-Polierstein arbeiten. Kleinere Steine eignen sich für gerundete Oberflächen, für größere Wandflächen können auch größere Steine verwendet werden. Es ist gut, ein Repertoire an verschiedenen Poliersteinen zu haben. Nicht nur Steinart und Härte sind entscheidend, sondern auch die Form und Art des Schliffs. Der Polierstein soll konvex geformt sein, damit jeweils nur auf eine kleine Fläche Druck ausgeübt wird. Ein eben geschliffener Stein würde sich bei Druck ansaugen und dann die Oberfläche aufreißen. Auch sollte der Stein gut in der Hand liegen. Poliersteine für Tadelakt kann man im spezialisierten Baustoffhandel oder auch bei den Fertigmörtel-Herstellern kaufen, ebenso kann man sie sich nach Vorlagen selbst schleifen oder besser schleifen lassen.

Arbeitsschritte

Nachstehend beschreiben wir die Arbeitsgänge für den originalen marokkanischen Tadelakt bei zweischichtigem Auftrag. Die Gesamtschichtdicke beträgt bei 2 Schichten ca. 4 mm, bei 3 Schichten 6 mm. Bei Tadelakt-Fertigprodukten weichen die Arbeitsschritte von der folgenden Beschreibung ab, die Schichten sind in der Regel dünner.

Für alle Tadelaktarbeiten gelten die Sicherheitsregeln und Schutzbestimmungen wie für Kalkputzarbeiten.

1. Untergrund vorbereiten und ausreichend vornässen.
2. Dem eingesumpften Mörtel (nach ca. 3 - 4 Tagen Einsumpfzeit) ca. 0,2 Liter/kg Wasser zugeben und einrühren. (Mörtelzubereitung siehe Kap. 4)
3. Mörtel mit der Kunststoffglättekelle dünn auftragen und antrocknen lassen. Die Schichtdicke ist knapp über Korngröße und beträgt rund 2 mm.
4. Die zweite Putzschicht wie die erste Schicht möglichst am gleichen Tag aufziehen, antrocknen lassen und in drei Arbeitsgängen glätten.
   Erste Glättung: Nachdem das Material leicht

7-60 Werkzeuge für Tadelakt.

7-61 Poliersteine und Cellophanbausch.

7-62 Polierstein

7-63 + 7-64
Die Tadelaktoberfläche einer Duschwand wird durch das Polieren mit dem Polierstein verdichtet. Schwer zugängliche Stellen, wie hier hinter der Armatur, werden mit einem schmalen Spachtel poliert. Ausführung: Piet Karlstedt, Potsdam.

angetrocknet ist, mit einem Holzreibebrett abreiben und mit einer Kunststoff-Glättekelle leicht verpressen.
Zweite Glättung: Nach ausreichender Wartezeit von ca. 24 Stunden mit verdünnter Olivenölseife (Verhältnis Olivenseife zu Wasser 1:20 bis 1:30) einsprühen und unter leichtem gleichmäßigem Druck mit der Venezianer-Glättekelle glätten. Um das Verdichten mit dem Polierstein zu erleichtern, sollten nach dem Glätten keine Poren oder Unebenheiten mehr vorhanden sein.
Dritte Glättung: Nach einer weiteren Wartezeit von ca. 24 bis 48 Stunden, je nach Abtrocknung, mit verdünnter Olivenölseife einsprühen und mit dem Polierstein verdichten und polieren. Es sollte keine Schlämme auf dem Stein stehen bleiben.

5. Nach 20 Tagen erneut verdünnte Olivenölseife aufsprühen und mit einem weichen Bauschwamm abwaschen.

Tipps zur Ausführung

- Da der Tadelakt ein Naturprodukt ist, kann man die genauen Farbnuancen nicht hundertprozentig vorhersagen. Man sollte von vorneherein die Bauleute darauf hinweisen, dass der Farbton je nach Liefercharge variieren kann und individuell ausfällt. Die Arbeitstemperaturen dürfen nicht unter 10°C liegen.
- Entscheidend ist beim Tadelakt der richtige Zeitpunkt für die Verdichtung. Und dieser ist von der Temperatur und der Luftfeuchtigkeit abhängig. Die Fläche muss angezogen sein, aber darf nicht zu trocken sein. Bei zu warmer und trockener Witterung kann man sie durch wiederholtes Einsprühen mit dem Sprühgerät feucht halten, oder man hängt sie mit Folie ab.
- Beim Glätten hilft das wiederholte Einsprühen der Oberfläche mit Olivenölseife, um das Material geschmeidig und verarbeitbar zu halten.
- Wenn eine größere Fläche zu polieren ist, arbeitet man am besten zu zweit oder zu mehreren, damit die Fläche beim Polieren ausreichend feucht bleibt. Der eine beginnt z.B. in der rechten oberen Ecke und arbeitet sich nach links unten weiter; der andere beginnt links oben und endet rechts unten. Da die Flächen oben zuerst austrocknen, empfiehlt es sich, von den oberen Ecken ausgehend zu arbeiten. Diese Empfehlung eines Handwerkers birgt jedoch die Gefahr, dass unterschiedliche „Handschriften" auf einer Wandfläche sichtbar sind. Allein durch unterschiedlichen Druck kann die Farbe dunkler oder weniger dunkel erscheinen. Andere empfehlen daher, einen Arbeitsgang lieber von einer Person allein ausführen zu lassen und hintereinander weg zu arbeiten.
- Qualitativ sehr hochwertige Flächen im Nassbereich werden oft auch in 2 bis 4 Arbeitsgängen mit Steinen poliert.

Wir empfehlen einen Tadelaktkurs zu besuchen, um sich mit dem jeweiligen Material vertraut zu machen (Adressen siehe Anhang).

Immer wieder berichten Handwerksleute, dass Flächen im Gebrauch nicht richtig gepflegt werden und es zu Beschwerden kommt, weil sie ihren Glanz verloren haben. Man sollte im Vorfeld die Bauleute ausführlich beraten und ihnen nach Abschluss der Arbeiten eine Olivenölseife und eine Pflegeanleitung zur Hand geben.

7-65
Tadelaktwand im Wellnessbereich. Ausführung: Sandro Freund, LifeBoxx, Frankfurt

8 Schmuckelemente im Lehmputz

Seit jeher haben die Menschen das Bedürfnis zu schmücken: Ihre Körper, ihre Kleidung, die Wände, zwischen denen sie leben, die Gebrauchsgegenstände, die sie benutzen. Häufigste Form des Schmuckes sind Ornamente. Sie sind weltweit anzutreffen, und dieselben elementaren Ornamente finden sich in den unterschiedlichsten Kulturen und zu den verschiedensten Zeiten, von einfachen Wellen- oder Zickzacklinien über Mäander bis hin zu Verflechtungen und floralen Motiven.

Einfache abstrakte Ornamentelemente wie parallele Linien, Kreuze, Netze, Dreiecke und Punkte sind neben Tierdarstellungen und Jagdszenen bereits an den Wänden prähistorischer Kulthöhlen eingeritzt oder aufgemalt, wobei sie dort sicherlich primär rituelle Bedeutung hatten. Aber auch die Architektur scheint von Anbeginn mit dem Schmücken verbunden zu sein. Im griechischen bedeutet das Wort „Bauen" auch „Schmücken". Funde in den Siedlungen der Jungsteinzeit belegen die Anwendung von Ornamenten. In Catal Hüyük, einer der ältesten Städte Zentralanatoliens, der heutigen Südtürkei, wurden gebrannte Tonstempel aus dem 8. Jahrtausend v. Chr. gefunden, die auf Tuch, Leder oder Putz gedrückt wurden und so dekorative Wiederholungsmuster ergaben [Wilson 1996].

In Innenräumen werden sehr häufig Ornamentbänder gesetzt, die – im wahrsten Sinne des Wortes – einen Raum zusammen „binden" und somit die räumliche Einheit betonen. Ornamentbänder können die Übergänge zweier Wandpartien gestalten, so setzen sie den Sockelbereich von der darüber liegenden Wandfläche ab, gleichzeitig können sie die Wandpartien durch ihre oft beschwingte Form verbinden. Ornamente leben ja in der Regel durch Gegensätze wie auf und ab, horizontal – vertikal, Schwingung und Gegenschwingung. Kleine Einheiten werden aneinander gereiht, können dabei aber auch gedreht oder gespiegelt werden.

Eine andere Möglichkeit, Ornamente im Raum einzusetzen, sind Einzelmotive, die wie ein Bild eventuell sogar mit Rahmen, auf einer Wand aufgebracht werden. Bekannte Formen sind z.B. Mandalas oder Rosetten. Werden Ornamente vollflächig aufgebracht, kann dies auch als eine Form der Strukturierung von Oberflächen betrachtet werden.

Putztechnisch betrachtet gibt es sehr viele Möglichkeiten, Ornamente in Lehm auszuführen. Anregungen hierzu geben auch Fachbücher der Töpferkunde [z.B. Minogue 2004] oder Bildbände über außereuropäische Lehmarchitektur [z.B. Courtney Clarke 1993]. Meistens wirken solche Ornamente mehr oder wenig stark reliefartig.

8-1
Sandfarbenes Sgraffitoband.
Ausführung: Karin Börjes, Bremen

8.1 Gestaltungstechniken

Vertieft	Eben	flaches Relief	Hochrelief
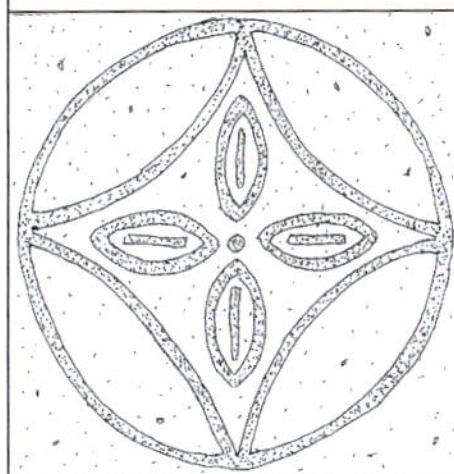	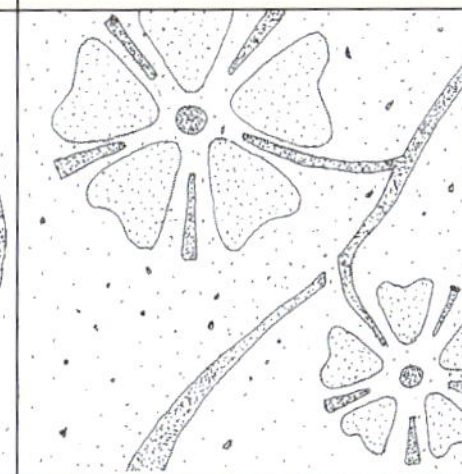	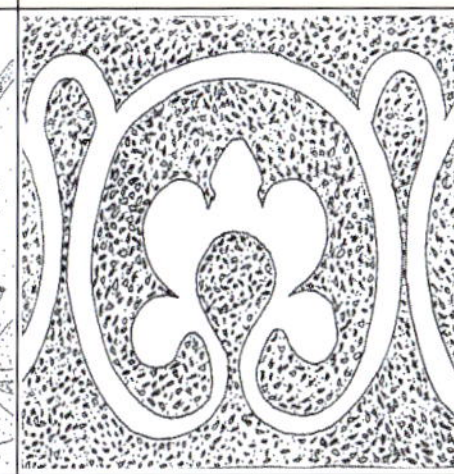	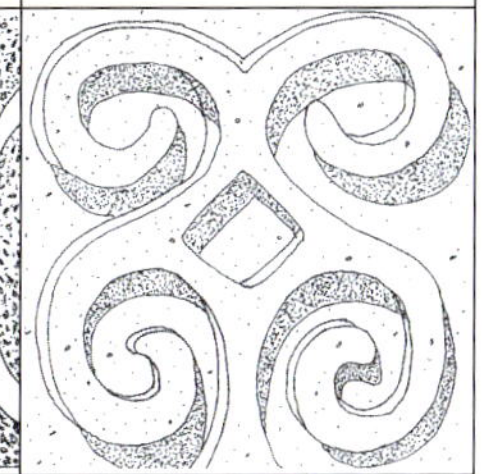
Sgraffito Ritztechniken Prägetechniken	Putzintarsie eingearbeitete Materialien	Schabsgraffito Schablonieren eingearbeitete Materialien	Modellieren Stuck

Tabelle 8-1 Gestaltungstechniken

Die Schmuckelemente werden meist so ausgeführt, dass sie entweder tiefer als die Putzoberfläche liegen oder erhaben sind. Wie in der Bildhauerei wird entweder aus dem Material des Putzes herausgenommen oder -geschnitten oder es wird hinzugefügt, aufmodelliert.

Es gibt aber auch dekorative Elemente, die bündig mit der Putzfläche abschließen. Hierzu zählen Putzintarsien oder auch eingearbeitete Materialien, z.B. Fliesen. In letzterem Fall wird zusammengefügt.

Werden Schmuckelemente in Innenräumen ausgeführt, ist zu beachten, dass manche Arbeiten erst in einen gewissen Abstand wirken. Insbesondere Sgraffitos mit kräftigen Farben, großflächigen Mustern und viel Tiefenwirkung ebenso wie sehr plastisch ausgeführte Modellierarbeiten erfordern große Räume. In engen Räumen wie Fluren und Bädern sind feine Farb- und Strukturkontraste ausreichend.

Modellieren und Lehmstuck

Das Hauptwerkzeug beim Modellieren sind die Hände. Zum weiteren Bearbeiten können Kellen zum Glätten, Steine zum Polieren, Pinsel zum Bürsten u.a. eingesetzt werden. Es gibt verschiedene Techniken:

- Das Motiv wird direkt beim Putzauftrag auf die Fläche geformt und eventuell in weiteren Arbeitsgängen ausgearbeitet, je nach Dicke des Auftrages. Diese Methode bietet sich bei handverputzten Flächen an. Alternativ kann auch auf die fertig bearbeitete, noch feuchte Putzfläche aufmodelliert werden. Bei großen Schichtdicken des Motivs können Verankerungen zur besseren Haftung in den Untergrund eingearbeitet werden, Zwischentrocknungszeiten müssen eingehalten werden.
- Ähnlich wie beim Töpfern können auch feine Rollen geformt werden, die auf gut angezogenem Lehmputz aufgebracht werden. Diese Technik eignet sich gut für feinere lineare Strukturen. Hilfreich ist es, wie beim Töpfern den Untergrund an der Linie einzuritzen und Lehmschlämme zum Verkleben einzusetzen, um Risse und Ablösungen zu vermeiden.

Die Mörtel müssen eine gute Plastizität haben. Sie sind meist etwas fetter als Unterputzmörtel; die enthaltenen Fasern sollten möglichst fein sein. Auf einen stabilen Putzaufbau ist besonders zu achten.

Es können auch Stuckprofile mit Hilfe von Schablonen direkt an der Wand angebracht werden, wie es bei Kalk- oder Gipsstuckarbeiten möglich ist. Das „Ziehen", wie dieser Arbeitsgang genannt wird, von Lehmstuckprofilen ist derzeit noch wenig erprobt.

8-2
Schablonen, wie sie zum ‚Ziehen' eines Stuckprofils gebräuchlich sind.

8-3
Ziehen eines Stuckprofils aus Kalkmörtel mit einer Schablone

8-4
Detail einer modellierten Ofenbank.
Ausführung: Eckhard Beuchel, Blankenhain

8-5
Aufmodellierte Spirale.
Ausführung: Naoki Kusumi, Japan

8-6
Lehmstuckprofil von Hand modelliert. Die Verzierungen wurden mit den Finger und Daumen in den noch feuchten Lehmstuck eingedrückt.

Die Mischung für die oberste Schicht muss sehr fein eingestellt sein. Ein Schleifen nach dem Trocknen, wie bei Gips üblich, ist hier nicht möglich. Es würde den Stuck aufrauen. Stattdessen kann mit Schwämmen gearbeitet werden. In alten Gebäuden wurde Lehmstuck gefunden, der als letzte Schicht einen Kalkfeinputzmörtel erhielt.

Schablonieren

Mit Hilfe von Schablonen lassen sich sehr feine Formen und Ornamente reliefartig auf einen glatten Lehmputz aufbringen, ähnlich wie sie auch für das Auftupfen von Farben benutzt werden. Allerdings sollten nicht zu feine Motive gewählt werden, da Edelputze gröber sind als Farbe. Die Schablonen werden auf dem fertigen getrockneten Lehmputz z.B. mittels Haftspray fixiert oder mit Klebeband auf der Fläche befestigt. Nach leichtem Ansprühen des Putzgrundes mit Wasser werden die Schablonen mit Lehmedelputzmörtel verfüllt und sofort wieder abgenommen.

8-7 Aufschablonierte Motive:
a) Ornamentband
b) nach einem Motiv von Henri Matisse.

Schablonen können über den Malerbedarf bezogen werden. Auch einzelne Lehmputzhersteller bieten Schablonen an. Motive können auch selbst aus Schablonenfolie ausgeschnitten werden. Tipps hierzu findet man in Fachbüchern zur Schablonentechnik, z.B. [Pujol-Xicoy, Casals 2000].

Prägetechniken

Beim Prägen liegt das Motiv nicht erhaben, sondern leicht vertieft. Alle denkbaren natürlichen und künstlichen Objekte können in den noch ausreichend plastischen Putz „gestempelt" werden. Beliebt sind Blätter oder Muscheln, die im getrockneten Putz wie Versteinerungen wirken. Blätter werden bei der Bearbeitung der Oberfläche eingedrückt bzw. eingerieben und zu einem späteren Zeitpunkt (nach mehreren Stunden oder am nächsten Tag) abgezogen.

Schon ein einfaches Quadrat aus Holz kann als Stempel dienen, um damit ein Ornamentband auf die Wand zu drücken.

Aus der Töpferei ist auch die Verwendung von Rollstempeln bekannt: Walzen, auf denen sich ein erhabenes Dekor oder eine Reliefstruktur befindet, werden über den plastischen Ton gerollt [Minogue 2004]. Man kann mit gefundenen oder selbst hergestellten Rollen arbeiten, wobei auch hier viel experimentiert und entwickelt werden kann. Sowohl Ornamentbänder als auch flächendeckende Strukturen sind möglich. Der Putz sollte nicht zu weich sein, da die Stempel sonst Mörtelmasse abziehen.

Ritztechniken und Sgraffito

Bei der *Ritztechnik* werden Muster direkt in die noch feuchte Fläche geritzt. Hierbei handelt es sich um lineare Strukturen, z.B. Zickzackbänder oder die Umrandung eines Motivs, die wie ein Bild gezeichnet wird.

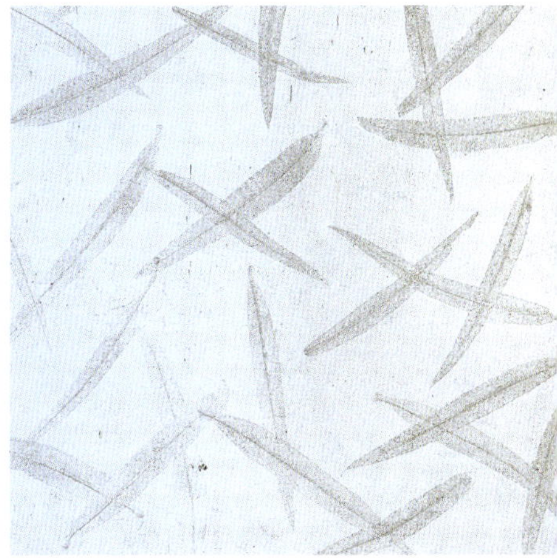

8-8 a -c
Einfache Pflanzenabdrücke

Sgraffito ist eine weiterentwickelte Ritztechnik. Das Wort Sgraffito ist hergeleitet aus dem italienischen Wort sgraffiare = kratzen, da diese Technik in Italien seit dem 15. Jahrh. an Kalkputzfassaden ausgeführt wird. Es werden mehrere, oft verschiedenfarbige Putzschichten übereinander gelegt. Nachdem die oberste Schicht fertig bearbeitet ist, wird ein Motiv eingeritzt. Anschließend werden Konturen oder Flächen ausgekratzt, bis die darunter liegende Schicht zum Vorschein kommt. Je nach Farbigkeit und Schnitttiefe können unterschiedliche Tiefenwirkungen erzielt werden. Es werden drei Arten von Sgraffito unterschieden:

- Lineares Sgraffito: Es werden nur Linien ausgekratzt. Motive wirken dadurch wie eine zeichnerische Darstellung.
- Flächensgraffito: Es werden Flächen ausgekratzt. Die Farbigkeit der Flächen wird betont, was bei großen Flächen plakativ wirken kann.
- Schabsgraffito: Das Motiv wird in den Putz eingeritzt und die umgebende Fläche wird ausgekratzt. Hier wird meist einfarbig gearbeitet. Die Wirkung ergibt sich aus dem Kontrast zwischen dem glatten erhabenen Motiv und der rauen, tieferliegenden Fläche.

Die Putzmischungen müssen fein genug eingestellt sein, um saubere Schnittkanten zu erzielen. Als Werkzeuge eignen sich für größere Motive Sgraffitowerkzeuge aus dem Restauratorenbedarf (für größere Motive), für filigrane Motive Modellierschlingen und Grundkratzer aus dem Töpfereibedarf sowie Messer zum Ausschneiden, Stukkateureisen und Gabeln zum Ritzen (siehe Abb. 8-18).

Putzintarsien

Eine Sonderform des Sgraffito ist die Putzintarsie, bei der flächige Muster zunächst wie bei einem Flächensgraffito ausgekratzt werden. Die ausgekratzten Stellen werden mit andersfarbiger Mischung verfüllt. Nachdem der Putz ausreichend angezogen hat, kratzt man das Motiv mit einem Grundkratzer ab. Dadurch wird überschüssiger Putzmörtel von der Putzfläche entfernt und das Motiv liegt bündig mit der Putzfläche. Die Oberfläche wird dadurch wie bei einem Schabsgraffito aufgeraut und wirkt porös.

Andere Materialien einarbeiten

Wie bei Mosaiken können verschiedenste Materialien in frischen Putz eingedrückt werden. Es sollten stabile, möglichst anorganische Materialien gewählt werden: Muscheln, Kieselsteine, Fliesen. In Indien werden an Fassaden Steine oder Scherben sehr locker als Elemente in ein großes modelliertes Bild eingefügt, so dass die Fassaden ein wenig an perlenbestickte Stoffe erinnern.

Mosaiken mit Fliesen können nach dem Trocknen mit Lehm verfugt werden, dem etwas Leinölfirnis zugesetzt ist, so dass die Fugen gut abwischbar sind.

8-9
Flächensgraffito nach einem Motiv von Henri Matisse.

8-10
Linien- und Schabsgraffito in Kombination.

8-11 Variationen eines Motivs.

8-12 a - d
Putzintarsien, ausgeführt unter Anleitung von Kurt Schönburg an der Europäischen Bildungsstätte für Lehmbau, Wangelin.

8.2 Ornamentvorlagen herstellen und übertragen

8-13
Vom Jugendstil inspiriertes Motiv. Ausführung: Riccardo de Paoli, Nantes

Anregungen für Ornamente finden sich an vielen Orten und in vielen Büchern. Wer mit geschärftem Blick auf die Suche geht, findet historische Beispiele in Innenräumen und auf Fassaden sowie im Bereich des (Kunst-)handwerks. Und wer sich von bestimmten Stilepochen, z.B. dem Jugendstil, angesprochen fühlt, kann in entsprechenden Büchern stöbern und fündig werden. Interessant ist in diesem Zusammenhang auch die „Arts and Crafts"-Bewegung im 19. Jahrhundert, die stark von William Morris repräsentiert wurde und bis heute Einfluss auf den Gebrauch von Schablonen in Großbritannien hat. Es gibt auch zahlreiche bildende Künstler, die ornamentale Strukturen in ihren Werken aufgegriffen haben [Brüderlin 2001].

Herstellen von Vorlagen

Ist ein Motiv gefunden, so ist die einfachste Variante, es zu kopieren. Dann stellt sich die Frage, ob es 1 : 1 übernommen werden kann. Gegebenenfalls müssen die Vorlagen so weit vereinfacht und stilisiert werden, dass sie handwerklich gut ausgeführt werden können. Es kann aber auch ein Grundmotiv variiert werden. In jedem Fall sollte überlegt werden, in welchem Maßstab die Vorlage in die räumliche Situation passt. Bei aufschablonierten Ornamentbändern liegt die Motivhöhe häufig zwischen 3 und 14 cm.

Zur Entscheidungsfindung kann man das Motiv in verschiedenen Größen kopieren und direkt vor Ort anbringen. Diese Kopien können auch direkt als Pausvorlage zur Übertragung auf die Wand verwendet werden.

Bei Ornamentbändern, die raumumfassend eingesetzt werden, sollten die Ecklösungen mit bedacht werden. Sofern das Band nicht durchläuft, können auch Eckmotive entwickelt werden. In diesem Fall müssen die Motivlängen zwischen zwei Ecken eventuell etwas gestreckt oder zusammengezogen werden.

Das Motiv auf die Wand übertragen

Wenn der Putz die gewünschte Oberflächenqualität aufweist, kann das Motiv übertragen werden. Das kann beim Modellieren früher sein als bei Sgraffitoarbeiten. Während für das Modellieren lediglich die Umrisse der Formen eine Orientierung geben, wird beim Sgraffito die Zeichnung der Vorlage direkt in den Putz geritzt, also exakt übertragen.

Natürlich ist es auch möglich. Motive freihändig in die Putzfläche zu ritzen oder sie aufzumodellieren. Möglich sind aber auch die im Kasten Arbeitsschritte dargestellten Methoden.

8-14
Oben: Foto einer Fachwerkfassade (Ausschnitt), das als Motiv zur Entwicklung einer eigenen Vorlage diente.
Mitte links durchgepaustes Detail etwas verkürzt,
Rechts daneben: bearbeitetes Detail, zweifarbige Fassung, Hinzufügung von Linien;
Unten: Das durch Reihung des bearbeiteten Details entstandene Band und dasselbe Detail im Wechsel mit seiner Spiegelung – ein anderes Ornament entsteht.
Zeichnung: Susanne Bollhagen

Arbeitsschritte

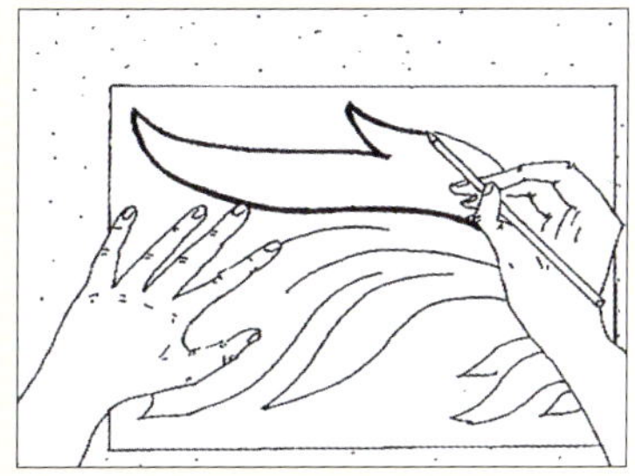

- Die Pausvorlage mit dem aufgezeichneten oder kopierten Motiv wird an den Putz gedrückt. Die Konturen werden mit einem Stift, einem Pinselstiel o.ä. durchgedrückt. Diese Vorlagen können nur wenige Male verwendet werden. Für Ornamentbänder empfiehlt es sich, viele Kopien des Einzelmotivs aneinander zu kleben.

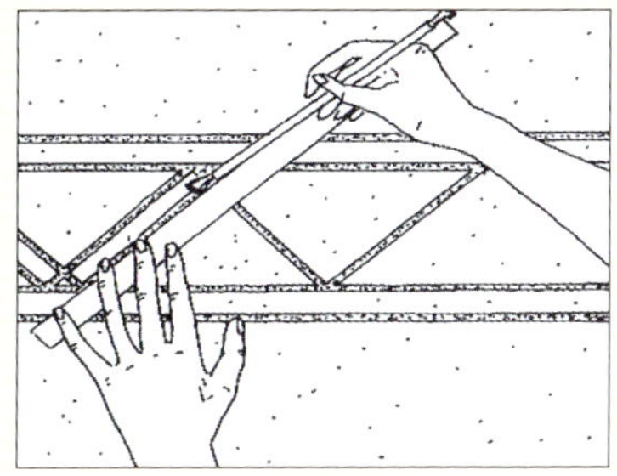

- Längere horizontale und vertikale Linien werden mit der Wasserwaage gezogen oder abgeschnürt. Kürzere Linien lassen sich mit einem Lineal ziehen. Diese Technik eignet sich v.a. für klare geometrisch-abstrakte Formen.

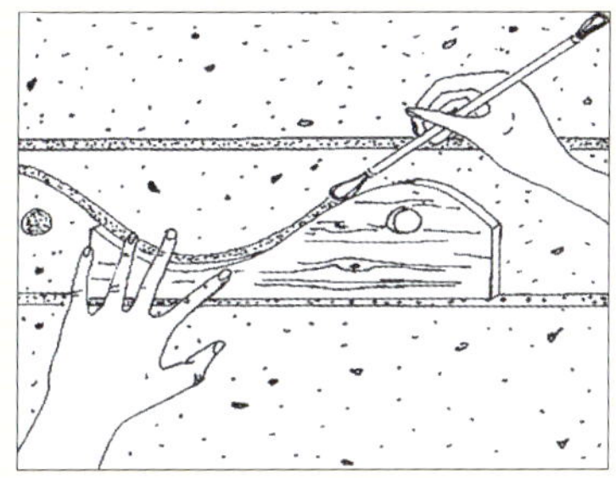

- Eine Holzschablone wird an die Wand gedrückt und die Konturen werden eingeritzt. Diese Methode wird für einfache lineare Ornamente oder großflächige Sgraffitos angewandt. Die Schablone kann beliebig oft umgesetzt werden.

Vor der Übertragung müssen ggf. waagerechte und senkrechte Hilfslinien auf dem Putz markiert werden, an welche die Schablonen angelegt werden können.

8-15
Übertragung eines Motivs an die Wand.

8-16 a - c
Ägyptische Hieroglyphen als Sgraffito. Ausführung: Riccardo de Paoli / Nantes. Der Handwerker projizierte eine digitale Vorlage vom Laptop mittels Beamer an die Wand und zog die Linien mit einem grauen Stift auf dem trockenen Putz nach. Das rechte Bild zeigt das fertige Sgraffito im Kontrast zu der archaisch anmutenden Lehmputzoberfläche. Die Putzoberflache aus kaolinhaltigem Lehm, gemischt mit Feinsand, wurde mit einem rundgeschliffenen Flußstein mit kreisförmigen Bewegungen aufwändig von Hand poliert.

8.3 Ein Motiv modellieren

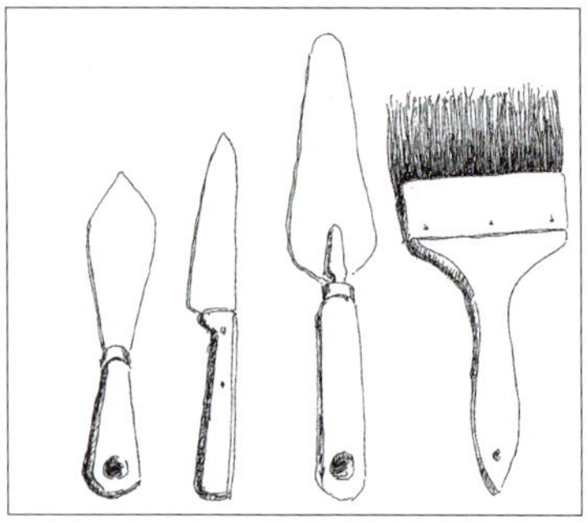

Bei der Anwendung von Modelliertechniken werden Ornamente, Bilder oder auch großflächige Strukturen auf eine Fläche aufmodelliert, so dass ein Hochrelief entsteht.

Untergrund

Es wird auf einen stabilen Lehmputz modelliert. Günstig ist in jedem Fall, wenn der Putz noch nicht durchgetrocknet ist. Der Putz sollte so fett wie möglich sein, ohne dass es zur Rissbildung kommt.

Mörtel

Er entspricht ungefähr einem Unterputzmörtel, sollte eventuell leicht tonhaltiger sein, um die Formbarkeit zu verbessern. Ein Strohanteil ist für sehr plastische Reliefs von Vorteil, für feine Arbeiten sollte aber nur feines Stroh verwendet werden. Das Mauken über einen oder mehrere Tage erhöht die Plastizität.

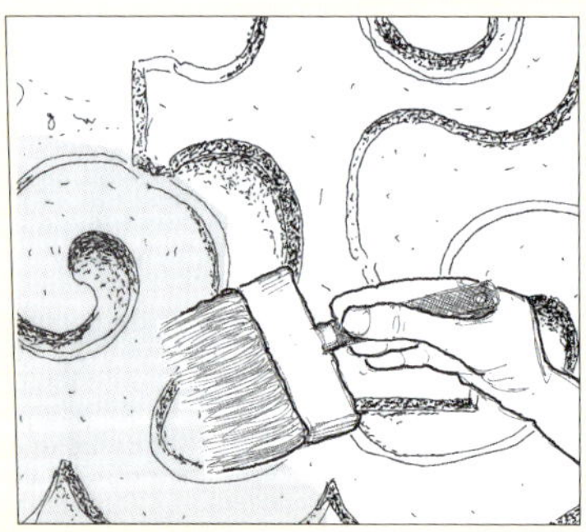

Arbeitsschritte

1. Trockene Putze werden gesäubert und mehrmals angenässt, so dass die Feuchtigkeit gut einzieht.
2. Die Umrisse des Motivs werden eingeritzt. Der Putz wird an den Stellen, an denen aufmodelliert wird, aufgeraut, ggf. mit einer dünnflüssigen Lehmschlämme eingestrichen.
3. Das Motiv wird mit den Händen auf den Lehmputz aufmodelliert.
4. Die Oberfläche kann mit verschiedenen Werkzeugen bearbeitet werden: kleinen Kellen, Stukkateureisen, Modellierhölzern, Löffeln, Steinen, Pinseln.
5. Je nachdem, wie weit der Mörtel angezogen ist, kann weiter modelliert oder geglättet werden. Eventuell auftretende Schwindrisse werden dabei zugedrückt.
6. Das fertige Relief kann sehr gut mit (farbiger) Lehmschlämme gestrichen werden. Dies ist am sinnvollsten nach eventueller Schwindrissbildung.

Tipps zur Ausführung

- Es kann direkt nach dem Putzauftrag aus dem Putz heraus modelliert werden – eine Technik, die v.a. bei handverputzen Flächen Anwendung findet.
- Wichtig ist ein gutes Anarbeiten an den Untergrund, um ein Ablösen vom Grund zu verhindern.
- Mit sehr strohhaltigen Mischungen können erstaunliche Dicken erzielt werden. Günstig ist in diesem Fall auch, Ziegelsplitt oder -mehl zuzufügen, um die Anfangsfestigkeit zu beschleunigen. Es kann in mehreren Lagen gearbeitet werden, die aber nicht völlig durchtrocknen sollten. (Arbeitsproben anlegen!)
- Um Reliefs in großen Dicken zu ermöglichen, ist auch eine zusätzliche Befestigung über Nägel und Draht- oder Schilfrohrgewebe möglich, evtl. sogar notwendig.
- Die Oberflächenbehandlung kann wie bei glatten Flächen erfolgen. Neben dem Verstreichen mit der Hand kann mit Schwämmen gearbeitet werden. Zum Glätten und Polieren sind Löffel und Steine recht hilfreich. Nur das Reiben ist nicht möglich.
- Beliebt ist auch das Modellieren von Lampenschalen. Hierzu wird ein entsprechend vorgeformtes Drahtgewebe in den Unterputz ggf. verankert und eingeputzt,. Nachdem der Putz getrocknet oder weitreichend angezogen ist, wird das Drahtgewebe mit Lehm „in Form gebracht".

8-17 a + b
Modellieren mit Bewehrung. Diese spezielle Technik wird in Ghana ausgeübt. Die Umrisslinien des Motivs werden durch eingedrückte Pflanzenfasern (hier: breites Peddigrohr) markiert und der Lehmmörtel wird angearbeitet. Da nicht alle dagegen geputzten Flächen bündig mit der Oberkante der Fasern abschließen, entsteht eine reliefartige Wirkung.
Ausführung: Alexandre Douline

8.4 Ein Ornamentband in Sgraffito-Technik ausführen

Bei der Anwendung von Sgraffito-Techniken werden Motive in eine Fläche eingeritzt. Im Folgenden wird die Ausführung eines Ornamentbandes beschrieben, das bündig mit der Putzfläche ist. Der Untergrund ist ein Lehmputz.

Mörtel

Mörtel für einen (feinen) Oberputz oder Lehmedelputz.

Werkzeug

Messer, Stukkateureisen, Modellierschlingen, Grundkratzer, Sgraffitowerkzeuge

Tipps zur Ausführung

- Alternativ kann das Band auch erhaben auf einer Putzschicht aufgebracht werden. Der Anschluss an die Putzfläche wird dann abgeklebt.
- Es sollte darauf geachtet werden, dass der Mörtel nicht zu grobkörnig ist und keine Überkörner enthält, da sonst keine geraden Schnitte möglich sind.
- Filigrane Motive lassen sich nur in Edelputzschichten (2 - 3 mm) mit sehr feinen Sgraffito-Schlingen kratzen, wie sie im Töpfereibedarf erhältlich sind. Sgraffito-Schlingen für großformatige Arbeiten können auch aus Bandstahl selbst hergestellt werden.
- Je nach benutztem Werkzeug lassen sich die Kanten sehr scharf oder weich auslaufend ausbilden.
- Feine Stege und spitze Winkel können leicht ausbrechen, vor allem bei Mustern mit Überkreuzungen. Entsprechende Motive sollten eher für große Muster ausgewählt werden. Organisch geschwungene Linien lassen sich leichter kratzen als gerade Linien mit Ecken.
- Die Ausführung größerer Arbeiten muss in ihren Abläufen gut geplant werden, auch in Abhängigkeit der Temperaturen. Bedingt möglich ist die Ausführung, wenn der Putz bereits getrocknet ist und wieder angefeuchtet wird, allerdings nur bei sehr feinkörnigen, dünnen Putzlagen.
- Eine helle Deckputzschicht auf einem dunklen Putz erhöht die Tiefenwirkung, während im umgekehrten Fall (dunkle Deckputzschicht auf hellem Putz) das Sgraffito flach erscheint. Tiefe ausgekratzte Linien erhöhen die Schattenwirkung.
- Werden zu kräftige Farben für ein Flächensgraffito gewählt, kann das Motiv sehr hart und plakativ wirken. Die Farben wirken nach dem Auskratzen grundsätzlich dunkler als im geglätteten Zustand.

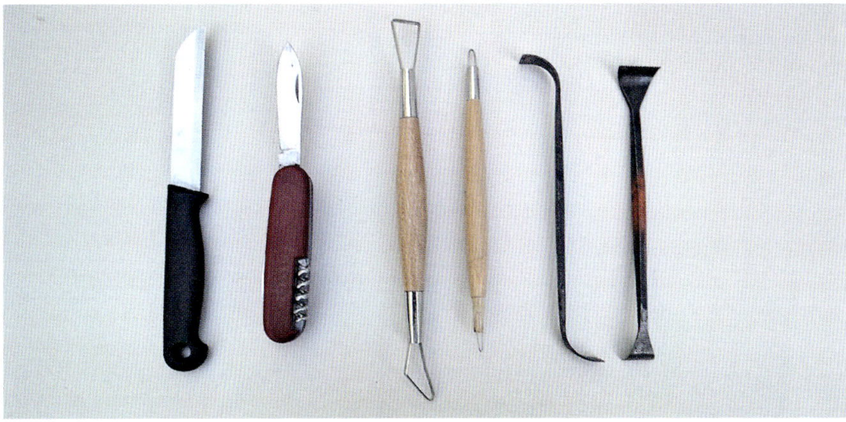

8-18 Messer, Modellierschlingen, Grundkratzer: Werkzeuge für Sgraffitto-Arbeiten.

Arbeitsschritte

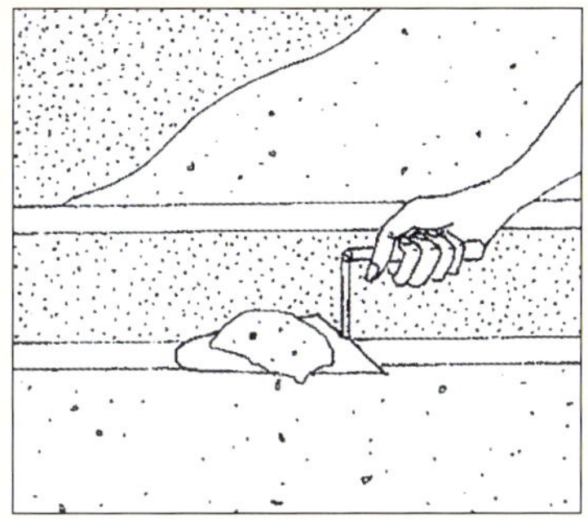

1. Ein Band, wird beim Putzen der Fläche ausgespart, entweder durch Abkleben mit Klebeband (bei 2 - 3 mm dünnen Putzlagen) oder durch Anbringen von Leisten/Hartfaserstreifen in Putzdicke als Putzlehre (bei dickeren Putzlagen).

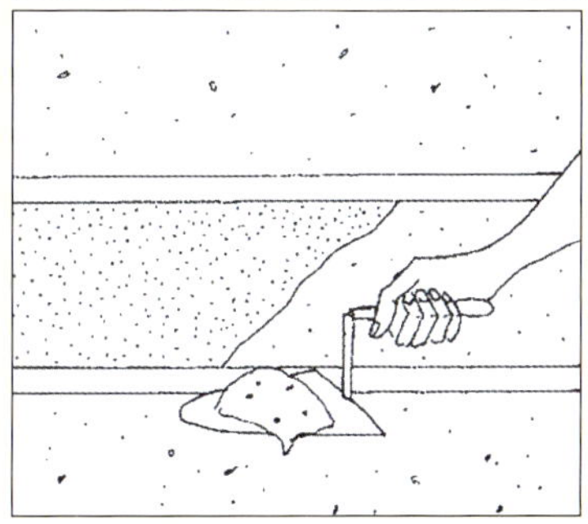

2. Nach dem Trocknen werden die fertigen Flächen abgeklebt und auf die ausgesparte Fläche die Putzschicht für das Sgraffito aufgezogen - eventuell in zwei oder mehr Lagen.
3. Nach der Oberflächenbearbeitung der aufgebrachten Putzschicht wird das Motiv – hier mit Hilfe einer Pausvorlage – auf die Fläche übertragen. Die Putzoberfläche ist dabei so weit angezogen, dass sie mit dem Finger nicht eingedrückt werden kann.

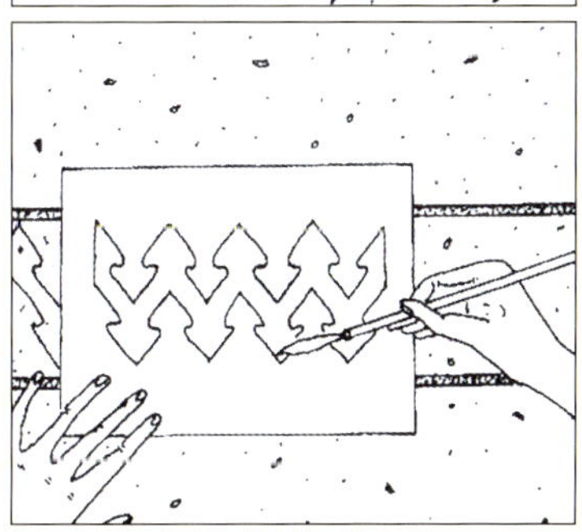

4. Die Linien des Motivs werden direkt danach mit einem Messer oder Stukkateureisen geschnitten. Anschließend wird das Motiv mit Modellierschlingen ausgekratzt.
   Alternativ: Es werden nur die Linien ausgekratzt; oder es wird umschnitten und der Hintergrund angeraut oder ausgekratzt (Schabsgraffito).
   Während des Kratzens wird der ausgekratzte Mörtel mit einem weichen Pinsel abgefegt.

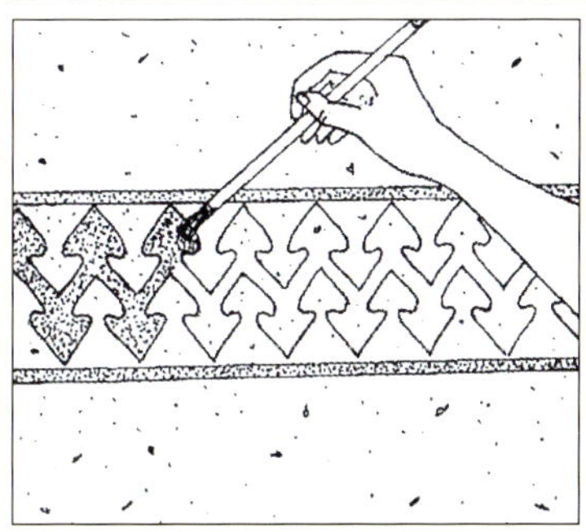

Nach dem Trocknen kann das Ornamentband mit einer Fixierung – z. B. auf Kasein- oder Farbenleimbasis – gefestigt werden.

8-19 a + b
Herstellung eines Sgraffitos. Ausführung: Marjolaine Camus

8-20
Sgraffitos werden hier in der Europäischen Bildungsstätte für Lehmbau in Wangelin geübt.

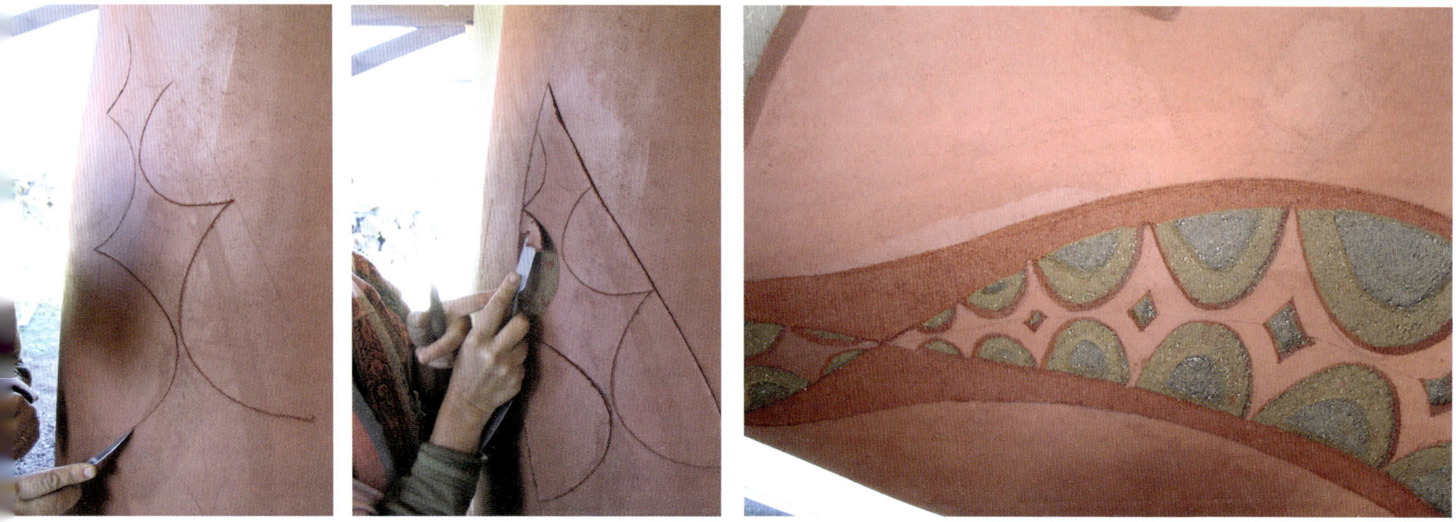

8-21 a - c Ausführung eines Sgraffitos. Projektwerkstatt mit Athena und Bill Steen/USA

8.5 Zum Vergleich: Schmuckelemente aus Kalkputz

Ähnlich wie bei den Strukturputzen können die zuvor beschriebenen Techniken auch in Kalkputz ausgeführt werden. Für Modellierarbeiten ist Kalkputz nicht empfehlenswert. Zum einen haben Kalkputze nicht eine dem Lehm und Ton entsprechende Plastizität und Formbarkeit. Zum anderen sollte Kalkmörtel niemals mit den Händen verarbeitet werden. Stuck hingegen kann, wie bereits oben erwähnt, ebenfalls gezogen werden.

8-22
Sgraffito an einer Kalkputzfläche, Ecole Européenne de l'Art et des Matières, Albi, Frankreich

Die Ritz- und Sgraffito-Techniken haben im Kalkputz eine lange Tradition und wurden häufig auch im Außenbereich angewandt.

Im Unterschied zum Lehm ist die Zeitspanne durch den Abbindeprozess begrenzt. Sowie der Kalkputz erhärtet, lässt sich ein Motiv nicht mehr sauber auskratzen. Der Unterputz sollte nicht länger als ein bis zwei Tage stehen, damit sich die Schichten gut verbinden. Mehrlagige Sgraffitos müssen zügig an einem Tag ausgeführt werden, vor allem bei warmer Witterung.

Wer sich weiter zu diesem Thema informieren möchte, dem seien Fachbücher z. B. folgender Autoren empfohlen: Martin Sisi, Garcia y Conesa, Azconegui [Martin Sisi u.a. 2002] und Kurt Schönburg [Schönburg 1991 und 2007].

Putzrezepturen
für ein Sgraffito auf einem tragfähigen Mauerwerk

Spritzbewurf:
- 0,5 Teile Kalk
- 0,5 Teile Zement
- 3 Teile grober, gewaschener Sand 0-8 mm

Ausgleichsbewurf:
- 1 Teil Kalkbrei (gelöschter Luftkalk)
- 3 Teile grober, gewaschener Sand

Kratzschicht:
- 1 Teil Kalkbrei Luftkalk, gelöscht, mindestens 2 Jahre alt
- 2-2,5 Teile mittelfeiner bis feinkörniger gewaschener Sand oder
- reiner Quarzsand, evtl. mit Zusätzen wie Ziegelsplitt, Kohlenschlacke o. Marmormehl, u. Pigmenten (max. 6%). nach [Apel 1991]

8-23
Mit Stippmustern geschmückte historische Kalkputzfassade eines Lehmfachwerkhauses in Saint Loup Temien/ Nordfrankreich.

8-24 bis 8-26
Farbige Kalkputz-Sgraffitos im Stadtzentrum von Posznan/Polen.

Die Rußdorfer Wassermühle

B8-1
Die Wassermühle Rußdorf im Jahr 1993 vor der Sanierung.

B8-2
Die Fassade der Rußdorfer Mühle im Winter 2011. Der Lehmaußenputz wurde 1995 aufgebracht und ist heute noch einwandfrei erhalten.

B8-3
Stippmuster, die mit einem Holzkamm in den noch feuchten Lehm eingedrückt werden, schmücken die Fassade der Rußdorfer Mühle. Der Putz ist naturbelassen und nicht gestrichen.

1993 erwarb der Lehmbauer Eckhard Beuchel mit seiner Familie die ehemalige Wassermühle Rußdorf bei Crimmitschau/Sachsen.

Das Erdgeschoss des zweigeschossigen Gebäudes besteht aus Mischmauerwerk aus verschiedenen Jahrhunderten. Die profilierte Holzeinschubdecke der ehemaligen Müllerwohnstube stammt mit großer Wahrscheinlichkeit aus der Erbauungszeit und wurde dendrologisch auf 1688 datiert. Das Obergeschoss ist eine Fachwerkkonstruktion mit Lehmgefachen aus senkrechten Staken ohne Weidengeflecht, dendrologisch auf 1768 datiert. Die Fachwerkfassade wurde originalgetreu wieder hergestellt, die Innenräume schmückte Eckhard Beuchel mit unterschiedlich gestalteten Lehmputzen, die er „haptische Lehmputze" nennt [Beuchel 2010], haptisch, weil sie durch eine historisch überlieferte, besondere Handarbeit entstehen und gleichzeitig zum Berühren mit den Händen einladen.

Die Erdgeschossfassade außen erhielt einen Kalkputz, zweilagig ausgeführt als Kellenzugputz, der eingefärbt und nicht gestrichen wurde. Die Lehmgefache des Obergeschosses wurden mit Lehm verputzt und mit den ortsüblichen Stippmustern geschmückt. Stippmuster, vor allem Loch- und Ritzmuster, sind im ostdeutschen Raum nach Angaben von Eckhard Beuchel mindestens bis zur Renaissancezeit üblich gewesen. Die Verzierung sollen neben der Schmuckfunktion und der Funktion, gegen Rissbildung zu wirken, auch eine spirituelle Bedeutung gehabt haben. Erst in den letzten Jahrhunderten sei es aufgekommen, die Gefache nachträglich mit Kalkputz zu überputzen.

Man sollte schon einige Erfahrungen mit der Herstellung von Lehmputzmörteln mitbringen, bevor man sich an einen Lehmaußenputz heranwagt, empfiehlt Eckhard Beuchel. Die Lehmgefache wurden mit einer Wäschebürste zunächst leicht feucht überarbeitet. Für den Unterputz wurde der gesiebte Grubenlehm mit etwas Sand und reichlich Strohhäcksel gemagert, für den Oberputz wurde dem ebenfalls mit etwas Sand gemagerten Lehm aber zusätzlich Pferdemist beigemischt. Die Mörtel ließ er 1-2 Tage mauken. Die Beigabe von Pferdemist hat gegenüber „unverdautem" Strohhäcksel den Vorteil, dass der Lehmmörtel bei der Verarbeitung weicher ist und nach der Aushärtung härter. Deshalb mischt Eckhard Beuchel bei einem Lehmaußenputz grundsätzlich Pferdemist bei. Er glättet den Putz mit Metallkellen oder Holzglättern. Sein Geheimnis ist jedoch die abschließende „Verklebung".

„Mit einem nur ganz leicht feuchten, gut ausgespritzten Quast streiche ich anschließend mehrfach über den Putz und verklebe damit die Oberfläche wie der Bäcker den fertig geformten und schon gegangenen Brotlaib bestreicht, bevor er ihn in den Ofen schiebt", so Eckhard Beuchel. Beim Verkleben finden die Tonplättchen an der Putzoberfläche zueinander und erhöhen die Festigkeit.

Das Innere des Hauses überrascht mit einer faszinierenden Vielfalt unterschiedlicher, aufeinander abgestimmter Wandoberflächen. So un-

terschiedlich die Oberflächen sind, beruhen sie doch alle auf eigenen Rezepten. Eckhard Beuchel stellte dafür die Lehmputzmörtel größtenteils aus regionalen Materialien her.

Im Erdgeschoss wurde das vorhandene Natursteinmauerwerk 2-lagig verputzt. Die abgerundeten Fensterlaibungen verhindern nicht nur abgestoßene Ecken, sondern vermitteln ein Gefühl der Weichheit und Geborgenheit. Im Obergeschoss erhielten die Außenwände zusätzlich eine Innendämmung aus 8 cm Strohlehm, die mit einer Holzlattung befestigt und anschließend ebenfalls 2-lagig verputzt wurde.

Für die Lehmstuckkehle, die von der Wand entkoppelt angebracht werden muss, wurden Schilfrohrmatten in die Ecken geschraubt, darauf Strohlehm aufgebracht. Mit dem Unterputz wird eine erste Formgebung aufgebracht, der Feinputz wurde mit einem Kunststoffrohr gezogen. Die Stuckkehle ist mit einer Kalk-Kaseinfarbe weiß und cremefarben gestrichen. Die Farbfassung nimmt regionale Elemente auf, wie sie sich in barocken Kirchenräumen der Region finden. Das Weiß der Decke wird dabei über die Kehle bis kurz über den Stuckfries heruntergezogen.

Eckhard Beuchel, im vorhergehenden Beruf gelernter Bilderhauer, gestaltete auch die skulpturalen Öfen im Haus. Die Sitzbank des Wohnzimmers ist Teil eines Grundofens, der als zusätzliche Hausheizung dient. Die 2-lagig geputzte Oberfläche wurde mit einem Fixativ aus Kaliumsilikat verfestigt. Dazu mischte er farbigen Lehm mit Wasser und Fixativ und trug das Gemisch auf die Lehmoberfläche auf. Die Sitzlehne in Form einer Schnecke modellierte er freihändig aus einer Mischung aus Lehm, Sand und Strohhäcksel.

Im Wohnzimmer wurden die Wand- und Deckenoberflächen mit einer selbst hergestellten Kasein-Lehmfarbe mit einem Quast gestrichen.

Die Eigenschaft des Lehms, die Handwerkenden zu freien, spielerischen Formen anzuregen, kommt bei der Treppenhauswand voll zum Tragen. Beigemischtes Hanfschäbenhäcksel und rote Lehmschlämme im Oberputz geben der Oberfläche Struktur und Farbe.

Die Wände des Bibliothekszimmers schmückt ein mehrfarbiger lehmsichtiger Putz (vgl. Abb. 7-4 d). Für den Oberputz wurde hier mit vier verschiedenen farbigen Lehmputzmörteln ohne Faserzugabe gearbeitet.

Beim Auftragen wurden die verschiedenfarbigen Mörtelbatzen auf ein Mörtelbrett gegeben und dann mit der Kelle vom Brett aus an die Wand geworfen. Beuchel glättete den Putz mit nur wenigen Bewegungen mit einer Metallkelle und „verklebte" abschließend die Oberfläche, wie bei allen seinen Putzen, mit dem Quast. Das umlaufende Lehm-Stuckgesims zwischen Wand und Decke wurde mit einem Kunststoffrohr geformt und wie die Zimmerdecke mit ei-

B8-4 Die Holzdecke vor der Sanierung.

B8-5
Die restaurierte Holzdecke harmoniert mit den lebendig wirkenden Lehmputzwänden.

B8-6
Ein „Mäusezahnfries" schmückt den Übergang von Wand zur Decke in der Küche. Die vorgefundenen Verzierungen der alten Deckenbalken im Erdgeschoss lieferten Motiv und Inspiration für die freihändig gestaltete Stuckleiste.

B8-7 a + b
Der ungestrichene strukturierte Strohlehmputz des Schornsteins bildet einen harmonischen Kontrast zu den mit ziegelroter Lehmfarbe gestrichenen glatten Wandflächen.
Dem Mörtel für den Schornstein ist „geröstetes" Stroh beigemischt.

B8-8
Die Hanfschäbenhäcksel, durch das „Verkleben" freigelegt, bilden einen lebendigen Kontrast zum roten Lehm.

B8-9 Skulpturale Treppenhauswand.

ner weißen handelsüblichen Lehmstreichputzfarbe gestrichen.

Der Schornstein im obersten Treppenpodest erhielt einen Unterputz aus Lehm, Strohhäcksel und Sand, der Mörtel für den Oberputz ist aus Stroh und Lehm ohne Sand gemischt. Das Stroh für den Oberputz, Faserlänge bis ca. 5 cm, wurde im Freien unbedeckt gelagert, bis es zur Röstung kam. Beim „Rösten" wird die Oberfläche durch Mikroben aufgeschlossen, das Stroh wird rotbraun bis dunkelbraun. Die Strohanteile werden dadurch einerseits geschmeidiger und fasern besser, und andererseits werden Stoffe freigesetzt, die ihrerseits chemische Prozesse auslösen, welche den Lehmputz fester werden lassen.

Der Putzmörtel wurde aufgezogen, mit einem Holzbrett geglättet und abschließend „verklebt". Der Lehmputz der angrenzenden Wandflächen ist mit einer selbst angemischten Lehmfarbe aus ziegelfarbigem Ton und Zelluloseleim gestrichen.

Ausführung Lehmputzarbeiten
Fa. Eckhard Beuchel / Crimmitschau

Ausgangsmaterialien für Putzmörtel:
Grubenlehm, fett, bräunlicher Farbton, aus dem Kelleraushub eines Nachbarhauses,
farbige Lehmschlämme und Sande aus einer Kiesgrube vom nahen Autobahnausbau

Lehmaußenputz:
Unterputzmörtel: Grubenlehm, etwas Sand, reichlich Strohhäcksel
Oberputzmörtel: Grubenlehm, etwas Sand, Pferdemist

Lehminnenputze:
Unterputzmörtel: Grubenlehm, Sand, Strohhäcksel
Oberputzmörtel Wohnzimmerwände und -decke: Grubenlehm, Sand 0/1 mm gewaschen, Sand 0/2 mm gesiebt, Pferdemist
Oberputzmörtel Treppenhaus: rote Lehmschlämme, Hanfschäbenhäcksel
Oberputzmörtel Schornstein im Dachgeschoß: Grubenlehm, Strohhäcksel mit Hanffasern „geröstet", Faserlänge max. 5 cm;
Feinputzmörtel Bibliothek: verschiedenfarbige Lehmschlämme, Sand 0/1 mm gewaschen, Sand 0/2 mm gesiebt

Lehmstuck, Ofenbank und Schmuckelemente:
Unterputzmörtel: Grubenlehm, Sand, Strohhäcksel, gemaukt
Oberputzmörtel: Grubenlehm, Sand 0/1 mm gewaschen, Sand 0/2 mm gesiebt, Pferdemist

Rezeptur der Kasein-Lehmfarbe:
- 4 Teile Quark,
- 1 Teil Kalkhydrat
- 5 Teile cremefarbener Lehm,
- etwas Natur-Ockerpigmente

Wasserzugabe, bis eine dickflüssige Konsistenz erreicht ist.

B8-10
Die beheizbare Sitzbank des Grundofens im Wohnzimmer harmoniert mit dem Farbklang der Wandgestaltung.

9 Anhang

9.1 Aus- und Weiterbildung in Lehm- und Kalkputztechniken

Aus Büchern allein kann man das Ausführen von Lehm- und Kalkputzen sicherlich nicht erlernen, die praktischen Fertigkeiten erwachsen immer aus dem praktischen Tun. Man kann selber experimentieren, wie es zu Beginn der Lehmbaurenaissance in den 1980er-Jahren oft gar nicht anders möglich war. Mittlerweile gibt es vielerlei Angebote, Lehm- und Kalkputztechniken zu erlernen: in Lehrgängen und Seminaren, auf der Baustelle, durch Praktika im In- und Ausland. Hin und wieder wagt sich auch mal eine berufliche Schule an das Thema. Aber auch dort ist Baustellenmörtel auf Kalkbasis schon lange ein Exotikum.

Im Bereich der beruflichen Weiterbildung bieten Denkmalakademien Spezialisierungskurse für Kalkputze in der Denkmalpflege an. Die Weiterbildung „Fachkraft im Lehmbau" beinhaltet ein ausführliches Modul zu Lehmputzen, die Weiterbildung „Gestalter/-in für Lehmputze" umfasst 200 Stunden zu den Themen Lehmputze und Innenraumgestaltung. Beide Weiterbildungen können mit einem Handwerkskammerabschluss beendet werden und eröffnen damit die Möglichkeit, ein eigenes Unternehmen in diesem Sektor zu führen.

Spezialgebiete	Anbieter im Inland
Kalkputze in der Denkmalpflege	Propstei Johannesberg gGmbH Fortbildung in Denkmalpflege und Altbauerneuerung, Propsteischloss 2, 36041 Fulda; https://propstei-johannesberg.eu/
Kalkputze in der Denkmalpflege	Bauarchiv Thierhaupten – bayerisches Fortbildungs- und Beratungszentrum für Denkmalpflege, Hofgraben 4, 80539 München; https://www.blfd.bayern.de/abteilungen/baudenkmaeler/bauarchiv-thierhaupten/index.html
Romankalk	Dr. Norbert Hoepfer; http://romankalk.webs.com
Lehmputze, Kalkputze / Lehrgang „Gestalter/-in für Lehmputze" / (HWK), Putze auf Strohballen, Tadelakt", Weiterbildung Lehmbauspezialist/-in mit Modul Lehmputze	Europäische Bildungsstätte für Lehmbau Wangelin gGmbH, Dorfstr. 27, 19395 Ganzlin OT Wangelin; www.lernpunktlehm.de
Weiterbildung „Fachkraft im Lehmbau (HWK)" (mit Modul Lehmputze)	Dachverband Lehm e.V.; www.dachverband-lehm.de
Putze auf Strohballen	Bildungswerkstatt für nachhaltige Entwicklung e.V. (BiWeNa) Artilleriestr. 6, 27283 Verden; https://www.biwena.de
Weiterbildung Lehmputze (firmenunabhängige Weiterbildung)	Lehmbaukontor Berlin-Brandenburg, Hebewerkstraße 3, 16248 Niederfinow; http://lehmbaukontor.de
Tadelakt	Naturfarbraum, Maria Teichmann, Wilhelm-Wolf-Str. 11, 01326 Dresden; https://www.naturfarbraum.com

Spezialgebiete	Anbieter im Ausland
Lehmputzkurse mit Lern.Lehm-Zertifikat	ECVET Earthbuilding, Europäische Partnerschaft Lern.Lehm in 12 Ländern; https://ecvetearth.hypotheses.org
Kalkputze	calcina, Fachverband für Kalk, Obere Kehlstr. 4, 5400 Baden, Schweiz; http://calcina.ch
Kalkputze	Informations- und Weiterbildungszentrum Baudenkmalpflege – Kartause Mauerbach, Kartäuserplatz 2, 3001 Mauerbach, Österreich; https://bda.gv.at/ueber-uns/fachbereich/baudenkmalpflege-kartause-mauerbach
Kalkputze	Ty-Mawr, Llangasty, Brecon, Powys LD3 7PJ, UK; https://www.lime.org.uk
Lehm- und Kalkputze auf Strohballen	School of Natural Building (SNaB), Straw Works, Vereinigtes Königreich; http://schoolofnaturalbuilding.co.uk

9.2 Bezugsquellen für Materialien und Produkte

Alle folgenden Listen enthalten nur eine Auswahl uns bekannter Hersteller und Lieferanten. Es handelt sich hier nicht um ein vollständiges Verzeichnis und aus der Nennung der Namen und Adressen ist keine Wertung der Materialien und Produkte abzuleiten. Größere Hersteller vertreiben meist auch über Vertragshändler.

Viele Lehmputzhersteller liefern auch Baulehm, Armierungsgewebe, Strohhäcksel und Putzträger.

Hersteller für Lehmputze, Lehmfarben und Putzgrundierungen			
Lehmputz	Lehmfarbe	Grundierung	Firma, Ort; Website
■			asanto Lehm & Baustoffe, 29456 Hitzacker; www.asanto-lehm.de
■	■	■	Casadobe, 75412 Mühlacker; www.casadobe.de
■	■	■	Claytec e.K., 41751 Viersen; www.claytec.de
■	■	■	conluto® Vielfalt aus Lehm, 32825 Blomberg-Istrup; www.conluto.de
■	■	■	Eiwa Waldemar Eider, 67806 Bisterschied; https://lehm-waldemar-eider.de
■			Hessler Kalk, 69168 Wiesloch; www.hessler-kalkwerk.de
	■	■	Kreidezeit Naturfarben GmbH, 31195 Lamspringe; www.kreidezeit.de
■			Lausitzer Naturbaustoffe GmbH, 02694 Malschwitz; www.rapidolehm.de
■	■		Lehmbaustoffe Schleusner & Söhne GmbH, 39524 Schönhausen; https://schleusner.de
■			Lehmwerk Kleinfahner GmbH & Co. KG, 99100 Kleinfahner; https://www.das-lehmwerk.de
■	■	■	Lesando GmbH, D-97337 Dettelbach; www.lesando.de
■	■		Levita Lehm, Egginger Naturbaustoffe GmbH, 94094 Malching; https://lehm.com
	■		LIVOS Pflanzenchemie 29559 Wrestedt; www.livos.de
■	■		Pilosith/ENREGIS GmbH, Betriebsstätte Parensen, 37176 Nörten-Hardenberg; www.pilosith.de
■	■		Pro Lehm, Marius Bierig, 24977 Langballig; http://prolehm.com
■			Walter Rysse GmbH & Co. KG, 35460 Staufenberg Treis, https://rysse.de
■	■	■	Tierrfino, über MTM Münstersche Transport-Mörtel GmbH & Co., 48155 Münster; www.tierrfino.de
■	■		Uku, Saviukumaja OÜ, 64616 Põlva maakond, Estland; https://uku.eu
■			Ziegelwerk Klaus Huber GmbH & Co.KG, 01683 Nossen; https://ziegelwerk-huber.de

Hersteller für Baukalke und Kalkmörtel					
Kalkhydrat	Sumpfkalk	Werk-Trockenmörtel	Werk-Nass-mörtel *	erdfeuchter Mörtel**	Firma, Ort, Website
		HL			Casa NATURA®; 72336 Balingen-Endingen; www.casanatura24.de
CL		CL			Wolfgang Endress, 91322 Gräfenberg; www.graefix.de
		HL	CL		HAGA AG, Naturbaustoffe, CH-5102 Rupperswil; www.haganatur.ch
CL		NHL	CL		Hessler Kalk, 69168 Wiesloch; www.hessler-kalkwerk.de
CL					Holzkalkbrennerei Köndl, 93336 Altmannstein; http://holzkalkbrennerei-koerndl.de
		CL			KalkKind-Manufaktur, 06295 Lutherstadt Eisleben, OT Hedersleben; www.kalkkind.de
					Kreidezeit Naturfarben GmbH, 31195 Lamspringe; www.kreidezeit.de
NHL, CL					Kremer Pigmente, 88317 Aichstetten; www.kremer-pigmente.com
		CL		CL	MTM Münstersche Transport Mörtel GmbH & Co., 48155 Münster; www.mtm-baustoffe.de
					Uku, Saviukumaja OÜ, 64616 Põlva maakond, Estland; https://uku.eu
CL, NHL, HL		NHL			Zement- und Kalkwerke Otterbein GmbH & Co KG, 36137 Großenlüder-Müs; www.zkw-otterbein.de
					Ziegelei Hundisburg, 39343 Haldensleben OT Hundisburg; www.ziegelei-hundisburg.de

CL Luftkalk; DL Dolomitkalk; NHL natürlicher hydraulischer Kalk; HL hydraulischer Kalk;
* auf Sumpfkalkbasis; ** Halbfertigprodukt: Auf der Baustelle wird zusätzlich ein Bindemittel zugegeben.

Tadelaktlieferanten und -hersteller			
Importeur	Hersteller	Seminar	Firma, Adresse, Website
			Casa NATURA®, 72336 Balingen-Endingen; www.casanatura24.de
			Hessler Kalk, 69168 Wiesloch; www.hessler-kalkwerk.de
			Ökologische und nachhaltige Baustoffe – Christian Kern, 83395 Freilassing; https://alpinkalk.de
			Kreidezeit Naturfarben GmbH, 31195 Lamspringe; www.kreidezeit.de
			Life Boxx, 60316 Frankfurt am Main; www.wand-wohndesign.de
			MTM Münstersche Transport-Mörtel GmbH & Co.,48155 Münster; www.mtm-baustoffe.de
			Zement- und Kalkwerke Otterbein GmbH & Co KG, 36137 Großenlüder-Müs; www.zkw-otterbein.de
			Uku, Saviukumaja OÜ, 64616 Põlva maakond, Estland; https://uku.eu

Bezugsquellen für Lehm-, Kalk- und silikatgebundene Anstriche					
Lehm-farbe	Kalk-farbe	Silikat-farbe	Silikon-harzfarbe	Pig-mente	Firma, Ort, Webseite
					Beecksche Farbwerke, 89150 Laichingen; www.beeck.de
					Biofa, 73087 Bad Boll; www.biofa.de
					Keimfarben, 86420 Diedorf; www.keim.com
					Kreidezeit Naturfarben GmbH, 31195 Lamspringe; www.kreidezeit.de
					Kremer Pigmente, 88317 Aichstetten; http://kremer-pigmente.com
					Ubitec, 27254 Siedenburg; www.alabasta.de
					Van Bearle, 4142 Münchenstein, Schweiz; https://vanbaerle.com

Die meisten Lehmputzhersteller und viele Kalkhersteller bieten auch Lehm- bzw. Kalkfarben an, siehe oben.

Bezugsquellen für Rohstoffe und Spezialwerkzeug für farbige Putze							
Ton-mehle	Zuschläge			Pig-mente	Zu-sätze	Werk-zeug	Firma, Ort, Website
	mine-ralisch	kera-misch	pflanz-lich				
●	●				●	●	Asanto, 29456 Hitzacker; www.asanto-lehm.de
●	●		●		●		Casadobe, 75417 Mühlacker; www.casadobe.de
			●		●	J	CLAYTEC e. K., 41751 Viersen; www.claytec.de
			●			J	conluto® Vielfalt aus Lehm, 32825 Blomberg; www.conluto.de
				●		M, S	Deffner & Johann GmbH, 97520 Röthlein; www.deffner-johann.de
●		●				M, S	Carl Jäger, Tonindustriebedarf GmbH, 56206 Hilgert; www.carl-jaeger.de
●		●					Kärlicher Ton- und Schamottewerke, 56218 Mühlheim-Kärlich; www.kts-kg.de
				●			Christian Kern - Ökologische Baustoffe, 83395 Freilassing; www.alpinkalk.de
				●		V	Kreidezeit Naturfarben GmbH, 31195 Lamspringe; www.kreidezeit.de
	●	●	Z	●	●		Kremer Pigmente GmbH & Co. KG, 88317 Aichsteten/Allgäu; www.kremer-pigmente.com
		●					Pilosith, 37176 Parensen; www.pilosith.de
●	●						Walter Rysse GmbH & Co. KG, 35460 Staufenberg Treis, https://rysse.de
	●						SAND-SCHULZ GmbH, 13403 Berlin; www.sand-schulz.de
					●		Schreiber-Glas, 10997 Berlin; www.glas-per-klick.de
●	●	●					SIBELCO Deutschland GmbH; www.sibelco.com
	●						TerraMineral Industriegrundstoffe GmbH; 76189 Karlsruhe-Rheinhafen; www.terramineral.de
			●	●	●	J	Tierrfino, NL-1013 Amsterdam / Niederlande; www.tierrfino.de
		●	●				Ziegelwerk Klaus Huber GmbH & Co.KG, 01623 Leuben-Schleinitz; www.ziegelhuber.de
			●	●	●	●	Baubiologischer Fachhandel
				●		M, S	Künstlerbedarf
●		●				M, S	Töpfereibedarf
J: Japanische Werkzeuge, M: Modellierwerkzeuge, S: Sgraffitowerkzeuge, V: Venezianische Kellen, Z: Zellulosefasern							

9.3 Normen, Regeln und was sie regeln

Allgemein für Putze

DIN EN 998-1: Festlegungen für Mörtel im Mauerwerksbau - Teil 1: Putzmörtel
DIN EN 13139 2002-08: Gesteinskörnungen
DIN EN 13914-1 2016-09: Planung, Zubereitung und Ausführung von Außen- und Innenputzen - Teil 1: Außenputze; Deutsche Fassung EN 13914-1:2016, (2016-09)
DIN EN 13914-2 2018-01: Planung, Zubereitung und Ausführung von Innen- und Außenputzen - Teil 2: Innenputze; Deutsche Fassung EN 13914-2:2016, Berichtigung zu DIN EN 13914-2:2016 (2017-05)
DIN 18550-1 2018-01: Planung, Zubereitung und Ausführung von Außen- und Innenputzen – Teil 1: Ergänzende Festlegungen zu DIN EN 13914-1:2016-09 für Außenputze und
DIN 18550-2 2018-01: Planung, Zubereitung und Ausführung von Außen- und Innenputzen - Teil 2: Ergänzende Festlegungen zu DIN EN 13914-2:2016-09 für Innenputze (2018-01)
In der Neufassung der Norm wurde der Lehmputz wieder aufgenommen.
DIN 18202 2019-07: Toleranzen im Hochbau – Bauwerke Bereich Putz: regelt die Maßtoleranzen (Winkel und Ebenheitsabweichungen)
DIN 18350 2019-09: VOB Vergabe und Vertragsbedingungen für Bauleistungen,
Teil C: Allgemeine technische Vertragsbedingungen für Bauleistungen (ATV), Putz- und Stuckarbeiten regelt Ausführung und Abrechnung von Putz- und Stuckarbeiten bei Bauverträgen nach VOB (Verdingungsordnung für Bauwesen).

Für Lehmputze und Putze auf Lehmuntergründen

Lehmbauregeln, 3. überarb. Auflage, 2009
Kapitel 3.9: Lehmmörtel definiert u.a. Begriffe, Verwendung und Anforderung an Lehmmörtel
Kapitel 4.5: Putz regelt die Ausführung von Lehmputzen und anderen Putzen auf Lehmuntergründen
1998 gab der Dachverband Lehm e.V. die Lehmbauregeln heraus, die den aktuellen Stand der Technik wiedergeben. Sie liegen inzwischen in der dritten überarbeiteten Fassung vor und sind in fast allen Bundesländern als Technische Baubestimmungen in die Landesbauordnungen übernommen und somit baurechtlich verbindlich.
DIN 18946 2024-03: Lehmmauermörtel – Anforderungen und Prüfverfahren, regelt die Anforderungen und Prüfverfahren für im Werk hergestellten Lehmmauermörtel (Lehmwerkmörtel) zur Herstellung von tragendem und nicht tragendem Lehmsteinmauerwerk. Für die Anwendung von Lehmmauermörtel gelten die Lehmbau-Regeln.
DIN 18947 2024-03: Lehmputzmörtel – Anforderungen und Prüfverfahren, regelt die Anforderungen und Prüfverfahren für im Werk hergestellten Lehmputzmörtel (Lehmwerkmörtel) zum Verputzen von Wänden und Decken im Innen- und witterungsgeschützten Außenbereich. Die Norm gilt nicht für Lehmdünnlagenbeschichtungen mit Auftragsdicken von weniger als 3 mm Dicke. Dieses Regelwerk, an dem der Dachverband Lehm maßgeblich beteiligt war, dient der Qualitätssicherung von Lehmputzprodukten. Herstellerfirmen sind u.a. verpflichtet, für ihr Produkt alle dem Baulehm zugefügten Stoffe vollständig zu deklarieren.
Für Lehmputzmörtel, die auf der Baustelle gemischt werden, sogenannte „Baustellenmörtel", gelten weiterhin die Lehmbauregeln. Ebenso sind für die Ausführung von Lehmputzarbeiten die Lehmbauregeln maßgeblich!

Für Kalkputze

DIN EN 459-1-2015-07: Baukalk - Teil 1:Begriffe, Anforderungen und Konformitätskriterien;
definiert Begriffe und regelt Prüfverfahren.

Leitlinien der Verbände

In Ergänzung zu den bestehenden Normen, die bauaufsichtlich eingeführt sind, geben die Fachverbände Leitlinien heraus, die detaillierte Empfehlungen für die Ausführung von Putzarbeiten für bestimmten Anwendungsbereiche geben. Diese Leitlinien geben in der Regel die derzeitigen allgemein anerkannten Regeln der Technik wieder. Gutachter und die Rechtsprechung orientieren sich im Streitfall an diesen Normen.

Leitlinien für das Verputzen von Mauerwerk und Beton - Grundlagen für die Planung, Gestaltung und Ausführung. Hrsg.: Verband für Dämmsysteme, Putz und Mörtel e.V. (2022)
gibt Empfehlungen für Innen- und Außenputze aus mineralischer Basis einschließlich Lehmputze, beschreibt die gängigen Putzuntergründe und empfiehlt geeignete Putzaufbauten. An diesen Leitlinien hat der Dachverband Lehm mitgearbeitet.

Putzoberflächen im Innenbereich – Merkblatt3 – Qualitätsstufen: Abgezogen, Geglättet, Abgerieben und Gefilzt. Hrsg.: Bundesverband der Gipsindustrie e.V. 2. Auflage Oktober 2011.
beschreibt die Qualitätsstufen für Putzoberflächen im Innenbereich, gibt Hilfestellung zur vertraglichen Vereinbarung, Ausführung und Beurteilung von Putzoberflächen im Innenraum. Wenn keine Qualitätstufe vereinbart ist, gilt Qualitätsstufe Q2.

Technische Merkblätter für Lehmbau, Blatt 01. Anforderungen an Lehmputz als Bauteil. Dachverband Lehm e.V. (Hrsg.), Juni 2014
definiert Anforderungen an Lehmputze und Eigenschaften von Lehmputzmörteln, die über die in den Lehmbauregeln festgelegten Aussagen hinausgehen. Die Regelungen dienen der Qualitätssicherung der Lehmputzarbeiten.

Technische Merkblätter für Lehmbau, Blatt 04. Lehm-Putzmörtel – Begriffe, Baustoffe, Anforderungen, Prüfverfahren. Dachverband Lehm e.V. (Hrsg.), September 2011
wurde mit der Herausgabe der neuen DIN 18947 Lehmputzmörtel ersatzlos zurückgezogen.

Technisches Merkblätter für Lehmbau Blatt 06., Lehmdünnlagenbeschichtungen – Begriffe, Anforderungen, Prüfverfahren, Deklaration. Dachverband Lehm e.V. (Hrsg.), Juni 2015, behandelt im Werk hergestellte, überwiegend lehmgebundene Beschichtungsstoffe. Die Regelungen dienen der Qualitätssicherung im Lehmbau und umfassen auch stabilisierte Lehmbaustoffe.

Kalkputze in der Denkmalpflege, WTA Merkblatt 2-7-24D, Mai 2024.
Das Merkblatt der Wissenschaftlich-Technischen Arbeitsgemeinschaft für Bauwerkserhaltung und Denkmalpflege e.V. gibt Empfehlungen zur fachgerechten Anwendung von Kalkputzmörteln in der Denkmalpflege. Es bezieht sich in erster Linie auf Kalkmörtel, die vorwiegend karbonatisch erhärten.

9.4 Literaturverzeichnis

[amazonails u.a. 2009] amazonails u.a.: Wege zum Lehm - ECVET - Lehmbau - Eine europäische Gebrauchsanweisung. CRATerre editions, Frankreich 2009

[Apel 1991] Apel, Karl (Hrsg.): Neue Oberflächen durch alte Malertechniken. Deutsche Verlags-Anstalt, Stuttgart 1991, S. 83

[Auras 2004] Auras, Michael: Erfahrungen mit modernen Kalkmörteln - Schadensursachen und Schadensvermeidung. In: Institut für Steinkonservierung e.V. (Hrsg.): Kalkmörtel und Kalkfarbe - Gestern, heute... und morgen? IFS - Tagung 2004 - 2. Aufl., IFS Bericht Nr. 19, Mainz 2004, S.35

[Beuchel 2010] Beuchel, Eckhard: Haptische Oberflächen - skulpturale Öfen. In: Pilz, Achim (Hrsg.): Lehm im Innenraum - Eigenschaften, Systeme, Gestaltung. Fraunhofer IRB Verlag, Stuttgart 2010, S.140

[Bundesverband der Gipsindustrie e.V. 2011] Bundesverband der Gipsindustrie e.V. (Hrsg.): Putzoberflächen im Innenbereich - Merkblatt 3 - Qualitätsstufen: Abgezogen, Geglättet, Abgerieben und Gefilzt. 2. Auflage Oktober 2011 (online) verfügbar unter: http://www.gips.de/content/publikationen/igb/putzoberfl/MBPutz.pdf [06.11.11]

[Brüderlin 2001] Brüderlin, Markus; Fondation Beyeler (Hrsg.): Ornament und Abstraktion - Kunst der Kulturen, der Moderne und Gegenwart im Dialog. DuMont Buchverlag, Köln 2001

[BMVBS 2011] Bundesministerium für Verkehr, Bau und Stadtentwicklung (BMVBS) (Hrsg.): Leitfaden nachhaltiges Bauen, 2. Auflage, Berlin 2011 (online) verfügbar unter: http://www.nachhaltigesbauen.de/leitfaeden-und-arbeitshilfen/leitfaden-nachhaltiges-bauen.html [06.11.11]

[Claytec 2010] Claytec (Hrsg.): Lehmputz, Raumklima und Schimmel - Hinweise und Service. (online) verfügbar unter: http://www.claytec.de/fileadmin/user_upload/pdf_techniken/Lehmputz_Raumklima_Schimmel_26_06_08.pdf [15.08.2011]

[Courtney-Clarke 1993] Courtney-Clarke, Margaret: Die Farben Afrikas - Die Kunst der Frauen von Mauretanien, Senegal, Mali, Elfenbeinküste, Burkina Faso, Ghana, Nigeria. Verlag Frederking und Thaler, München 1993

[Dachverband Lehm 2009] Dachverband Lehm e.V. (Hrsg.): Lehmbauregeln - Begriffe, Baustoffe, Bauteile. 3. überarb. Auflage, Vieweg+Teubner, Wiesbaden 2009

[Dachverband Lehm 2008] Dachverband Lehm e.V. (Hrsg.): Technisches Merkblatt TM 01 - Anforderungen an Lehmputze. Weimar 2008

[Dachverband Lehm 2011] Dachverband Lehm e.V. (Hrsg.): **Technisches Merkblatt TM04 - Lehm-Putzmörtel - Begriffe, Baustoffe, Anforderungen, Prüfverfahren. Weimar 2011**

[DVL 2011] Dachverband Lehm e.V., Firmen und Fachexperten. (online) verfügbar unter: http://www.dachverband-lehm.de/firmen/index.php [15.08.2011]

[Dahlhaus, Kortlepel, 2004] Dahlhaus, Ullrich; Kortlepel, Uwe u.a.: Lehmbau 2004 - das aktuelle Planungshandbuch des Lehmbaus. manudom Verlag, Aachen 1997, Ergänzungen 2001 u. 2004 (Aktualisierung ist in Arbeit.)

[Dahlhaus,Meisel 2009] Dahlhaus, Ulrich; Meisel, Ulli: Nachhaltiges Bauen 2008/2009 - Bauelemente, Kostenwerte, Ökologische Bewertung, Ausführungshinweise. Verlag für Wirtschaft und Verwaltung Hubert Wingen, Essen 2009

[DIN EN 15804] DIN EN 15804: Nachhaltigkeit von Bauwerken, Umweltdeklarationen für Produkte, Grundregeln für die Produktkategorie Bauprodukte. Deutsche Fassung FprEN 15804:2011, Ausgabe: 2011-05

[DIN 4108-3] DIN 4108-3: Wärmeschutz und Energie-Einsparung in Gebäuden, Teil 3, Klimabedingter Feuchteschutz, Anforderungen, Berechnungsverfahren und Hinweise für Planung und Ausführung. Ausgabe: 2001-07, Berichtigung 1: 2002-04

[Duchert 2008] Duchert, Daniel: Gestalten mit Lehm. Verlag Farbe und Gesundheit, Frammersbach 2008

[Eckermann, Röhlen, Ziegert 2008] Eckermann, Wulf; Röhlen, Ulrich; Ziegert, Christof: Auswirkung von Lehmbaustoffen auf die Raumluftfeuchte. In: Venzmer, Helmuth: Europäischer Sanierungskalender 2008. Beuth Verlag, Berlin 2008

[FAL 2005] FAL e.V. (Hrsg.): Lehmputze und Gestaltung - CD-ROM. Eigenverlag, Ganzlin, 2005

[FAL 2009] FAL e.V. (Hrsg.): Lehmputze und Gestaltung - Lehrgangsordner,
Infoblatt M1 T2-i3. Eigenverlag, Ganzlin 2009

[Figgemeier 2010] Figgemeier, Michael: Lehm - Baustoff. In: Pilz, Achim (Hrsg.): Lehm im Innenraum - Eigenschaften, Systeme, Gestaltung. Fraunhofer IRB Verlag, Stuttgart 2010

[Förderverein für Handwerk und Denkmalpflege 2005] Förderverein für Handwerk und Denkmalpflege e.V. - Schloß Trebsen - Bildungszentrum (Hrsg.): Trebsener Kalkfibel. Herstellung und Anwendung traditioneller Kalkmörtel an Objekten der Denkmalpflege und im Bereich des ökologischen Bauens. Broschüre, Trebsen 2005.

[Gasch, Glaser 2011]: Gasch, Hans Albrecht; Glaser, Gerhard; Handwerkskammer zu Leipzig (Hrsg.): Historische Putze - Materialien und Technologien. Leipzig 2011

[Gilly 1798] Gilly, David: Handbuch der Land-Bau-Kunst. 2 Bände, Berlin 1798

[Handbuch ARP] Tarifvertragsparteien der deutschen Bauwirtschaft (Hrsg.): Handbuch ARP - Arbeitszeit-Richtwerte für Putzarbeiten. Zeittechnik Verlag, Neu-Isenburg 1986

[Henrichsen 2001] Henrichsen, Christoph: Restaurierung eines Teehauses in Kioto.
In: Detail Heft 6/2001: Umnutzung, Ergänzung, Sanierung. S. 1008

[Höpfer 2011] Höpfer, Norbert: Kalkputzregeln. Stand Juli 2011 (online) verfügbar unter: http://romankalk.webs.com/links.htm [21.08.11]

[Holl, Ziegert 2002] Holl, Heinz-Gerd; Ziegert, Christof: Unterschiede im Sorptionsverhalten von Werktrockenmörteln. In: Steingass, Peter; KirchBauhof GmbH (Hrsg.): Moderner Lehmbau 2002. Fraunhofer IRB Verlag, Stuttgart 2002

[Jung 1969] Jung, R.K.: Fachbuch für das Bauwerk. Teil 1. Verlag Der Werktag, Berlin Bremen 1969

[Kelch 1999] Kelch, Chr.: unveröffentlichtes Gutachten, Glienicke 1999

[Künzel 1983] Bernhardt, P.; Vogel, F.; Künzel, H. (Projektleiter): Beurteilung der thermo-mechanischen Eigenschaften von Außenputzen. IRB Verlag Stuttgart, 1983

[Künzel 2003] Künzel, Helmut: Außenputz - Untersuchungen, Erfahrungen, Überlegungen. Fraunhofer IRB Verlag, Stuttgart 2003, S. 58

[LBK 2011] Lehmbaukontor Berlin-Brandenburg e.V. (online), verfügbar unter: http://www.lehmbaukontor.de/lehmbaukontor.htm [15.08.2011]

[Lehmbau Regeln 2009] Dachverband Lehm e. V. (Hrsg.): Lehmbau Regeln - Begriffe, Baustoffe, Bauteile. 3. überarb. Auflage, Vieweg+Teubner, Wiesbaden 2009

[Martin Sisi u.a. 2002] Martín Sisí, Mónica; Garcia y Conesa, Oriol; Azconegui Morán, Francisco: Der Kalkputz. Technik, Gestaltung, Anwendung. Deutsche Verlags-Anstalt, München Stuttgart 2002

[McCloud 1998] McCloud, Kevin: Der schöne Schein. Dekorative Oberflächengestaltung. Gerstenberg, Hildesheim 1998

[Meerwein, Rodeck, Mahnke 2007] Meerwein, Gerhard; Rodeck, Bettina; Mahnke, Frank H.: Farbe - Kommunikation im Raum. 4. überarb. Auflage, Birkhäuser Verlag AG, Basel Boston Berlin 2007

[Minke 2009] Minke, Gernot: Handbuch Lehmbau, Baustoffkunde, Techniken, Lehmarchitektur. 7. Auflage, ökobuch Verlag, Staufen bei Freiburg 2009, S. 14-15

[Minogue 2004] Minogue, Coll: Keramische Präge- und Ritztechniken. Hauptverlag, Bern Stuttgart Wien 2004

[natureplus 2010] natureplus e.V.: Vergaberichtlinie 0803 - LEHMPUTZMÖRTEL. September 2010 (online) verfügbar unter: http://www.natureplus.org/uploads/tx_usernatureplus/RL0803Lehmputze.pdf [15.08.2011]

[Pilz 2005] Pilz, Achim: Silikatbeschichtungen - Systeme, Anwendungen, Vorzüge. Deutsche Verlags Anstalt, München 2005

[Ochs 2007] Ochs, Michael Johannes: Tadelakt - Eine alte Putztechnik neu entdeckt. Deutsche Verlags-Anstalt, München 2007

[Pujol-Xicoy, Casals 2000] Pujol-Xicoy, Reyes; Casals, Juana Julia: Dekors in Schablonentechnik. M. Fischer Verlag, München 2000

[Rauschenbach 1994] Rauschenbach, Frank: Zur Wirkung und Bestimmung organischer Zusätze in Kalk- und Gipsmörteln. Dissertation, Verlag Shaker, Aachen 1994

[Rüger 2009] Rüger, Burkard: Lerneinheit Theorie T4 - Baustellenorganisation. In: FAL e.V. (Hrsg.): Lehmputze und Gestaltung - Lehrgangsordner. Eigenverlag, Ganzlin 2009

[Röhlen, Ziegert 2010] Röhlen, Ulrich; Ziegert, Christof: Lehmbaupraxis - Planung und Ausführung. Bauwerk Verlag GmbH, Berlin 2010, S. 263

[SAF 2010] Fachverband der Stuckateure für Ausbau und Fassade Baden-Württemberg (SAF) (Hrsg.): Technisches Handbuch - Putz Stuck Trockenbau Wärmedämmung. 3. Aufl., Eigenverlag d. SAF, Stuttgart 2010

[Sawyer 1951] Sawyer, J.T.: Plastering. Donhead Publishing Ltd, Shaftesbury 2007 (new edition), Edward Arnold Ltd, London 1951 (first edition)

[Schönburg 1988] Schönburg, Kurt: Wandmalerei innen und außen - Gestalten mit wäßrigen Anstrichstoffen. Bauverlag GmbH, Wiesbaden und Berlin 1988

[Schönburg 1991] Schönburg, Kurt: Gestalten mit Putzmörteln. Verlag für Bauwesen GmbH, Berlin 1991

[Schönburg 2007] Schönburg, Kurt: Strukturputze - historisch und neu. Beuth Verlag, Berlin 2007

[Schönburg 2011] Schönburg, Kurt: Historische Beschichtungstechniken - Erhalten, Bewerten und Anwenden. 3. überarb. Auflage, Beuth Verlag, Berlin 2011

[Schönburg 2010 a] Schönburg, Kurt: Naturstoffe an Bauwerken - Eigenschaften, Anwendung, Gestaltung. Beuth Verlag, Berlin Wien Zürich 2010

[Schroeder 2010] Schroeder, Horst: Lehmbau - Mit Lehm ökologisch planen und bauen. Vieweg+Teubner, Wiesbaden 2010, S.184-185

[Schulze 2004] Schulze Höckelmann, Dörte: Altes Wissen wieder beleben - Kalkmörtelqualitäten und Sumpfkalk. In: B+B Bauen im Bestand, 27.Jahrg., 6/2004, S. 14-21

[Schulze 1986] Schulze, Jörg: Probleme der Denkmalpflege. In: Landschaftsverband Rheinland (Hrsg.): Lehm im Fachwerkbau. Tagungsbericht 20. und 21. September 1985, Rheinland Verlag GmbH, Köln 1986

[Speidel 2010] Speidel, Manfred: Lob des Lehms - Lehm in Japan. In: Pilz, Achim (Hrsg.): Lehm im Innenraum - Eigenschaften, Systeme, Gestaltung. Fraunhofer IRB Verlag, Stuttgart 2010, S. 127ff

[UBA 2005] Umweltbundesamt, Innenraum-Lufthygiene-Kommission des Umweltbundesamts(Hrsg.): Leitfaden zur Ursachensuche und Sanierung bei Schimmelpilzwachstum in Innenräumen. Dessau 2005, S.5 (online) verfügbar unter: http://www.umweltdaten.de/publikationen/fpdf-l/2951.pdf [06.11.11]

[Volhard 1995] Volhard, Franz: Leichtlehmbau - alter Baustoff - neue Technik. 5. Auflage, Verlag C.F. Müller, Heidelberg 1995

[Volhard 2010] Volhard, Franz: Lehmausfachungen und Lehmputze - Untersuchungen historischer Strohlehme. Fraunhofer IRB Verlag, Stuttgart 2010

[WECOBIS 2011] Wecobis, Ökologisches Baustoffinformationssystem. (online) verfügbar unter: http://www.wecobis.de/jahia/jahia/Home/Bauproduktgruppen/Moertel_Estriche/Putzmoertel/Kalkputz [08.08.2011]

[WECOBIS 2011a] Wecobis, Ökologisches Baustoffinformationssystem. (online) verfügbar unter: http://www.wecobis.de/jahia/Jahia/Home/Bauproduktgruppen/Oberflaechenbehandlungen/Farben_Lacke_Lasuren/Siliconharzfarben [27.10.2011]

[Wehlte 1985] Wehlte, Kurt: Werkstoffe und Techniken der Malerei. 5. Überarb. Auflage, Otto Maier Verlag, Ravensburg 1985

[Weismann, Bryce 2008] Weismann, Adam; Bryce, Katy: using natural finishes - lime and earth based plasters, renders and paints, a step-by-step guide. Green Books Ltd, Plympton/Devon 2008

[Westermann Bautabellen 1970] Westermann Bautabellen. 2. Auflage 1970, Georg Westermann Verlag, S. 102

[Wilson 1996] Wilson, Eva: Ornamente - Das Handbuch einer 8000 jährigen Geschichte. Paul Haupt Verlag, Bern 1996

[WTA, 2002] WTA. Wissenschaftlich-Technische-Arbeitsgemeinschaft für Bauwerkserhaltung und Denkmalpflege e.V. (Hrsg.): Kalkputze in der Denkmalpflege - WTA Merkblatt 2-7-01/D. Fraunhofer IRB Verlag, Stuttgart 2002

[Ziesemann, Krampfer, Knieriemen 1996] Ziesemann, Gerd; Krampfer; Martin; Knieriemen, Heinz: Natürliche Farben - Anstriche und Verputze selber herstellen. AT Verlag, Aarau Schweiz 1996; S. 25

Zu Normen, Merkblättern und Richtlinien siehe auch Kap. 9.3 Normen und Regeln

9.5 Bildquellen

Michael Auras: 4-3
Amazonails: B1-2, B1-4, 5-4,
Eckhard Beuchel: 3-2, 3-48, 3-55, 6-49, B8-1, B8-4
Bundesverband der Deutschen Kalkindustrie e.V.: 4-1
Raùl Contreras: 2-9
Claytec: 3-52
Riccardo de Paoli: 2-4, 2-12, 8-13, 8-16a-c
Jörg Depta / Fa. LehmBauWerk: 2-34, 2-41, 2-45, 5-2, 5-11, 5-13, 5-25, 5-48, 5-57a-c, 6-7, 6-8, 6-9, 7-19, 7-46
Alexander Douline: B 7-7, 8-17a
Wolfgang Endress GmbH: 4-4
FAL e.V.: 2-6, 7-3, 7-27
Michael Figgemeier: 3-21a,b,c, 3-20
Sandro Freund, Life Boxx: 2-20, 4-15, 4-16, 4-17, 4-18, 7-15, 7-40, 7-59, 7-65
Irmela Fromme: 2-14, 2-29, 2-31, 2-50, 2-57a, 3-8, 3-18, 3-19a+b, 3-24, 3-29, 3-30, 3-40, 3-41, 3-42, 3-49, 3-50, 3-51, 3-56, 5-3, 5-8,5-16, 5-18, 5-22, 5-24, 5-27, 5-41, 5-44, 5-45, 5-46, 5-54, 5-58, 6-5, 6-6, 6-11, 6-12, 6-13, 6-15 bis 6-24, 6-26, 6-27, 6-29 , 6-31, 6-33, 6-36, 6-43 bis 6-46, 6-48, 7-5, 7-9a+b, 7-11b, 7-17, 7-21, 7-29, 7-32, 7-38a+b, 7-49, 7-50, 7-52a+b, 7-53, 7-54a+b, 8-7b, 8-8b+c, 8-9, 8-11, 8-18, 8-20, 8-22
Max Götzelmann: 2-58
Hessler Kalkwerke: 2-3
Thorsten Heer: 2-30, B2-9, 5-14, 8-3
Dittmar Hecken: 3-25
Uta Herz: 3-32, 4-12, 8-7a
Klaus Hirrich: 2-42, 7-47, 7-48, 7-51, 7-55, 7-56, 7-57, 8-12a-d
Rudolf Höll: B3-1, B3-2, B3-4
Christian Kandzia: 7-30
Siggi Kohle: 7-2, 7-11b, 7-33 bis 7-36
Andreas Krewet : 8-10, 8-15
Maroton GmbH: 3-3, 3-5
Nadine Meister: 2-7
Isabelle Melchior: 2-8, 7-1, 8-23 bis 8-26
Sascha Müller: 5-42
Michal Navratil: 8-8a
Josef Neundörfer: 2-27, 5-31
Gregoire Paccoud: 3-13, 3-14, 5-31, 5-32, 5-33, 5-34, 7-10a+b
Rae Parkinson: 3-45
Veronique Popinet: 8-19a+b
Mikael Raymond: 2-2
Burkard Rüger: 2-23, 2-26, 2-38, 2-39, 3-46, 3-47, 5-6, 5-20, 5-35, 5-52, 5-53, 5-59, 6-32, 7-37a+b
Dietmar Schäfer: 1-2, 2-15, 2-16, 2-57b, 2-60, 3-4, 3-43, 4-11(1-4,6), 5-36, 5-55, 6-2, 7-18
Günter W. Schulze, Wandkontakt: 2-5, 5-1, 6-3
Mackie Scott: B1-1, B1-3, B1-5, 1-1
Hendrik Silbermann: 3-60, 5-30, 5-47, 7-28, 7-42, 7-43, 7-45a+b, 8-17b
Bill Steen: 2-1
Sabine Sühlo: 2-18: 2-19, 6-28, 8-21a-c
Maria Teichmann: 7-39, 7-58
Andrea Theis: 2-10, 2-11, 2-13, 2-17, 2-22, 2-28, 2-32, 2-40, 2-43, 2-44, 2-56, 3-1, 3-6, 3-7, 3-22, 3-23, 3-28, 3-33 bis 3-39, B2-1 bis B2-8, 3-44, 4-5 bis 4-10, 4-11(5), 4-14, B3.1, B3.2, B3-3, B3-5, B3-6, 5-5, 5-26, 5-28, 5-29, 5-37, 5-38, 5-39, 5-40, 5-43, 5-49, B4-1 bis B4-6, 5-51, 5-52,5-60, B5-3 bis B5-8, 6-4, 6-14,6-30a-c, 7-4, 7-11a, 7-12, 7-13, 7-16, 7-25, 7-26, 7-31a-d, B7-1 bis B7-6, 7-60 bis 7-64, 8-1, 8-2, 8-4, 8-6, B8-2, B8-3, B8-5 bis B8-10
Varvara Valtchanova: 3-31, 6-25 a-d,
Franz Volhard: 2-16, 2-17, 2-48, 6-10, 6-47a+b,
Jörg Wappler: 2-59, B5-1, B5-2
Sylvie Wheeler: 5-9, 5-12, 5-17, 6-1, 7-6, B6-1bis B6-7, 7-14, 7-18, 7-20a+b, 7-22, 7-23, 7-44, 8-5

Zeichnungen
Karen Bartram: Seiten 53, 58, 60, 75, 80, 82, 84, 91, 107, 131, 132
Susanne Bollenhagen Seiten 145

Übrige Zeichnungen
CRATerre-ENSAG,
FAL e.V.,
Barbara Ingenweyen,
Gerhard Lichtner,
Dietmar Schäfer,
Varvara Valtchanova

9.6 Index

Fett markierte Begriffe kennzeichnen ein ganzes Kapitel

Bunte Körbe aus Gräsern und Kräutern

Die Technik des Korbwickelns neu entdeckt. Anleitungen zur Herstellung von bunten Körben durch Wickeln und Vernähen von Strängen aus heimischen Faserpflanzen. Mit vielen Schritt-für-Schritt-Anleitungen. Von Walter Friedl. 96 Seiten, mit vielen farbigen Abbildungen, 17,95 €

Hauserneuerung

Instandsetzen - Modernisieren - Energiesparen - Umbauen: mit Anleitung zur Selbsthilfe. Das Buch beschreibt ausführlich den behutsamen, handwerklich sachgerechten und umweltverträglichen Umgang mit alter Bausubstanz. Von G. Haefele, W. Oed und L. Sabel. 256 Seiten, mit vielen Abbildungen, 28,90 €

Vom Altbau zum Effizienzhaus

Energietechnische Gebäudesanierung in der Praxis: Nachträgliche Wärmedämmung der Gebäudehülle, Fenstererneuerung, sowie Sanierung der Haustechnik einschließlich Lüftung, Heizung, Sanitär und Elektro. Hrsg. von Ingo Gabriel und Heinz Ladener. 200 Seiten, mit vielen farbigen Abbildungen, 28,90 €

Praxis: Holzfassaden

Material, Planung, Ausführung. Das Buch zeigt nicht nur die gestalterischen Möglichkeiten moderner Holzfassaden, sondern stellt zahlreiche vorbildliche Beispiele und Detaillösungen mit Ecken, Sockel, Dach- und Fensteranschlüssen vor. Von Ingo Gabriel. 112 Seiten, mit vielen farbigen Abbildungen, 28,- €

Handbuch Lehmbau

Umfassendes Lehrbuch und Nachschlagewerk: Es zeigt Einsatzmöglichkeiten, Eigenschaften und Verarbeitungstechniken des Baustoffes Lehm. Mit Forschungsergebnissen und Beschreibungen ausgeführter Lehmhäuser. Von Gernot Minke. 222 Seiten, mit vielen Abbildungen, 38,- €

Neues Bauen mit Stroh in Europa

Bauen mit großformatigen Quadern aus gepresstem Stroh: gebaute Beispiele, erprobte Bauformen und Konstruktionen, Besonderheiten, neue Projekte und Forschungen. Von H. u. A. Gruber u. H. Santler. 112 Seiten, mit vielen Abbildungen, 16,95 €

Handbuch Strohballenbau

Ein Konstruktions-Handbuch, das Konzeption, Bautechnik und alle Details beschreibt, um aus Strohballen gut gedämmte, dauerhafte Häuser zu bauen. Mit vielen Konstruktionsdetails und Beispielen. Von Gernot Minke und Benjamin Krick. 152 Seiten, mit vielen farbigen Abbildungen, 29,90 €

Haus der Zukunft

Ein Drittel aller Treibhausgase entsteht (noch) bei uns Zuhause. Das Buch möchte motivieren und zeigen, wie unser Zuhause in 20 bis 40 Jahren aussehen könnte und welche Wege dorthin führen. Von Simon Grieger. 196 Seiten, mit vielen farbigen Abbildungen, 24,90 €

Regenwasser für Garten und Haus

Ein kompetenter Ratgeber für Planung und Bau von Regenwassersammelanlagen nach dem Stand der Technik: Bemessung, Genehmigung, Speichertanks, Pumpen, Rohrleitungen, Zubehör. Von Karlheinz Böse. 96 Seiten, mit vielen Abbildungen, 16,95 €

Autonome Stromversorgung

Auslegung, Aufbau und Praxis autonomer Stromversorgungsanlagen mit Batteriespeicher für Beleuchtung und für netzferne Handwerks- u. Landwirtschaftsbetriebe. Von Philipp Brückmann und Georg Bopp. 126 Seiten, mit vielen Abbildungen, 22,90 €

Unsere Bücher erhalten Sie in allen Buchhandlungen.
www.oekobuch.de · E-Mail: verlag@oekobuch.de

ökobuch *Zukunft leben*